教育部职业教育与成人教育司推荐教材
高等职业教育数控技术应用专业教学用书

数控原理与系统

第2版

教育部机械职业教育教学指导委员会
中国机械工业教育协会 组编

主　编　郑晓峰
副主编　关雄飞　陈继振
参　编　马靖然
主　审　张光跃

机械工业出版社

本书是教育部职业教育与成人教育司推荐教材，是在2005年出版第1版的基础上修订而成的。书中详细介绍了数控原理与系统的基础知识，数控加工程序的输入与数据处理，常用的插补方法，CNC装置的硬件、软件的结构及典型数控系统的组成，步进驱动装置、交直流伺服驱动装置的基本原理及各部分之间的连接，常用检测装置的工作原理及应用，数控机床中的PLC，典型数控系统的硬件连接等。本书力求体现职业教育的特色，以较大篇幅介绍了数控系统及各组成部分应用的实例，做到了内容浅显、易懂、实用，以培养学生能力为主线。

本书主要作为高职院校数控技术、机电一体化等相关专业的教材，同时可供有关专业技术人员参考。

图书在版编目(CIP)数据

数控原理与系统/郑晓峰主编. —2版. —北京：机械工业出版社，2012.5（2020.8重印）

教育部职业教育与成人教育司推荐教材　高等职业教育数控技术应用专业教学用书

ISBN 978-7-111-37775-7

Ⅰ.①数…　Ⅱ.①郑…　Ⅲ.①数控系统—高等职业教育—教材　Ⅳ.①TP273

中国版本图书馆CIP数据核字(2012)第048506号

机械工业出版社(北京市百万庄大街22号　邮政编码100037)

策划编辑：汪光灿　责任编辑：汪光灿　王莉娜

版式设计：石　冉　责任校对：纪　敬

封面设计：姚　毅　责任印制：常天培

北京虎彩文化传播有限公司印刷

2020年8月第2版第8次印刷

184mm×260mm·11.75印张·285千字

10901—12400册

标准书号：ISBN 978-7-111-37775-7

定价：30.00元

电话服务　　　　　　　　　网络服务

客服电话：010-88361066　机　工　官　网：www.cmpbook.com

010-88379833　机　工　官　博：weibo.com/cmp1952

010-68326294　金　书　网：www.golden-book.com

　机工教育服务网：www.cmpedu.com

机电类高等职业技术教育教材建设领导小组人员名单

数控技术应用专业教材编审委员会

第2版前言

本书的第1版是根据高等职业技术教育机电类专业教学计划及教材编写工作会议的要求编写的，是数控技术应用专业主干课程教材之一。

本书自第1版出版以来，数控技术及职业教育均发生了新的变化。本书吸收了上版教材使用中的反馈意见，结合新的数控应用技术和专业教学要求，在原来的基础上进行了修订。修订时保留了上版“取材新颖，通过实例学习知识，以培养学生能力为主线，达到理论浅显、通俗易懂、实用性强的目的”的特点，并对部分内容进行了更新。

本书由安徽机电职业技术学院郑晓峰担任主编，西安理工大学高等技术学院关雄飞、廊坊职业技术学院陈继振担任副主编，廊坊职业技术学院马靖然参加编写。编写分工如下：郑晓峰编写第一章，第四章，第五章，第七章，第二章的第一、二节和第八章的第二节；关雄飞编写第三章和第六章；陈继振参与了本书的编写策划并指导第二章和第八章的编写工作；马靖然编写第二章的第三至六节及第八章的第一、三、四节。

本书在编写过程中参阅了国内外同行的教材、资料与文献，在此谨致谢意。

由于编者水平有限，书中一定还存在错漏之处，恳请读者批评指正。

编　者

第 1 版前言

本书是根据高等职业技术教育机电类专业教学计划及教材编写工作会议的要求，于 2003 年 11 月制订通过的编写大纲编写的，是数控技术及应用专业主干课程之一。

本书结合多年的实践和教学经验以及数控系统发展的最新成果，按照数控技术及应用专业的教改思想，教材力求取材新颖，通过大量实例介绍，以培养学生能力为主线，理论浅显、通俗易懂、实用性强。

本书共分八章，每章均有主要内容与学习重点、复习思考题。第一章介绍了数控系统的组成与分类以及数控系统的发展趋势；第二章介绍了数控加工程序的输入、数据处理与通信；第三章介绍了直线和圆弧常用的插补方法以及轮廓加工的补偿方法；第四章介绍了 CNC 装置的硬件、软件的结构及其功能以及典型数控系统的组成；第五章介绍了步进驱动装置、交直流伺服驱动装置的基本原理以及各组成部分之间的连接；第六章介绍了常用检测装置的种类、工作原理、应用场合以及信号处理等；第七章介绍了数控机床中的 PLC 控制功能，通过实例详细介绍了 M、S、T 功能的实现；第八章介绍了国内常见的三种典型数控系统的硬件连接方式，通过讲练结合的教学方式，使学生对数控系统有更进一步的理解。

本教材由安徽机电职业技术学院郑晓峰担任主编，编写了第一章、第四章、第五章、第七章、第二章的第一、二节和第八章的第二节；西安理工大学高等技术学院关雄飞担任副主编，编写了第三章和第六章；廊坊职业技术学院陈继振担任副主编，参与了本书的编写策划并指导了第二章和第八章的编写工作；廊坊职业技术学院马靖然担任第二章第三 ~ 六节，第八章第一、三、四节的编写工作。

本书由重庆工业职业技术学院张光跃担任主审。

本书在编写过程中参阅了国内外同行的教材、资料与文献，在此谨致谢意。

由于编者水平有限，经验不足，书中定有不少错误与不当之处，恳请读者予以批评指正。

编　者

目　录

第一章　数控系统概述

本章着重介绍数控系统的基本概念及其特点；数控系统的组成及工作过程；数控系统的分类；开放式数控系统的特点；数控系统的发展趋势。通过学习，掌握数控系统的基本概念，对数控系统的组成及各部分的作用有一个较完整的认识；掌握点位、直线和轮廓控制系统以及开环、半闭环和闭环控制系统的组成与特点。

第一节　数控系统的基本概念

数字控制(NC,Numerical Control)简称数控，是指利用数字化的代码构成的程序对控制对象的工作过程实现自动控制的一种方法。数控系统(NCS,Numerical Control System)是指利用数字控制技术实现的自动控制系统。数控系统中的控制信息是数字量(0,1)，它与模拟控制相比具有许多优点，如可用不同的字长表示不同精度的信息，可对数字化信息进行逻辑运算、数学运算等复杂的信息处理工作，特别是可用软件来改变信息处理的方式或过程，具有很强的“柔性”。

数控设备则是采用数控系统实现控制的机械设备，其操作命令用数字或数字代码的形式来描述，工作过程按照指定的程序自动地进行，装备了数控系统的机床称为数控机床。数控机床是数控设备的典型代表，其他数控设备包括数控雕刻机、数控火焰切割机、数控测量机、数控绘图机、数控插件机、电脑绣花机和工业机器人等。

数控系统的硬件基础是数字逻辑电路。最初的数控系统是由数字逻辑电路构成的，因而被称为硬件数控系统。随着微型计算机的发展，硬件数控系统已逐渐被淘汰，取而代之的是当前广泛使用的计算机数控系统(CNC,Computer Numerical Control)。CNC系统是由计算机承担数控中的命令发生器和控制器的数控系统，它采用存储程序的方式实现部分或全部基本数控功能，从而具有真正的“柔性”，并可以处理硬件逻辑电路难以处理的复杂信息，使数控系统的性能大大提高。

CNC系统具有如下优点：

1. 柔性强

对于CNC系统，若需改变其控制功能，只要改变其相应的控制程序即可。因此，CNC系统具有很强的灵活性——柔性。

2. 可靠性高

在CNC系统中，加工程序通常是一次性输入存储器，许多功能均由软件实现，硬件采用模块结构，平均无故障率很高，如FANUC公司的数控系统平均无故障已达到23 000h。

3. 易于实现多功能复杂程序的控制

由于计算机具有丰富的指令系统，能进行复杂的运算处理，实现多功能、复杂程序的控制。

4. 具有较强的网络通信功能

随着数控技术的发展，为实现不同或相同类型数控设备的集中控制，CNC 系统必须具有较强的网络通信功能，便于实现直接数控（DNC，Direct Numerical Control）、柔性制造单元（FMC，Flexible Manufacturing Cell）、计算机集成制造系统（CIMS，Computer Integrated Manufacturing System）等。

5. 具有自诊断功能

较先进的 CNC 系统自身具备故障诊断程序，具有自诊断功能，能及时发现故障，便于设备功能修复，大大提高了生产效率。

第二节　数控系统的组成及工作过程

数控系统一般由输入/输出装置、数控装置、伺服驱动装置和辅助控制装置四部分组成，有些数控系统还配有位置检测装置，如图 1-1 所示。

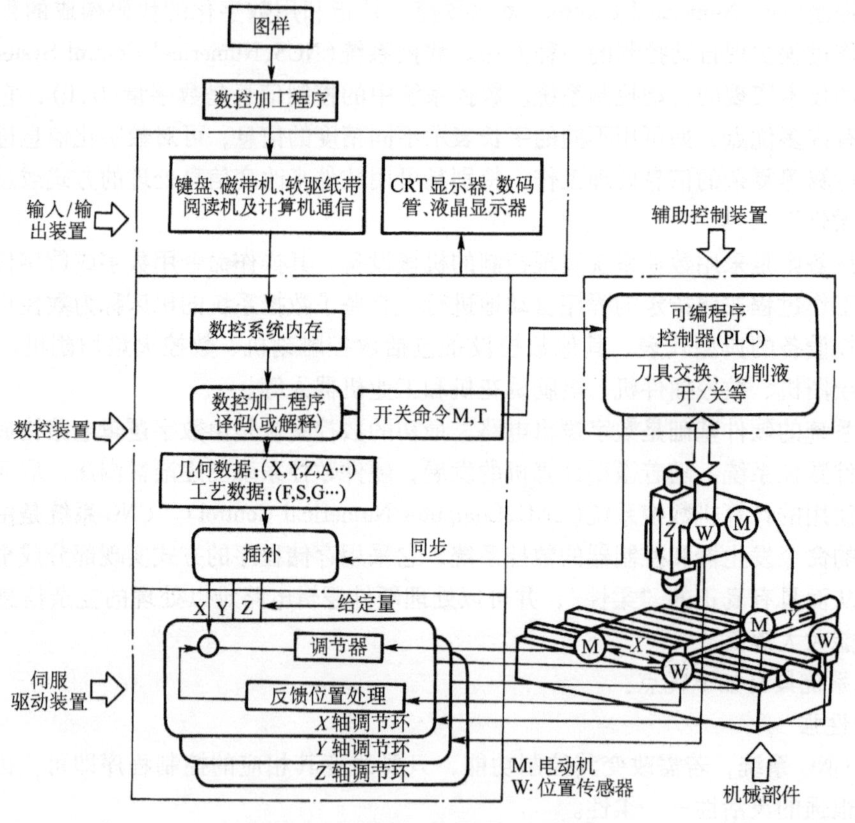

图 1-1　数控系统组成及工作过程

1. 输入/输出装置

CNC 机床在进行加工前，必须接受由操作人员输入的零件加工程序，然后才能根据输入的加工程序进行加工控制，从而加工出所需的零件。在加工过程中，操作人员要向机床数控装置输入操作命令，数控装置要为操作人员显示必要的信息，如坐标值、报警信号等。此外，输入的程序并非全部正确，有时需要编辑、修改和调试。以上工作都是机床数控系统和操作人员进行信息交流的过程，要进行信息交流，CNC 系统中必须具备必要的交互设备，即输入/输出装置。

键盘和显示器是数控系统不可缺少的人机交互设备，操作人员可通过键盘输入程序、编辑修改程序和发送操作命令，即进行手动数据输入(MDI,Manual Data Input)，因而键盘是MDI中最主要的输入设备。数控系统通过显示器为操作人员提供必要的信息，根据系统所处的状态和操作命令的不同，显示的信息可以是正在编辑的程序，或是机床的加工信息。较简单的显示器只有若干个数码管，显示的信息也很有限；较高级的系统一般配有CRT显示器或点阵式液晶显示器，显示的信息较丰富；低档的显示器或液晶显示器只能显示字符，中高档的显示系统能显示图形。

数控加工程序编制好后，一般存放在便于输入到数控装置的一种控制介质上，传统的方式是将编制好的程序记录在穿孔纸带或磁带上，然后由纸带阅读机或磁带机输入数控系统，因此纸带机和磁带机是早期数控机床的典型输入设备。

随着计算机技术的发展，一些计算机中的通用技术也融入数控系统，如磁盘也作为存储零件的介质引入数控系统。与纸带相比，磁盘存储密度大，存取速度快，存取方便，所以应用越来越广泛。现在采用的可移动磁盘存取容量更大，速度更快。

数控机床程序输入的方法除上述的键盘、可移动磁盘、磁盘、磁带和穿孔纸带外，还可以用串行通信的方式输入。随着CAD、CAM、CIMS技术的发展，机床数控系统和计算机的通信显得越来越重要。

2. 数控装置

数控装置是数控系统的核心。它的主要功能是将输入装置传送的数控加工程序，经数控装置系统软件进行译码、插补运算和速度预处理，产生位置和速度指令以及辅助控制功能信息等。系统进行数控加工程序译码时，将其区分成几何数据、工艺数据和开关功能。几何数据是刀具相对于工件运动路径的数据，利用这些数据可加工出要求的工件几何形状；工艺数据是主轴转速 S 和进给速度 F 等功能的数据；开关功能是对机床电器进行控制的开关命令，如主轴起/停、刀具选择和交换、切削液的开/关、润滑液的起/停等。

数控装置的插补器根据曲线段已知的几何数据以及相应工艺数据中的速度信息，计算出曲线段起、终点之间的一系列中间点，分别向机床各个坐标轴发出速度和位移信号，通过各个轴运动的合成，形成符合数控加工程序要求的工件轮廓的刀具运动轨迹。

由数控装置发出的开关命令在系统程序的控制下，输出给机床控制器。在机床控制器中，开关命令和由机床反馈的回答信号一起被处理并转换为对机床开关设备的控制命令。现代数控系统中，绝大多数机床控制器都采用可编程序控制器(PLC,Programmable Logical Control)实现开关控制。

数控装置控制机床的动作可概括为：

1）机床主运动，包括主轴的起/停、转向和速度选择。

2）机床的进给运动，如点位、直线、圆弧、循环进给的选择，坐标方向和进给速度的选择等。

3）刀具的选择和刀具的长度、半径补偿。

4）其他辅助运动，如各种辅助操作、工作台的锁紧和松开、工作台的旋转与分度、工件的夹紧与松开以及冷却液的开/关等。

3. 伺服驱动装置

伺服驱动装置包括主轴伺服驱动装置和进给伺服驱动装置两部分。伺服驱动装置由驱动电路和伺服电动机组成，并与机床上的机械传动部件组成数控机床的主传动系统和进给传动系统。主轴伺服驱动装置接收来自 PLC 的转向和转速指令，经过功率放大后驱动主轴电动机转动。进给伺服驱动装置在每个插补周期内接受数控装置的位移指令，经过功率放大后驱动进给电动机转动，同时完成速度控制和反馈控制功能。根据所选电动机的不同，伺服驱动装置的控制对象可以是步进电动机、直流伺服电动机或交流伺服电动机。伺服驱动装置有开环、半闭环和闭环之分。

4. 辅助控制装置

辅助控制装置是介于数控装置和机床机械、液压部件之间的控制装置，通过可编程序控制器(PLC,Programmable Logic Control)来实现。PLC 和数控装置配合共同完成数控机床的控制，数控装置主要完成与数字运算和程序管理等有关的功能，如零件程序的编辑、译码、插补运算、位置控制等。PLC 主要完成与逻辑运算有关的动作，如零件加工程序中的 M 代码、S 代码、T 代码等顺序动作信息，译码后转换成对应的控制信号，控制辅助装置完成机床的相应开关动作，如工件的装夹、刀具的更换、切削液的开关等一些辅助功能，它接受机床操作面板和来自数控装置的指令，一方面通过接口电路直接控制机床的动作，另一方面通过伺服驱动装置控制主轴电动机的转动。

5. 位置检测装置

位置检测装置与伺服驱动装置配套组成半闭环和闭环伺服驱动系统。位置检测装置通过直接或间接测量将执行部件的实际进给位移量检测出来，反馈到数控装置并与指令(理论)位移量进行比较，将其误差转换放大后控制执行部件的进给运动，以提高系统精度。

第三节　数控系统的分类

数控系统的品种规格繁多，它由输入/输出装置、数控装置、辅助控制装置、伺服驱动装置等组成，其中数控装置是核心。无论哪种数控系统，虽然各自的控制对象可能各不相同，但其控制原理基本相同。按照数控系统的基本原理，数控系统可分为如下种类。

一、按运动轨迹分类

按照运动轨迹，数控系统可分为点位、直线和轮廓控制系统。

1. 点位控制系统

这类数控系统仅控制机床运动部件从一点准确地移动到另一点，在移动过程中不进行加工，对运动部件的移动速度和运动轨迹没有严格要求，可先沿机床一个坐标轴移动完毕，再沿另一个坐标轴移动。为了提高加工效率，保证定位精度，系统常要求运动部件沿机床坐标轴快速移动接近目标点，再以低速趋近并准确定位。采用这类系统的机床有数控钻床(见图 1-2)、数控镗床、数控冲床和数控测量机等。

2. 直线控制系统

这类数控系统除了控制机床运动部件从一点到另一点的准确定位外，还要控制两相关点之间的移动速度和运动轨迹。在移动的过程中，刀具只能以指定的进给速度切削，其运动轨迹平行于机床坐标轴，一般只能加工矩形和台阶形零件。采用这类系统的机床有数控车床(见图 1-3)和数控铣床等。

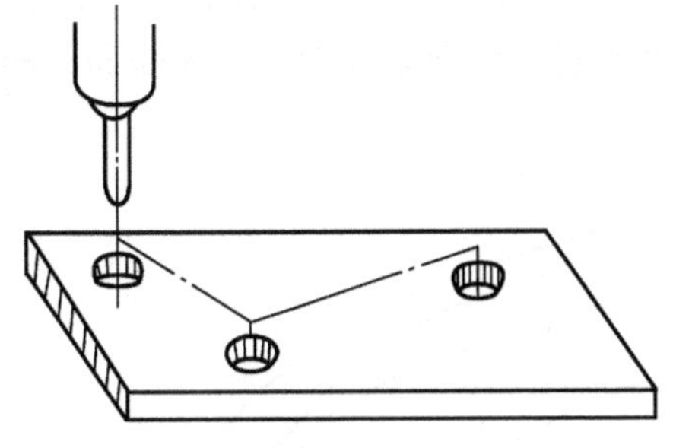

图 1-2　数控钻床的点位控制

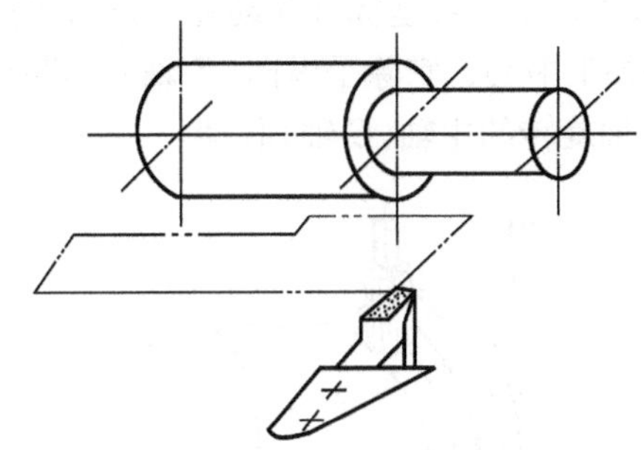

图 1-3　数控车床直线控制

3. 轮廓控制系统

轮廓控制系统也称为连续控制系统。这类数控系统能够对两个以上机床坐标轴的移动速度和运动轨迹同时进行连续相关的控制。这类数控系统要求数控装置具有插补运算功能，并根据插补结果向坐标轴控制器分配脉冲，从而控制各坐标轴联动，进行各种斜线、圆弧、曲线的加工，实现连续控制。采用这类系统的机床有数控车床、数控铣床、数控线切割机床（见图 1-4）和数控加工中心等。

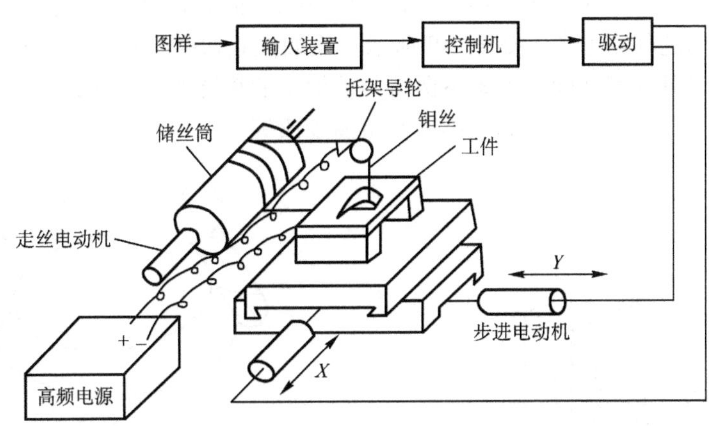

图 1-4　数控线切割机床加工示意图

轮廓控制系统按所控制的联动轴数不同，可以分为下面几种主要形式：

（1）两轴联动　主要用于数控车床加工曲线旋转面或数控铣床加工曲线柱面（见图 1-5）。

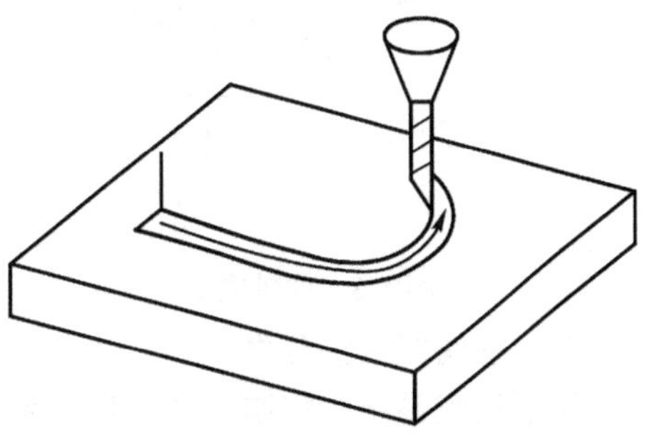

图 1-5　两轴联动

（2）二轴半联动　主要用于控制三轴以上的机床，其中二个轴互为联动，而另一个轴作周期进给，如在数控铣床上用球头铣刀采用行切法加工三维空间曲面（见图 1-6）。

（3）三轴联动　一般分为两类，一类就是 X、Y、Z 三个直线坐标轴联动，比较多地用于数控铣床、加工中心等，如用球头铣刀铣切三维空间曲面（见图 1-7）；另一类是除了同时控制 X、

Y、*Z* 其中两个直线坐标轴联动外，还同时控制围绕其中某一直线坐标轴旋转的旋转坐标轴，如车削加工中心，它除了纵向(*Z* 轴)、横向(*X* 轴)两个直线坐标轴联动外，还需同时控制围绕 *Z* 轴旋转的主轴(*C* 轴)联动。

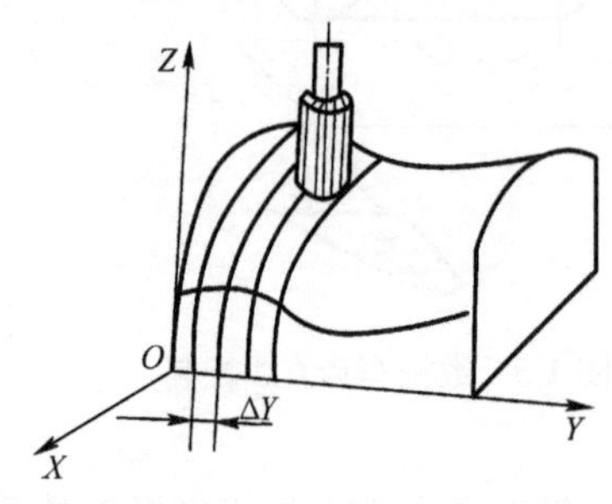

图 1-6　二轴半联动

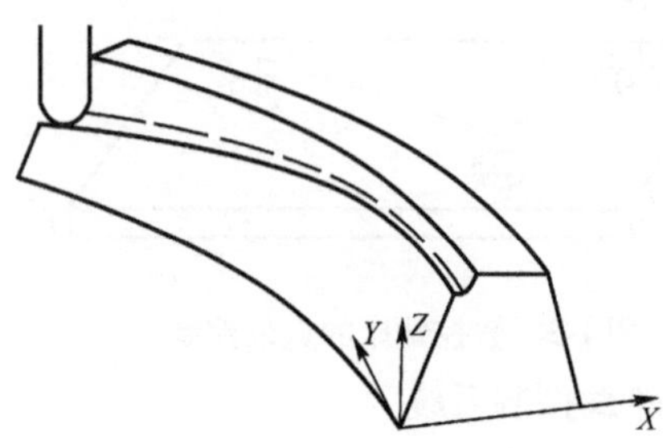

图 1-7　三轴联动

(4) 四轴联动　同时控制 *X*、*Y*、*Z* 三个直线坐标轴与某一旋转坐标轴联动。图 1-8 所示为同时控制 *X*、*Y*、*Z* 三个直线坐标轴与一个工作台回转轴联动的数控机床。

(5) 五轴联动　除了同时控制 *X*、*Y*、*Z* 三个直线坐标轴联动外，还同时控制围绕这些直线坐标轴旋转的 *A*、*B*、*C* 坐标轴中的两个坐标轴，即形成同时控制五个轴联动。这时刀具可以被定在空间的任意方向，如图 1-9 所示。比如控制切削刀具同时绕着 *X* 轴和 *Y* 轴两个方向摆动，使得刀具在其切削点上始终保持与被加工的轮廓曲面成法线方向，以保证被加工曲面的圆滑性，提高其加工精度和减小表面粗糙度值等。

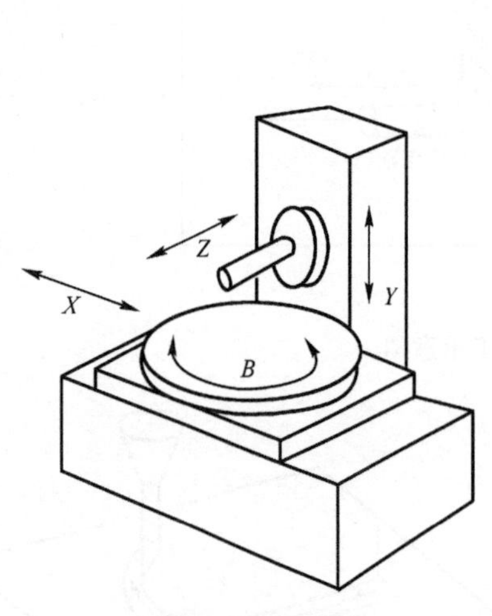

图 1-8　四轴联动

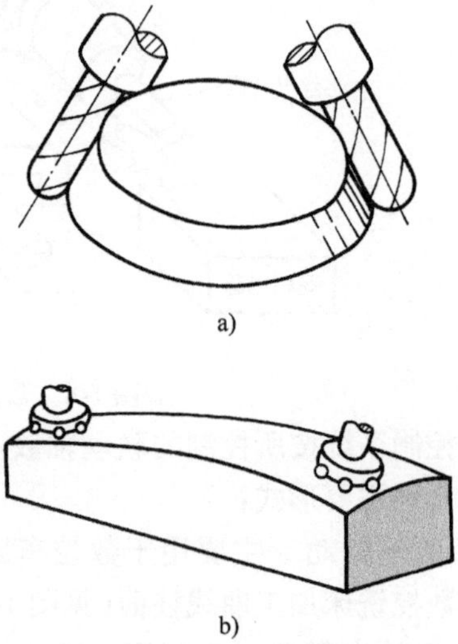

a)

b)

图 1-9　五轴联动

二、按伺服系统分类

按照伺服系统的控制方式，数控系统可分为开环、半闭环和闭环控制系统。

1. 开环控制系统

这类数控系统没有任何检测反馈装置，CNC 装置发出的指令信号经驱动电路进行功率放大后，通过步进电动机带动机床工作台移动，信号的传输是单方向的，如图 1-10 所示，其机床工作台的位移量、速度和运动方向取决于进给脉冲的个数、频率和通电方式。因此，这类系统结构简单，价格低廉，便于维护，控制方便，被广泛应用。

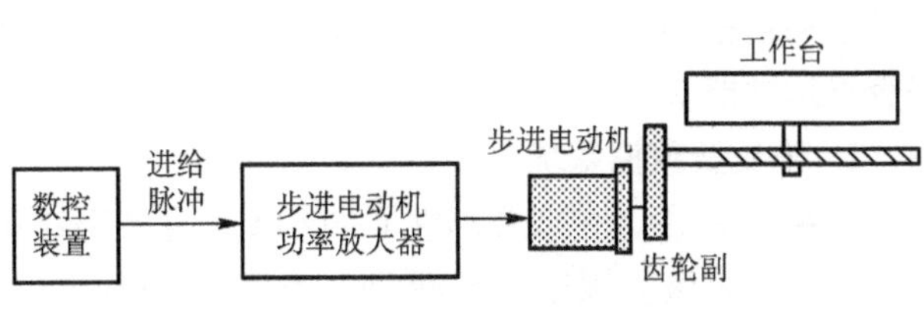

图 1-10　开环数控系统的示意图

2. 半闭环控制系统

这类数控系统采用角位移检测装置，该装置直接安装在伺服电动机轴或滚珠丝杠端部，用来检测伺服电动机或丝杠的转角，推算出工作台的实际位移量，反馈到 CNC 装置的比较器中，与程序指令值进行比较，用差值进行控制，直到差值为零，如图 1-11 所示。这类系统没有将工作台和丝杠螺母副的误差包括在内，因此由这些装置造成的误差无法消除，会影响移动部件的位移精度，但其控制精度比开环控制系统高，成本较低，稳定性好，测试维修也较容易，应用较广泛。

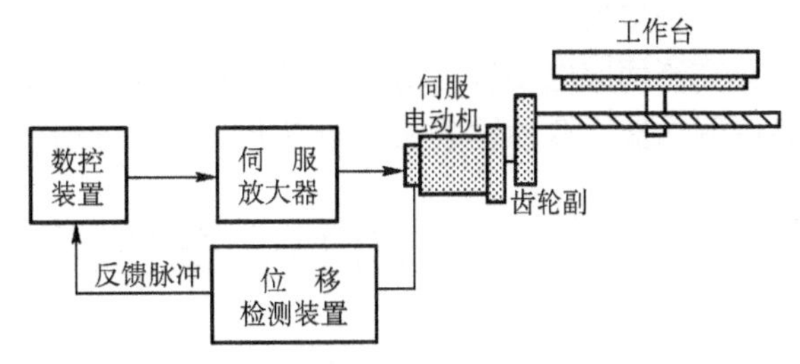

图 1-11　半闭环数控系统的示意图

3. 闭环控制系统

这类数控系统采用直线位移检测装置，该装置安装在机床运动部件或工作台上，将检测到的实际位移反馈到 CNC 装置的比较器中，与程序指令值进行比较，用差值进行控制，直到差值为零，如图 1-12 所示。这类系统可以将工作台和机床的机械传动链造成的误差消除，因此其控制精度比开环、半闭环控制系统高，但其成本较高，结构复杂，调试、维修较困难，主要用于精度要求高的数控坐标镗床和数控精密磨床等。

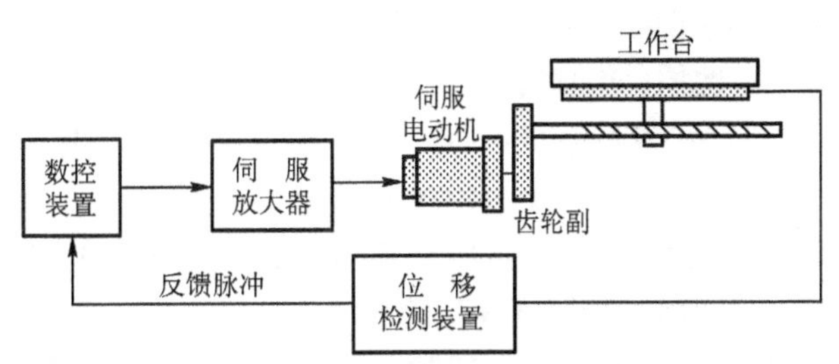

图 1-12　闭环数控系统的示意图

三、按制造方式分类

1. 通用型数控系统

这类数控系统通常以 PC 作为 CNC 装置的支撑平台，各数控机床制造厂家根据用户需求，有针对性地研制开发数控软件和控制卡等，构成相应的 CNC 装置，其通用性强，使用灵活，便于升级，且抗干扰能力强，如华中Ⅰ、Ⅱ型数控系统。

2. 专用型数控系统

这类数控系统技术成熟，是由各制造厂家专门研制、开发制造的，专用性强，结构合理，硬件通用性差，但其控制功能齐全，稳定性好，如德国 SIEMENS 系统、日本 FANUC 系统等。

四、按功能水平分类

数控系统按功能水平可分为经济型、普及型和高级型三种。这种分类没有严格的界限，其参考指标包括：CPU 性能、分辨率、进给速度、伺服性能、通信功能和联动轴数等。

1. 经济型数控系统

该系统采用 8 位 CPU 或单片机控制，分辨率为 0.01mm，进给速度在 6～8m/min，采用步进电动机驱动，具有 RS-232 接口，联动轴数在 3 轴以下，具有简单的 CRT 字符显示或数码管显示功能。

2. 普及型数控系统

该系统采用 16 位或更高性能的 CPU，分辨率在 0.001mm 以内，进给速度可达 100m/min，采用交流或直流伺服电动机驱动，具有 RS-232 或 DNC 接口，联动轴数在 5 轴以下，具有 CRT 字符显示和平面线性图形显示功能。

3. 高级型数控系统

该系统采用 32 位或更高性能的 CPU，分辨率 0.0001mm，进给速度可达 24m/min，采用数字化交流伺服电动机驱动，具有 MAP(Manufacturing Automation Protocol)高性能通信接口，具备联网功能，联动轴数在 5 轴以上，有三维动态图形显示功能。

第四节　数控系统的发展趋势

20 世纪 40 年代末，美国帕森斯公司(Parsons Co)和麻省理工学院(MIT)共同合作，于 1952 年研制出第一台三坐标直线插补连续控制的立式数控铣床。从第一台数控铣床问世至今 60 多年中，随着微电子技术的不断发展，特别是计算机技术的迅速发展，数控系统的发展已经历了两个阶段和六代的发展，即：

1. 数控(NC)阶段

第一代数控系统：1952 年 ~ 1959 年，采用电子管、继电器元件。

第二代数控系统：1959 年开始，采用晶体管元件。

第三代数控系统：1965 年开始，采用集成电路。

2. 计算机数控(CNC)阶段

第四代数控系统：1970 年开始，采用大规模集成电路及小型计算机。

第五代数控系统：1974 年开始，采用微型计算机。

第六代数控系统：1990 年开始，基于 PC 机。

随着数控系统的发展，其功能不断增多，柔性不断增强，性能价格比不断提高，与此同时，伺服系统和检测元件的性能不断改善，其控制精度也不断提高。

近 10 年来，由于国外很多知名公司的潜心研究和大力开发，各种不同层次的数控系统快速产生并迅速发展，数控系统正在发生着日新月异的变化。

当前数控系统正朝着高速高精度、多功能、智能化、高可靠性及开放性等方向发展。

一、高速高精度

数控系统的高速度表现为在相同的最小移动量的情况下可以获得较高的移动速度。高速度主要取决于数控装置数据处理的速度，采用高速 CPU 是提高数控装置速度的最有效手段。日本 FANUC 公司所有最新型号的 CNC 系统已从 32 位微处理器发展到 64 位微处理器，主机频率由 30MHz 提高到 2.8G。该公司的 FS15 数控系统采用 32 机，最小位移单位 0.1μm 的情况下最大进给速度达到了 100m/min。FS16 和 FS18 数控系统还采用了简化与减少控制基本指令的精减指令计算机(RISC, Reduced Instruction Set Computer)，它能进行高速度的数据处理，指令速度可达 100 万条指令/s，一个程序段的处理时间可以达到 0.5ms，在连续 1mm 的移动指令下能实现的最大进给速度可达 120m/min。在数控设备高速化中，提高主轴转速占有重要地位，主轴高速化的手段是直接将电动机与主轴连接成一体，从而将主轴转速提高到40 000～50 000r/min，最高转速可达100 000～120 000r/min，使得切削时间缩短了80%。

提高数控机床的加工精度一般是通过减少数控系统的误差和采取误差补偿技术来实现。在减少CNC系统控制误差方面，通常采用提高数控系统的分辨率、以微小程序段实现连续进给、提高位置检测精度以及位置伺服系统采用前馈控制与非线性控制等方法；在采用补偿技术方面，除采用齿隙补偿、丝杠螺距误差补偿和刀具补偿等传统补偿方法外，还采用了热变形补偿。电动机、回转主轴和传动丝杠副的发热变形会产生加工误差，为减少变形，一方面采用流动油液对内装主轴电动机和主轴轴承进行冷却，另一方面采取热补偿技术。

二、智能化

数控系统的智能化主要体现在以下几个方面：

1. 应用自适应控制技术

通常数控系统是按照事先编好的程序工作的。由于加工过程中的不确定因素，如毛坯余量和硬度的不均匀、刀具磨损等难以预测，编程中一般采用比较保守的切削用量，从而降低了加工效率。自适应控制系统（AC，Adaptive Control）可以在加工过程中随时对主轴转矩、切削力、切削温度、刀具磨损参数进行自动检测，并根据测量结果，及时调整切削参数，使加工过程始终处于最佳状态。

2. 自动编程技术

为了提高编程效率和质量，降低对操作人员技术水平的要求，现代数控系统附加人机会话编程自动编程软件，实现自动编程。

3. 具有故障诊断功能

数控系统出现了故障，控制系统应能够自动诊断，并自动采取排除故障的措施，以适应长时间无人操作的要求。

4. 应用模式识别技术

应用图像识别声控技术，使机器能够根据零件的图像信息，按图样自动加工或按照自然语言指令进行加工。

三、高可靠性

CNC系统的可靠性是用户最为关注的问题，提高可靠性可通过下列措施实现。

1. 提高线路的集成度

采用大规模或超大规模集成电路、专用芯片及混合式集成电路，以减少元器件的数量，精简外部连线和降低功耗。

2. 建立由设计、试制到生产的完整质量保证体系

为了保证高可靠性必须采取光电隔离，防电源干扰；使数控系统模块化、通用化及标准化，便于组织批量生产及维修；在安装制造时注意严格筛选元器件；对系统可靠性进行全面检查考核等。

3. 增强故障自诊断功能和保护功能

由于元器件失效、编程及人为操作失误等原因，数控系统可能会出现故障。数控系统一般具有故障诊断和故障排除功能。此外，应注意增强监控与保护功能，如有的系统设有行程范围保护、刀具破损检测和断电保护等功能。若注意增强监控与保护，可以避免损坏机床或工件报废的现象发生。由于采取了各种有效的措施，现代数控系统的平均无故障时间可达到

MTBF = 10 000 ~ 36 000h。

四、具有内装式可编程序控制器(PLC)

数控系统中有内装式 PLC，可用其指令来编制 PLC 程序，绘制梯形图。利用 PLC 的高速处理功能，使 CNC 与 PLC 之间有机地结合起来，而且可以利用梯形图的监控功能，使机床的故障诊断维修更为方便。

五、基于网络的数控系统

为了适应 FMC、FMS 及 CIMS 的要求，一般数控系统都具有 RS-232C 和 RS-422 串行接口，按照用户级的要求，与上一级计算机进行数据交换。高档的数控系统应具有 DNC 接口，可以实现几台数控机床之间的数据通信与控制。数控机床作为车间的基本设备，其通信范围是：

1）数控系统内部的 CNC 装置与数字伺服间的通信主要通过 SERCOS 链式网络传送数字伺服控制信息。

2）数控系统与上级主计算机间的通信。

3）与车间现场设备及 I/O 装置的通信主要通过现场总线如 PROFIBUS 等进行。

4）通过因特网与服务中心通信，传递维修数据。

5）通过因特网实现工厂间数据的交换。

六、具有开放性

传统的数控系统是一种专用封闭式系统，各厂家的产品之间以及与通用计算机之间不兼容，难以满足市场对数控系统的要求。所以，国内外数控系统生产厂家正在大力研发开放式数控系统。

1. 开放式数控系统的组成

开放式数控系统具有透明性、独立性、可再生性、可扩展性和可维护性，具体表现为：

1）按分布式控制的原则，采用系统、子系统和模块分级式的控制结构，其构造应是可移植的和透明的。

2）有明确的系统模块接口协议，各模块相互独立，可较容易地将一些专用功能和个性模块加入其中。开发设计时，允许模块独立进行开发，控制程序设计按系统、子系统和模块三个层次进行。

3）根据需要可方便实现重构、编辑，实现一个系统多种用途，可实现 CNC、PLC、RC (Robot Control)和 CC(Cell Control)等在内的控制功能。

4）具有一种较好的接口协议，以便各独立的功能模块实现信息交换，满足系统控制要求。

2. 开放式数控系统的特点

数控系统的结构开放，可广泛吸收计算机技术中的丰富资源，及时吸收新技术和新工艺成果，根据不同应用对象要求，迅速、灵活地更换软硬件，使得数控技术发展步伐加快，开发周期缩短。其特点为：

1）向未来技术开放。由于软硬件遵循公认的标准协议，重新设计工作量少，新一代的通用软硬件很容易被现有系统吸收和兼容，延长了系统使用寿命，降低了开发费用。

2）向用户特殊要求开放，提供可选的软硬件产品，融入用户自身的技术诀窍，满足特殊要求，形成特色品牌。

3）标准化的人机界面和编程语言，方便用户使用。

4）利于批量生产，提高了可靠性，降低了成本，增强了市场竞争能力。

七、几种典型数控系统的结构

1. 计算机直接数控（DNC——Direct Numerical Control）

DNC 系统也称为计算机群控系统，是以一台计算机直接控制和管理一群数控设备的系统，产品加工程序由一台计算机储存和管理，并根据加工需要，分时地将加工程序传递给各台数控设备。计算机还可对数控设备的工作情况进行管理与统计，以及进行加工程序的编辑、修改等。

DNC 系统可分为直接型、间接型和分布式三类。

2. 柔性制造单元 FMC 和柔性制造系统 FMS

柔性制造单元 FMC（Flexible Manufacturing Cell）由中心控制计算机、加工中心与自动交换工作装置组成，如图 1-13 所示。

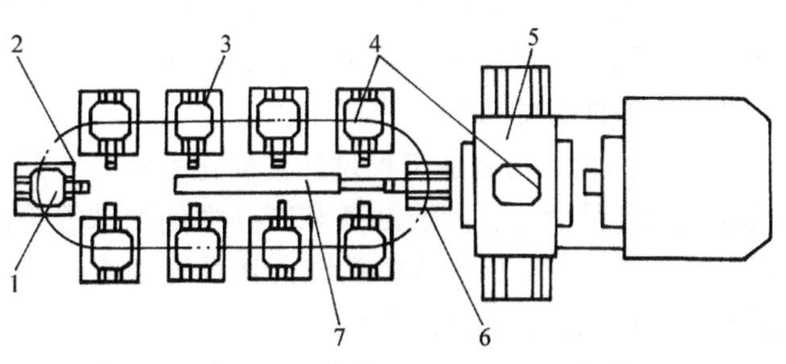

图 1-13 柔性制造单元 FMC

1—装卸工位 2—环行工作台 3—托盘座 4—托盘

5—加工中心机床 6—交换工位 7—托盘交换装置

中心控制计算机负责作业调试、自动检测与工况自动监控等功能；工件装在自动交换工作装置上并由中心计算机控制传送到加工中心；加工中心进行数控加工，使得加工的柔性、加工精度和生产效率更高。

柔性制造系统 FMS（Flexible Manufacturing System）是将一群数控设备与工件、工具与切屑的自动传输线相配合，并由计算机统一管理与控制所组成的计算机群控自动线，整个系统加工效率高并具有较强的柔性，如图 1-14 所示。

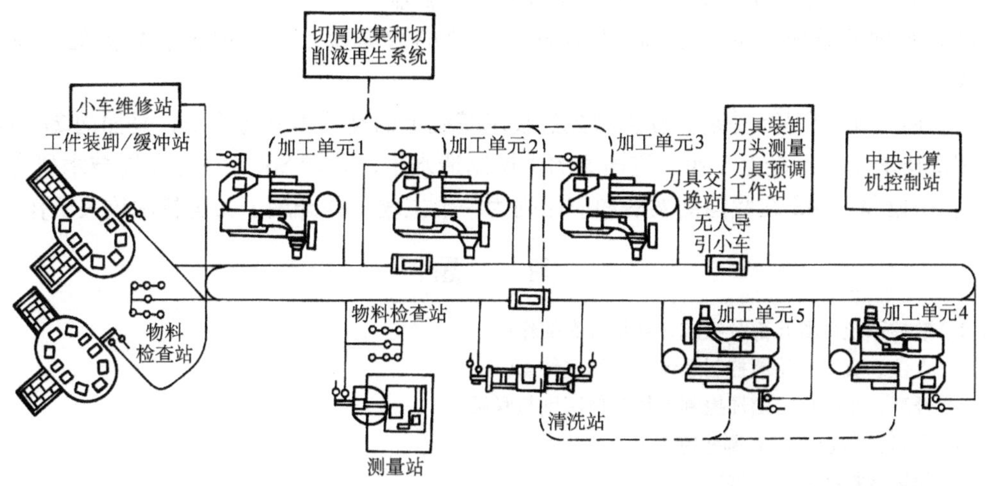

图 1-14 柔性制造系统 FMS

FMS 不仅实现了生产过程中信息流的自动化，还实现了传递各种物质流的自动化。

3. 计算机集成制造系统 CIMS

计算机集成制造系统 CIMS(Computer Integrated Manufacturing System)利用现代计算机技术将制造工厂全部活动(设计、制造、装配、市场调查与决策、销售、管理等)所需的各种分散的自动化系统有机集成，它的基础是 CAD、CAM、CAPP、DBS 和 MRP 等，如图 1-15 所示。

CIMS 通常由管理信息系统、产品设计与制造工程设计自动化系统、制造自动化系统、质量保证系统以及计算机网络和数据库系统等 6 个分系统组成，如图 1-15 所示。以下分别介绍这几个分系统。

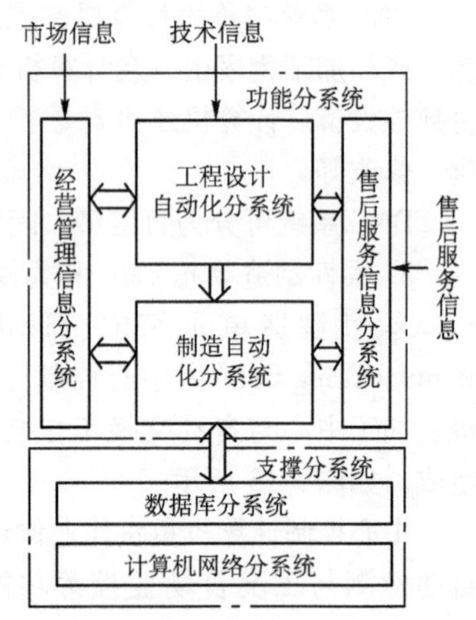

图 1-15　CIMS 的组成图

(1) 管理信息系统　这个系统包括预测、经营决策、各级生产计划、生产技术准备、销售、供应、财务、成本、设备、工具、人力资源等管理信息功能，通过信息的集成，以达到缩短产品生产周期、减少占用流动资金、提高企业的应变能力的目的。

(2) 产品设计与制造工程设计自动化系统　它是用计算机来辅助产品设计、制造准备和产品性能测试等阶段的工作，就是 CAD/CAPP/CAM 系统，其目的是使产品的开发更高效、优质、自动化地进行。

(3) 制造自动化系统　常用的是 FMS 系统。这个系统根据产品的工程技术信息和车间层的加工指令，完成对零件毛坯加工的作业调度和制造等工作。

(4) 质量保证系统　包括质量决策、质量检测与数据采集、质量评估、控制与跟踪等功能。该系统保证从产品设计、制造、检验到售后服务的整个过程。

(5) 计算机网络　它是支持 CIMS 各个分系统的开放型网络通信系统，采用国际标准和工业标准规定的网络协议进行互联，以分布方式满足各应用分系统对网络支持服务的不同需求，支持资源共享、分布处理、分布数据库和实时控制。

(6) 数据库系统　它是支持 CIMS 各分系统的数据库，以实现企业数据的共享和信息集成。

由上述可知，CIMS 是建立在多项先进技术基础上的高技术制造系统，是面向 21 世纪的生产制造技术。为了赶上工业先进国家的机械制造水平，我国 863 计划(即高技术研究和发展计划)中已将 CIMS 在我国的发展和应用列为一个主题，并开展了关键技术攻关工作。

习　题

1-1　数控系统由哪几部分组成，各部分有何作用?

1-2　点位、直线、轮廓控制系统各有哪些特点?

1-3　开环、半闭环、闭环控制系统有何区别与联系?

1-4　开放式数控系统有哪些特点?

1-5　简述数控技术的发展趋势。

第二章　数控系统程序输入与通信

本章着重介绍数控编程的基础知识、数控机床的坐标系、数控系统的信息输入、数控加工程序的输入方法、数控加工程序的预处理、数控系统的通信接口与网络。通过学习，掌握常用数控代码的功能，数控程序结构，程序的输入、处理过程及传输的方法，了解常用数控机床的坐标系、数控的网络接口及信息的传输。

普通机床的加工是由操作人员根据工艺人员制订的工艺规程和零件图样进行手动操作的，而数控机床的动作由数控程序指令控制。程序编制方法一般分为两大类：1)手工编程；2)自动编程。手工编程方法是熟悉数控机床控制系统的最为有效的途径，适用于加工几何形状简单的工件。自动编程是利用数控语言或CAD/CAM软件进行的计算机辅助编程，适用于加工几何形状复杂的工件。自动编程的工作量减轻，编程时间缩短，准确性高，应用也越来越广泛。数控程序通常采用键盘输入和DNC通信方式输入CNC装置。

第一节　数控编程的基础知识

一、数控编程的概念

在数控机床上加工零件时，程序员根据加工零件的图样和加工工艺，将零件加工的工艺过程及加工过程中需要的辅助动作如换刀、冷却、夹紧、主轴正反转等，按照加工顺序和数控机床中规定的指令代码及程序格式编成加工程序单，然后再将程序单中的全部内容输入到机床数控装置中，自动控制数控机床完成工件的全部加工。这种根据零件图样和加工工艺编制成加工指令并输入到数控装置的过程称为数控程序编制。程序编制的一般内容和过程如图2-1所示。

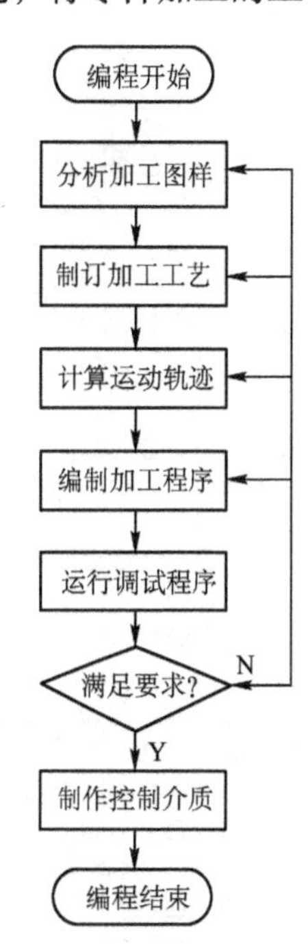

图2-1　程序编制的一般内容和过程流程图

（1）分析零件图样，确定加工工艺　根据零件图样，对零件的形状、尺寸、精度、表面质量、材料、毛坯种类、热处理和工艺方案等进行详细分析，制订加工工艺。在制订加工工艺时，应考虑充分发挥数控机床的所有功能，做到加工路线要短、走刀和换刀次数要少、加工安全可靠，同时对毛坯的基准面和加工余量要有一定要求，以便毛坯的装夹，使加工能顺利进行。

（2）刀具运动轨迹计算　在编制程序前要进行运动轨迹的基点、圆弧线段的圆心等坐标值的计算，这些坐标值是编制程序时需要输入的数据。所谓基点就是运动轨迹相邻几何要素间的交点。

（3）编写加工程序单　根据计算出的运动轨迹坐标值和已确定的加工顺序、加工路线、切削参数以及辅助动作等，按照数控机床规定使用的功能代码及程序格式，逐段编写加工程序单。

（4）程序输入　简单程序可以直接使用键盘输入至数控装置，比较复杂的程序一般通过通信方式输入至数控装置。

（5）程序校验和首件试切　输入的程序必须进行校验，才可以使用或保存。校验的一般方法是：1)在不装夹工件情况下起动数控机床，进行空运行，观察运动轨迹是否正确，或者在数控铣床上用笔代替刀具，用坐标纸代替工件，进行空运行画图，检查运动轨迹。2)在具有 CRT 屏幕图形显示功能的数控机床上，进行工件图形的模拟加工，检查工件图形的正确性，然后进行首件试切，进一步考察程序的正确性，并检查是否满足加工精度要求。只有首件试切通过检查的程序，方可供加工使用和保存到存储器中。

二、数控编程的代码

所谓代码是指由一些信息孔按标准排列成一行二进制图案，每一行代码分别表示一个十进制数或一个英文字母或一个符号。国际上通用的八单位数控穿孔纸带有 ISO(国际标准化协会)和 EIA(美国电子工业协会)代码，见表 2-1。

表 2-1　ISO 代码与 EIA 代码的穿孔带编码形式

ISO 代码								EIA 代码								数字代码	定　义
8	7	6	5	4	3	2	1	8	7	6	5	4	3	2	1		
		○	○						○							0	数字 0
○		○	○				○							○		1	数字 1
○		○	○			○							○			2	数字 2
		○	○			○	○			○			○	○		3	数字 3
○		○	○		○							○				4	数字 4
		○	○		○		○			○		○		○		5	数字 5
		○	○		○	○				○		○	○			6	数字 6
○		○	○		○	○	○					○	○	○		7	数字 7
○		○	○	○							○					8	数字 8
		○	○	○			○			○	○			○		9	数字 9
	○						○	○	○					○		A	绕着 X 坐标的角度
	○					○		○	○				○			B	绕着 Y 坐标的角度
○	○					○	○	○	○	○			○	○		C	绕着 Z 坐标的角度
	○				○			○	○			○				D	第三进给速度功能
○	○				○		○	○	○	○		○		○		E	第二进给速度功能
○	○				○	○		○	○	○		○	○			F	进给速度功能
	○				○	○	○	○	○			○	○	○		G	准备功能
	○			○				○	○		○					H	ISO 永不指定(可作特殊用途)，EIA 输入(或引入)
○	○			○			○	○	○	○	○			○		I	ISO 沿 X 坐标圆弧起点对圆心值, EIA 不用
○	○			○		○		○		○				○		J	ISO 沿 Y 坐标圆弧起点对圆心值, EIA 未指定
	○			○		○	○	○		○			○			K	ISO 沿 Z 坐标圆弧起点对圆心值, EIA 未指定
○	○			○	○			○						○	○	L	ISO 永不指定, EIA 不用
	○			○	○		○	○		○		○				M	辅助功能
	○			○	○	○		○					○		○	N	序号
○	○			○	○	○	○	○					○	○		O	不用
	○		○					○		○		○	○		○	P	平行于 X 坐标的第三坐标
○	○		○				○	○		○	○					Q	平行于 Y 坐标的第三坐标
○	○		○			○		○			○				○	R	平行于 Z 坐标的第三坐标
	○		○			○	○		○	○					○	S	主轴转速功能
○	○		○		○			○					○		○	T	刀具功能
	○		○		○		○		○	○		○				U	平行于 X 坐标的第二坐标
	○		○		○	○			○			○			○	V	平行于 Y 坐标的第二坐标
○	○		○		○	○	○		○			○	○			W	平行于 Z 坐标的第二坐标
○	○		○	○					○	○		○	○		○	X	X 坐标方向的主运动
	○		○	○			○		○	○	○					Y	Y 坐标方向的主运动

（续）

ISO 代码								EIA 代码								数字代码	定义
8	7	6	5	4	3	2	1	8	7	6	5	4	3	2	1		
	○		○	○		○			○		○				○	Z	Z 坐标方向的主运动
		○		○	○		○	○	○		○		○		○	.	小数点
		○		○		○	○	○	○	○						+	加、正
		○		○	○		○	○								-	减、负
○		○		○		○		○			○	○				*	乘/星号
○		○		○	○	○	○		○	○					○	/	省略/除
○		○		○	○				○	○	○		○		○	,	逗号
○		○	○	○	○		○			○		○	○			=	等号
		○		○					○		○	○				(	左圆括号/控制暂停
○		○		○			○	○	○	○	○	○				)	右圆括号/控制恢复
		○			○			○		○			○			$	单元符号
		○	○	○		○					○					:	选择(或计划)倒带停止 对准功能
				○		○					○		○		○	LFORCR	程序段结束
				○			○		○	○	○	○	○			TABORHF	制表或分隔符号
○		○			○		○				○		○		○	%STOP	ISO 程序开始/EIA 带倒带停止
○	○	○	○	○	○	○	○	○	○	○		○	○			DEIETE	注销
○		○								○						SPACE	空格
																NUL	空白纸带
○				○												BS	反绕(退格)
○			○	○			○									EM	载体终了

代码中有数字码(0~9)、文字码(A~Z)和符号码。这些代码根据每排孔的个数及其位置的不同予以区别。EIA 代码和 ISO 代码的主要区别在于：EIA 代码每行为奇数孔，其第五列为补奇列；ISO 代码各行为偶数孔，其第八列为补偶列。补奇列或补偶列的作用都是检验纸带的穿孔是否有错。出现差错时，数控装置根据穿孔纸带的奇偶性自动识别。孔码有一定的规律性，ISO 代码中的所有数字代码在第五列和第六列有孔；字母代码在第七列有孔。这些规律给数控系统判别代码符号的逻辑设计带来很大方便。

三、准备功能 G 代码和辅助功能 M 代码

在数控加工程序中，用 G、M 指令来描述工艺过程的各种操作和运动特征。国际上广泛采用 ISO 标准和标准的 G、M 指令。

1. 准备功能 G 指令

准备功能 G 指令用来规定刀具和工件的相对运动轨迹(即插补功能)、机床坐标系、坐标平面、刀具补偿、坐标偏置等多种加工操作。G 指令由地址符 G 及其后面的两位数字组成，共有 100 种 G 指令，见表 2-2。G 代码有模态与非模态两种，表 2-2 第 2 栏中，标有字母的表示对应的 G 代码为模态代码(又称续效代码)，模态代码按功能分为若干组，标有相同字母的为同组；标有“ * ”的表示对应的 G 代码为非模态代码(又称非续效代码)，其意义见表 2-3。

表 2-2　G 功能代码表

G代码 (1)	模态 (2)	功能 (3)	G代码 (1)	模态 (2)	功能 (3)
G00	a	点定位	#G50	(d)	刀具偏置 0/ -
G01	a	直线插补	#G51	(d)	刀具偏置 +/0
G02	a	顺圆弧插补	#G52	(d)	刀具偏置 -/0
G03	a	逆圆弧插补	G53	f	直线偏移注销
G04	—	暂停(延时)	G54	f	直线偏移 *X*
G05	#	不指定	G55	f	直线偏移 *Y*
G06	a	抛物线插补	G56	f	直线偏移 *Z*
G07	#	不指定	G57	f	直线偏移 *XY*
G08	—	加速	G58	f	直线偏移 *XZ*
G09	—	减速	G59	f	直线偏移 *YZ*
G10 ~ G16	#	不指定	G60	h	准确定位 1(精)
G17	c	*XY* 平面选择	G61	h	准确定位 2(中)
G18	c	*XZ* 平面选择	G62	h	快速定位(粗)
G19	c	*YZ* 平面选择	G63	—	攻螺纹
G20 ~ G32	#	不指定	G64 ~ G67	#	不指定
G33	a	螺纹切削，等螺距	G68	(d)	刀具偏置，内角
G34	a	螺纹切削，增螺距	G69	(d)	刀具偏置，外角
G35	a	螺纹切削，减螺距	G70 ~ G79	#	不指定
G36 ~ G39	#	永不指定	G80	e	固定循环注销
G40	d	半径补偿取消	G81 ~ G89	e	固定循环
G41	d	刀具左补偿	G90	j	绝对尺寸
G42	d	刀具右补偿	G91	j	增量尺寸
G43	#(d)	刀具正偏置	G92	—	预置寄存
G44	#(d)	刀具负偏置	G93	k	时间倒数，进给率
G45	#(d)	刀具偏置 +/ +	G94	k	每分钟进给
G46	#(d)	刀具偏置 +/ -	G95	k	主轴每转进给
G47	#(d)	刀具偏置 -/ -	G96	i	恒线速度
G48	#(d)	刀具偏置 -/ +	G97	i	每分钟转速
G49	#(d)	刀具偏置 0/ +	G98 ~ G99	#	不指定

注：1. #号：如作特殊用途，必须在程序格式说明中说明。
2. 如在直线切削控制中无刀具补偿，则 G43 ~ G52 可指定作其他用途。
3. 表中第(2)栏括号(d)表示：可以被同栏中无括号的字母 d 注销或代替，也可被有括号(d) 注销或代替。
4. 表中“不指定”的指令，用作将来修订标准时，供指定新的功能用。“永不指定”的指令，是指即使将来修订标准时，也不指定新的功能。

表 2-3　模态与非模态的意义

种　类	意　义
模态 G 代码	在同组其他 G 代码出现前一直有效
非模态 G 代码	只在被指定的程序段有效

2. 辅助功能 M 指令

辅助功能 M 指令是控制数控机床“开、关”功能的指令，主要用于完成加工操作时的辅助动作。M 指令由地址符 M 及其后面的两位数字组成，共有 100 种，见表 2-4。

表 2-4　M 功能代码表

代　码	模　态	功　能	代　码	模　态	功　能
M00		程序暂停	M24		取消 M23 指令
M01		程序计划暂停	M30		纸带结束
M02		程序结束	M40		主轴空挡
M03		主轴正转	M41		主轴低速
M04		主轴反转	M42		主轴高速
M05		主轴停止	M68		夹头紧
M08		切削液开	M69		夹头松
M09		切削液关	M70		接手伸出
M19		主轴定向准停	M71		接手退回、自动送料
M20		机器人工作起动	M98		调用子程序
M23		车螺纹 45°	M99		子程序结束并返回主程序

常用的 M 指令功能及其应用如下：

（1）程序暂停指令：M00

功能：M00 使程序停在本段状态，不执行下段。在此以前的模态信息全部被保存下来，相当于单程序段停止。当按下控制面板上的循环启动键后，可继续执行下一程序段。

应用：该指令可应用于自动加工过程中，停车进行某些固定的手动操作，如手动变速和换刀等。

（2）程序计划暂停指令：M01

功能：与 M00 相似，不同的是必须在控制面板上预先按下“任选停止”开关，当执行到 M01 时，程序即停止。若不按下“任选停止”开关，则 M01 不起作用，程序继续执行。

应用：该指令常用于关键尺寸的抽样或临时停车。

（3）程序结束指令：M02

功能：该指令表示加工程序全部结束。它使主轴、进给、切削液都停止，机床复位。它比 M00 功能多了一项“复位”功能。

应用：该指令必须编在最后一个程序段中。

（4）主轴正转、反转、停指令：M03、M04、M05

功能：M03、M04 指令可分别使主轴正、反转，它们与同段程序其他指令一起开始执行。M05 指令使主轴停转，是在该程序段其他指令执行完成后才停止的。

（5）换刀指令：M06

功能：自动换刀。

应用：用于具有自动换刀装置的机床，如加工中心和数控车床等。

四、数控程序结构与程序段格式

1. 程序的结构

一个完整的数控加工程序由程序号、程序段和程序结束符三部分组成。在加工程序的开头有程序号，以便进行程序检索。程序号就是给工件加工程序编一个号，并说明该工件加工程序开始，常用字符“%”及其后2~4位十进制数表示，形式如“%××××”，有时也用字符“O”或“P”开头编号。由多个程序段组成加工程序的全部内容，用以表达数控机床要完成的全部动作。

2. 程序段格式

工件加工程序是由程序段组成的，每个程序段又由若干个数据字组成，每个字是控制系统的具体指令，由表示地址的英文字母、特殊文字和数字集合而成。

程序段格式是指一个程序段中字、字符、数据的安排形式。常用的字-地址程序段格式由语句号字、数据字和程序段结束符组成，各字的排列顺序要求不严格，数据的位数可多可少，不需要的字以及与上一程序段相同的续效字可以不写。这种格式具有程序简单、可读性强、便于检查的特点，其形式如下：

N __ G __ X __ Y __ Z __…F __ S __ T __ M __ LF;

其中：

N __为程序地址字，用于指令程序段号，后跟2~4位数字。

G __为准备功能字。

X __ Y __ Z __及U __ V __ W __ I __ J __ K __等为坐标轴地址，后面的数字表示刀具在相应坐标轴上的移动距离或坐标值。

F __为进给功能字，其后面的数字表示进给速度，如F100表示进给速度为100mm/min。

S __为主轴转速功能字，主轴转速用字母S及其后面的数字表示，如S1000表示主轴转速为1000r/min。S在经济型数控系统中表示转速号，在个别有恒速度控制的系统中表示线速度值。

T __为刀具功能字，用字母T及其后面的数字表示。T后面的数字有两种表示方法：

T□□表示选择的刀号，如T08表示选择第08号刀；

T□□□□可表示刀号和刀具补偿号，前两位为刀号，后两位为刀补号，如T0304表示选03号刀，其刀补号为第04号。T0300表示03号刀补取消，00表示取消刀补。

M __为辅助功能。

LF为程序段结束符。ISO标准代码为“NL”或“LF”，EIA标准代码为“CR”。

3. 主程序和子程序

在一个零件的加工程序中，若有一定数量的连续程序段在几处完全重复出现，可将这些重复的程序段按一定的格式做成子程序，并存入到子程序存储器中。程序中子程序以外的程序称为主程序。在执行主程序的过程中，可多次重复调用子程序加工零件上多个具有相同形状和尺寸的部位，从而简化了编程工作，缩短了程序长度。主程序与子程序的关系如图2-2所示。

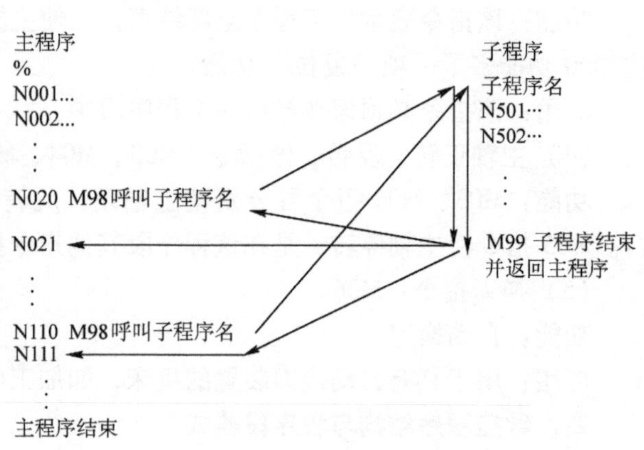

图2-2 主程序与子程序关系图

第二节　数控机床的坐标系统

一、数控机床的坐标轴与运动方向

为了便于编程时描述机床的运动，进行正确的数值计算，需要明确数控机床的坐标轴和运动方向。GB/T 19660—2005 中采取的坐标轴和运动方向命名规则如下：

1. 刀具相对于静止的工件运动的原则

假定刀具相对于静止的工件运动。这一原则使编程人员能够在不知道刀具运动还是工件运动的情况下，依据零件图样即可进行数控加工的程序编制，无需考虑数控机床各部件的具体运动方向。

2. 标准(机床)坐标系的规定

(1) 机床坐标系的规定　标准的机床坐标系是一个右手笛卡尔坐标系，如图 2-3 所示。它规定了 X、Y、Z 三个直角坐标轴的方向，这个坐标系的各个坐标轴与机床的主要导轨平行。根据右手螺旋法则，我们可以很方便地确定出 A、B、C 三个旋转坐标轴的方向。

图 2-3　右手笛卡尔坐标系

(2) 运动方向的确定

1) Z 坐标轴的确定。Z 坐标轴的运动由传递切削力的主轴所决定，与主轴轴线平行的标准坐标轴即为 Z 坐标轴。Z 坐标轴的正方向是刀具远离工件的方向。对于钻、镗加工，钻入或镗入工件的方向是 Z 坐标轴的负方向。

2) X 坐标轴的确定。X 坐标轴的运动一般是水平的，它平行于工件的装夹平面，是刀具或工件定位平面内运动的主要坐标轴。在有回转工件的机床上，如车床、磨床等，X 坐标轴的方向在工件的径向上，且平行于横向滑座，以刀具离开工件回转中心的方向为正方向，如图 2-4 所示。在有刀具回转的机床上(如铣床)，若 Z 坐标轴是水平的(主轴是卧式的)，当由主要刀具主轴向工件看时，X 运动的正方向指向右方；若 Z 坐标轴是垂直的(主轴是立式的)，当由主要刀具主轴向立柱看时，X 运动的正方向指向右方，如图 2-5 所示。

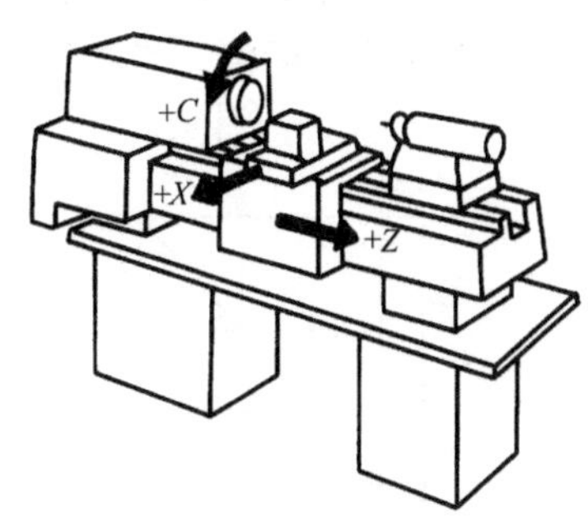

图2-4　数控车床坐标系

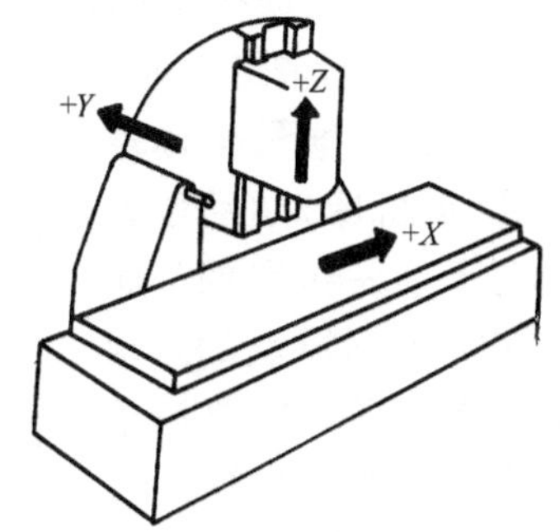

图2-5　数控铣床坐标系

3) Y 坐标轴的确定。正向 Y 坐标轴的运动，根据 X 和 Z 的运动，按照右手笛卡尔坐标系来确定。

4）旋转运动坐标系。A、B、C 相应地表示绕其轴线平行于 X、Y、Z 的旋转运动。A、B、C 的正向为在相应 X、Y、Z 坐标轴正向上按照右手法则确定的环绕方向。

5）辅助坐标系。与 X、Y、Z 坐标系平行的坐标系称为辅助坐标系，分别以 U、V、W 表示，如还有第二组运动，则分别以 P、Q、R 表示，如图2-6所示。

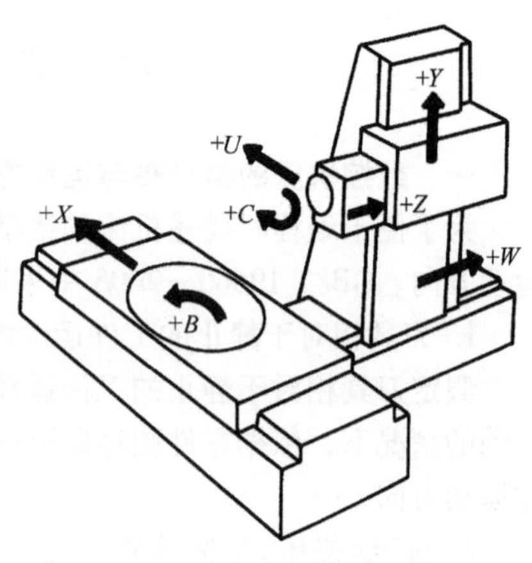

图 2-6　数控镗铣床坐标系

6）工件的运动。为了体现机床的移动部件是工件而不是刀具，在图中往往以加“′”的字母来表示运动的正方向，即带“′”的字母表示工件的运动正向，不带“′”的字母则表示刀具运动的正向，两者所表示的运动方向正好相反。

二、机床坐标系与工件坐标系

机床原点是机床固有的点，以该点为原点与机床的主要坐标轴建立的直角坐标系，称为机床坐标系。机床坐标系是制造机床时用以确定各零部件相对位置而建立起来的。工件坐标系是指编程人员以零件图样上的某一点（工件原点或编程原点）为坐标原点建立的坐标系，编程时用来确定编程尺寸。当工件装夹在机床上后，工件原点与机床原点之间的距离称为工件原点偏置，偏置值可以预存到数控装置中去。在加工时，工件原点偏置值可自动加到机床坐标系上，使数控系统可按机床坐标系确定加工时的坐标值。如图 2-7 所示，数控车床坐标系中，XOZ 坐标系为机床坐标系，$X_1O_1Z_1$ 为工件坐标系，OO_1 为工件原点偏置值。

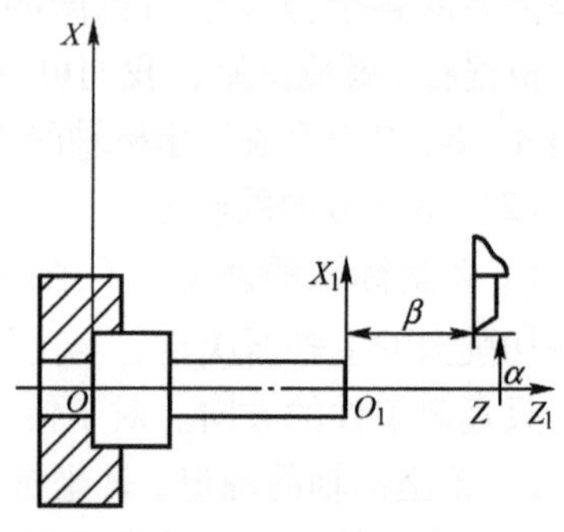

图 2-7　机床坐标系与工件坐标系

三、绝对坐标系统与增量（相对）坐标系统

在编程时，表示刀具（或机床）运动位置的坐标值通常有两种，一种是绝对尺寸，另一种是增量（相对）尺寸。所谓绝对坐标是表示刀具（或机床）运动位置的坐标值，是相对于固定的坐标原点给出的。增量坐标系统所表示的刀具（或机床）运动位置的坐标值是相对于前一位置的，而不是相对于固定的坐标原点的。相对坐标与运动方向有关，在数控车床上用 U、V、W 表示增量坐标，U、V、W 分别与 X、Y、Z 平行且同向。如图 2-8a 所示，A、B 两点的绝对坐标值分别为 $X_A=10$，$Y_A=12$，$X_B=30$，$Y_B=37$。如图 2-8b 所示，由 A

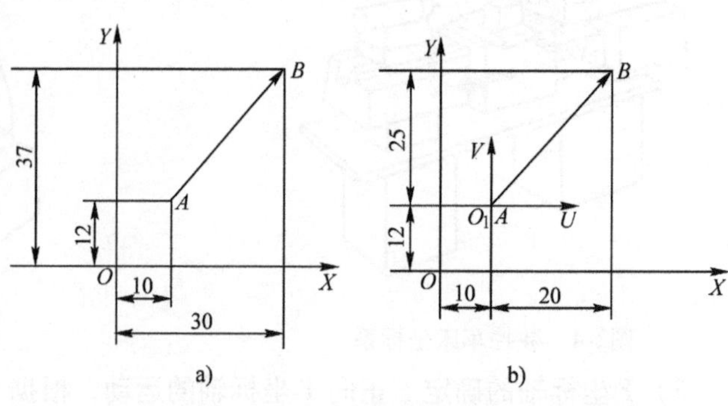

图 2-8　绝对坐标系与增量（相对）坐标系

点运动到 B 点的相对坐标值为 $U_{AB}=20$，$V_{AB}=25$，相反，由 B 点运动到 A 点的相对坐标值为 $U_{BA}=-20$，$V_{BA}=-25$。

第三节　数控系统的信息及信息流程

一、数控系统的信息

数控技术是用数字化信息形成的控制程序对机床的运动及其加工过程实现自动控制的技术。数控系统控制和处理的信息可以分成两种类型：数字量和开关量。数字量用于对各坐标轴的运动进行数字控制，如对数控车床 X 轴和 Z 轴，对数控铣床 X 轴、Y 轴和 Z 轴的移动距离以及各轴的运行进行插补、刀具补偿等控制。开关量用于实现辅助功能，如主轴的起停、换向，刀具的选择与更换，控制工件和机床部件的夹紧、松开，数控机床的冷却、润滑的启停，控制分度工作台的转位等。

二、数控系统的信息流程

数控加工是由数控系统根据零件加工程序，经过一系列的信息处理后，控制数控机床自动完成的。每一个加工程序段的处理过程按输入→译码→进给速度处理→插补→位置控制的顺序来完成。数控系统的信息流程如图 2-9 所示。

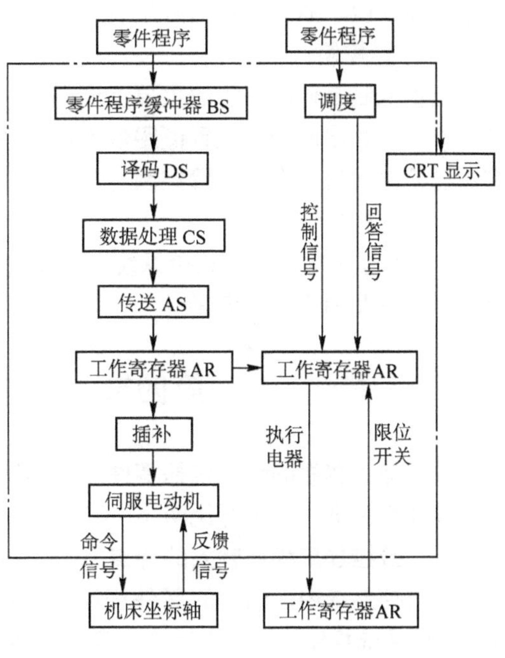

图 2-9　数控系统的信息流程

1. 输入

数控系统的输入主要是指零件程序、控制参数和补偿数据的输入。输入的方式有键盘输入、磁盘(可移动磁盘)输入和连接上级计算机的 DNC(直接数控)接口输入。从数控系统工作方式看，有存储工作方式输入和 DNC 工作方式输入。

2. 存储

零件存储器中的零件程序是连续性存储的，各程序段之间和各程序之间不存在空隙。加工程序按段存储，除加工程序外每段中还包含该段的字数、字符或其他有关信息。在零件存储器中开辟了目录区，该区中按照固定格式存放着相应零件的有关存储信息，即目录表。控制程序通过目录表对零件加工程序进行存取操作。

3. 译码

译码就是将标准的数控代码翻译成本系统能够识别的代码形式，即将存储在零件程序存储区的内部代码转化成控制机床运动的专门信息后存放到译码结果缓冲存储单元中。译码可以由硬件完成，但目前绝大多数的数控系统采用软件译码。译码的主要工作为代码识别和功能代码译码。

4. 刀具补偿

译码后的数据不能直接用来作为实际加工的控制信息。数控系统需要把编程时的工件轮廓数据自动转换成相应的刀具中心轨迹数据，进行刀具补偿。根据机床结构和加工形式，刀具补偿分为刀具半径补偿和刀具长度补偿。刀具半径补偿过程较复杂，分为 B 功能刀具半径补偿和 C 功能刀具半径补偿。C 功能刀具半径补偿能够进行程序段之间的自动转接和过切削判别。刀具长度补偿通常为轴向的长度补偿，适于钻削类加工。

5. 进给速度处理

在编程过程中所给出的刀具移动速度是在各坐标轴的合成方向上的速度。进给速度处理是根据合成速度计算各运动坐标轴上的分速度，并对数控机床的最低速度和最高速度进行相应地限制。

6. 插补

所谓插补，就是密化加工曲线起点和终点之间走刀轨迹的过程，通常的做法是利用微小的直线数据段去逼近加工曲线，每个插补周期运行一次插补程序，加工这一小段直线。整个插补过程就是计算起点和终点之间多个中间点的过程，因此插补运算的快慢将直接影响系统的速度和精度。插补运算的方法有许多种，常用的有脉冲增量插补法和数据采样插补法。

7. 位置控制

位置控制是伺服系统的重要组成部分，是保证位置控制精度的重要环节。它的主要任务是将插补计算出的理论位置值跟位置检测装置检测的实际值进行比较，利用计算出的差值去控制进给电动机，实现位置控制。

8. I/O 处理

I/O 处理主要是处理数控系统与机床之间的强电信号的输入、输出和控制（如换刀、冷却等）以及 D/A 和 A/D 的转换。

第四节　数控加工程序的输入

数控加工程序的输入包括零件加工程序的输入和对零件加工程序的处理。对零件加工程序的处理将在下一节进行说明。

一、数控加工程序输入的特点

在数控系统中，输入的零件程序用标准代码写成，并存入数控系统的存储器。CNC 系统与 NC 系统相比，有以下特点：整个零件程序可一次输入，输入方式可以手动或自动；先对输入数据进行预处理，再进行数控加工；在预处理过程中，可以对后面多段程序进行预处理。数控系统在加工零件时，采用解释或编译的方法将零件加工程序翻译为机器码，解释方法是先将用标准代码组成的零件加工程序指令与数据整理成某种格式，在加工时由主程序顺序取出，进行分析与判断，转入相应子程序去执行，即边解释边执行。编译方法是将用标准代码书写的零件加工程序作为源程序，对它进行编译，形成由机器指令组成的目的程序，在加工时直接由计算机执行，即先解释后执行。解释方法占用内存少，解释程序简单，在 CNC 系统中得到广泛采用。

二、零件加工程序的输入

1. 输入

零件加工程序的输入因输入介质不同而采用不同的输入手段。输入的形式主要有键盘输入和 DNC 方式输入。若采用计算机通信方式，则可通过 DNC(直接数控)接口输入。在经济型数控系统或培训示教系统上还备有磁带录音机接口，可以接收存放在磁带上的零件加工程序。

CNC 系统从键盘上接收零件加工程序时，一般都采用中断方式，在系统程序中有相应的中断服务程序，对键盘上的按键动作进行中断响应处理。从键盘上输入的零件程序，一般是先经过缓冲器，再进入零件加工程序存储器。不同 CNC 系统的零件加工程序存储器的容量不同，可以同时存入多个零件加工程序。MDI 缓冲器则用于接收来自键盘输入的程序。一般有些系统的缓冲器只能存放一个程序段，有些则可以存放几个程序段。缓冲器是原始零件加工程序进入系统的必经之路。一般情况下，零件加工程序的存数过程如图 2-10 所示。系统在正常工作情况下，取数过程如图 2-11 所示。

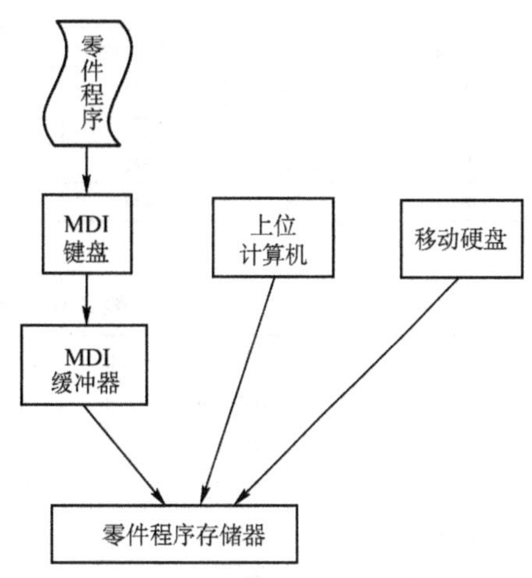

图 2-10　不同输入介质存数过程

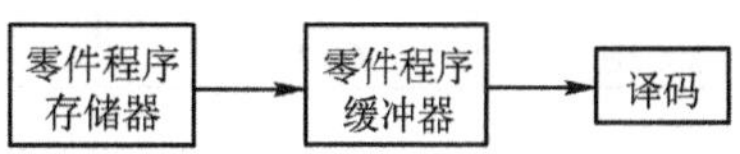

图 2-11　取数过程

2. 零件加工程序的存放形式

存储在存储器中的零件加工程序是连续存储的，各程序段之间和各程序之间不存在空隙。零件加工程序按段存储，除加工程序外每段中还包含该段的字数、字符或其他有关信息。在零件存储器中开辟了目录区，该区中按照固定格式存放着相应零件的有关存储信息，即目录表。控制程序通过目录表对零件加工程序进行存取。目录表中的目录和存储的程序一一对应。目录一般分三部分：零件加工程序名称、程序首址和程序终址，如图 2-12 所示。

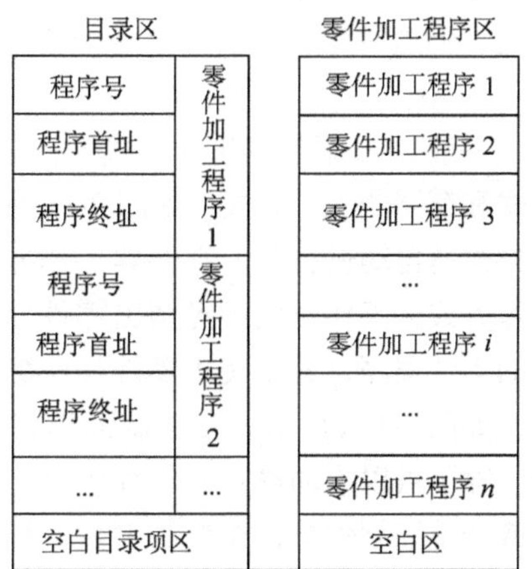

图 2-12　零件加工程序存储器结构示意图

零件程序的存储形式一般采用 ISO 代码或 EIA 代码，当前则多用具有一定规律性的系统内部代码，其代码对应关系见表 2-5。采用 ISO 代码的加工程序为：

N05　G90　G01　X100　Y-50　F46　M05　LF

在存储区中的存储情况见表 2-6，假设首地址为 3000H。

表 2-5　常用的数控代码对应关系

字　符	ISO 代码	EIA 代码	内部代码	字　符	ISO 代码	EIA 代码	内部代码
0	30H	20H	00H	8	B8H	08H	08H
1	B1H	01H	01H	9	39H	19H	09H
2	B2H	02H	02H	N	4EH	45H	10H
3	33H	13H	03H	G	47H	67H	11H
4	B4H	04H	04H	X	D8H	37H	12H
5	35H	15H	05H	Y	59H	38H	13H
6	36H	16H	06H	Z	5AH	29H	14H
7	B7H	07H	07H	I	C9H	79H	15H

（续）

字　符	ISO 代码	EIA 代码	内部代码	字　符	ISO 代码	EIA 代码	内部代码
J	CAH	51H	16H	LF/CR	0AH	80H	20H
K	4BH	52H	17H	—	2DH	40H	21H
F	C6H	76H	18H	DEL	FFH	7FH	22H
M	4DH	54H	19H	EOR	A5H	0BH	23H

表 2-6　数控加工程序存储器内部信息

地　址	内　容	地　址	内　容	地　址	内　容
3000H	10H(N)	3008H	01H(1)	3010H	00H(0)
3001H	00H(0)	3009H	12H(X)	3011H	18H(F)
3002H	05H(5)	300AH	01H(1)	3012H	04H(4)
3003H	11H(G)	300BH	00H(0)	3013H	06H(6)
3004H	09H(9)	300CH	00H(0)	3014H	19H(M)
3005H	00H(0)	300DH	13H(Y)	3015H	00H(0)
3006H	11H(G)	300EH	21H(-)	3016H	05H(5)
3007H	00H(0)	300FH	05H(5)	3017H	20H(LF)

零件程序缓冲区是零件程序输入通道的重要组成部分，其中的数据段在加工时直接和译码程序连接。一般来说，零件程序缓冲区只包含一个数据段的大小，当然也有多个数据段的情况，但这种情况需要一个专门管理程序进行管理。

3. 不同工作方式的取数过程

一般 CNC 系统的工作方式为：键盘(MDI)工作方式和存储器工作方式，如图 2-13 所示。存储器工作方式是自动进行的。存储器工作方式是最常用的工作方式，工作时用键盘调出零件程序存储器中指定的零件程序，逐段装入零件程序缓冲器中等待译码，如图 2-13a 所示。在键盘工作方式(MDI 方式)中，除了可以手动输入零件程序外，还可以手动输入或调整控制信息，如控制参数、补偿数据和编辑等，如图 2-13b 所示。

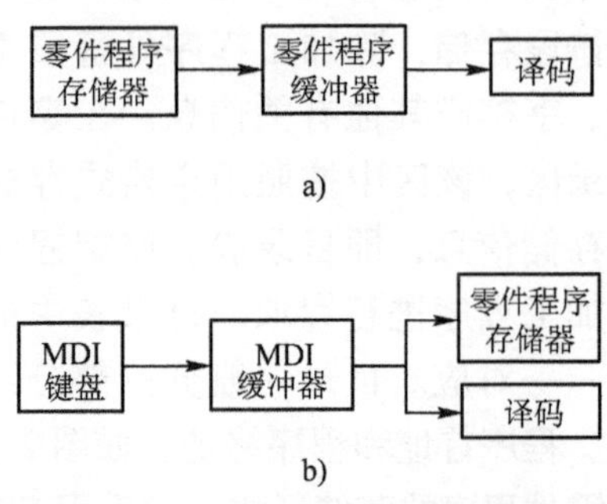

图 2-13　不同工作方式的取数过程
a）存储器工作方式　b）键盘工作方式

第五节　数控加工程序的预处理

虽然输入的零件加工程序经过换码，以 CNC 内部码的形式存放在零件程序存储区中，但是计算机仍不能识别出哪些数据表示坐标值、哪些数据表示速度值、哪些数据表示命令等。因此，在数控系统进行插补之前，需对零件加工程序进行预处理，包括译码、刀具补偿和速度处理等。

一、数控加工程序的译码

译码是将标准的数控代码翻译成本系统能够识别的代码形式，也就是将存储在零件程序存储区中的内部代码转化为控制机床运动的专门信息后存放到译码结果缓冲存储单元中。译码可以由硬件完成，但目前更多的用软件译码。译码的主要工作为代码识别和功能码译码。

1. 代码的识别

代码的识别是指将零件加工程序存储器或 MDI 缓冲器中的源程序与内部规定的代码格式相比较，作出相应处理，形成固定的格式，存入零件加工程序缓冲区 BS 中。在实际加工过程中，不是将全部源程序一次性转换为固定格式，而是随着加工过程逐段转换。

如图 2-14 所示为一个程序段在缓冲区 BS 中的固定格式，图中每个方框代表一类功能指令，其中 GA 单元为绝对坐标指令（G90）或增量坐标指令（G91）；GB 单元为插补指令（G00、G01、G02、G03）；GC 单元为坐标平面指令（G17、G18、G19）；GD 单元为刀具半径补偿指令（G40、G41、G42）；I、J、K 为起点坐标数据；X、Y、Z 为终点坐标数据；Fxxxx 为进给速度值；M02 为零件加工程序结束指令。缓冲区 BS 中每一个字符占一个字节的内存单元。

源程序区中的程序段要经过编辑处理以后才能存放在 BS 中。在编辑过程中，要将源程序区中的字符逐个取出，识别后将功能字及坐标尺寸字装入预定单元。在编辑过程中，还完成了对程序段的语法检查，若发现错误，立即报警。

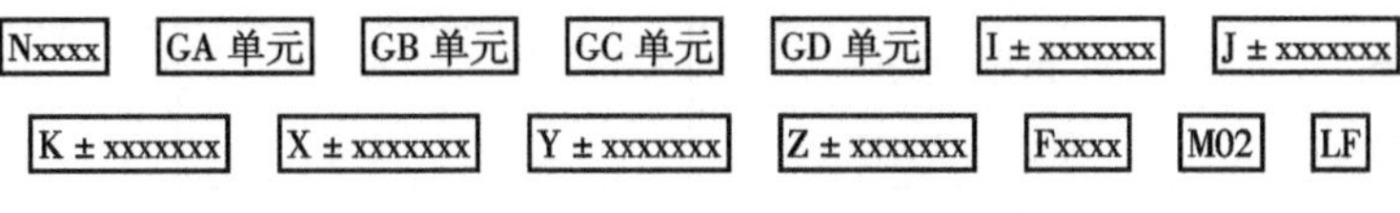

图 2-14　零件加工程序缓冲区 BS 存储格式

2. 译码

代码识别主要是为各种代码设立一个功能码标志，然后再对功能码进行处理。每一个程序段的译码结果通常放在规定的存储区内，通常称为译码结果缓冲器或译码结果寄存器 DS。译码结果缓冲器的格式一般是固定的，见表 2-7。它按规定次序存放各代码的值和相应标识单元，标识单元中一般存放标志位。为了使用方便，通常对 G 代码、M 代码等的每一个值或其中一些值单独设立标识字。为了节省内存空间，并且由于有些代码不能出现在同一程序段中，所以将 M 代码和 G 代码按表 2-8 和表 2-9 所示分组。

表 2-7　译码结果缓冲器中的存储格式

地址码	内存中数据形式	地址码	内存中数据形式	地址码	内存中数据形式
N	BCD 码	J	二进制	MX	特征码
X	二进制		二进制	MY	特征码
	二进制	K	二进制	MZ	特征码
Y	二进制		二进制	GA	特征码
	二进制	F	二进制	GB	特征码
Z	二进制		二进制	GC	特征码
	二进制	S	二进制	GD	特征码
I	二进制		二进制	GE	特征码
	二进制	T	BCD 码	GF	特征码

表 2-8　常用的 M 代码组

组　号	M 代码	功　　能	组　号	M 代码	功　　能
MA	M00	程序停止	MB	M05	主轴停
	M01	程序暂停	MC	M06	换刀
	M02	程序结束，机床复位	MD	M10	夹紧
MB	M03	主轴顺转		M11	松开
	M04	主轴逆转			

表 2-9　常用的 G 代码组

组　号	G 代码	功　　能	组　号	G 代码	功　　能
GA	G00	快速进给	GC	G17	选择 *XY* 平面
	G01	直线插补		G18	选择 *ZX* 平面
	G02	顺圆插补		G19	选择 *YZ* 平面
	G03	逆圆插补	GD	G40	取消刀补
	G06	抛物线插补		G41	左侧半径补偿
	G33	等距螺纹切削		G42	右侧半径补偿
	G34	增距螺纹切削	GE	G80 ~ G89	循环功能
	G35	减距螺纹切削	GF	G90	绝对坐标编程
GB	G04	暂停		G91	相对坐标编程

译码本身包括对零件加工程序的整理和存放，常用以下两种方法：

（1）不按字符格式的整理与存放　零件加工程序经译码，去掉程序段序号，每个程序段数据均以 LF 或 CR 开头和结尾。程序段中各功能字 G、M、S、T 用特征码进行换码，换码后的特征码与原标准编码不一定一致。对以 X、Y、Z、I、J、K 开头的尺寸字，以及以 F 开头的速度字将不保留地址符，将尺寸及速度数据转换成二进制数后按固定格式存放，存放顺序依次为 X、Y、Z、I、J、K、F，无数时则填“0”。每个尺寸字占用的字节数由可能输入的最大尺寸的位数确定。

（2）保留字符格式的整理与存放　采用这种方法，在零件加工程序输入时，只对字符换码，暂不进行“数字的十进制转换为二进制”运算及格式整理。这给程序段检索及程序编辑带来了方便，输出零件加工程序只要进行反换码即可，但这种整理方法使各程序段之间及各尺寸字之间差别较大，若对其直接进行处理和解释执行，将使解释、区分的程序变得复杂。因此，实际应用中常通过编辑将零件加工程序转换成一种标准的固定格式。

二、刀具补偿

译码后的数据相对于计算机来说，已经有相应的实际意义，但还不能用来作为实际加工的控制信息。方便的编程方法是依照零件的轮廓进行编程，而数控系统通常是以刀具特殊的中心点轨迹为控制对象，两者并不统一，因此在加工过程中数控系统应该自动处理这个问题，而不能将它留给编程人员解决。数控系统把编程时的工件轮廓数据自动转换成相应的刀具中心轨迹数据的过程叫做刀具补偿。由于机床结构和加工形式不同，刀具补偿分为刀具长度补偿和刀具半径补偿。

刀具长度补偿是对编程的刀具与实际所使用的刀具在长度上可能的差异进行补偿，这使得编程人员在编程时不必考虑实际的刀具长度，而按设定的刀具长度进行编程。这种补偿较为简单，通常是把实际刀具的长度和编程时刀具的长度之差(即补偿值)放在一个专门的偏置存储器单元中，由 CNC 系统进行刀具长度补偿的计算。

刀具半径补偿过程较复杂，分为 B 功能刀具半径补偿和 C 功能刀具半径补偿。B 功能刀具半径补偿为基本的刀具半径补偿，它仅根据本程序段的轮廓尺寸进行刀具半径补偿，计算直线或圆弧终点的刀具中心值，各个程序段之间的连接则需要编程人员在编写程序时进行处理，即在零件的外拐角处必须人为地编制出附加程序段，来实现尖角过渡。但是，采取这样的方法，会使刀具在拐角处停顿，工艺性差。

随着数控系统计算速度和存储功能的提高，现代 CNC 数控系统几乎都采用 C 功能刀具半径补偿。C 功能刀具半径补偿的基本思想是在计算完本段轨迹后，提前将下一段程序读入，然后根据它们之间转接的情况，再对本段的轨迹作适当的修正，得到正确的本段加工轨迹，以解决下一段加工轨迹对本段加工轨迹的影响。C 功能刀补能自动处理两个程序段刀具中心轨迹的转接，编程人员可完全按工件轮廓进行编程。C 功能刀具半径补偿解决了 B 功能刀补可能出现的特殊情况引发的问题。

三、速度处理

速度处理就是根据译码缓冲器中的 F 代码值，进行相应的运算和处理，最终生成插补所需要的速度信息。速度处理的计算方法因系统的不同而异。

1. 开环控制系统

在开环系统中坐标轴运动速度是通过控制向步进电动机输出脉冲的频率来实现的，速度计算的任务是根据编程 F 值来确定这个频率值。

进给速度 F(mm/min)与脉冲发送频率有如下关系：

$$F=60\delta f \tag{2-1}$$

式中 δ——数控机床的脉冲当量(mm)；

f——脉冲发送频率(Hz)。

通常系统获得频率 f 的方法有两种：一种是软件模拟 DDA 的方法，利用定容量累加器积分输出；另一种方法就是采用实时时钟中断法。

2. 闭环、半闭环控制系统

对于闭环系统和半闭环系统，一般采用数据采样的方法来控制速度，即通过一个插补周期内的位移量 f_s 来确定。

插补进给量 f_s 与进给速度 F、插补周期 T 有如下关系：

$$f_s=\frac{kFT}{60\times1000} \tag{2-2}$$

式中 f_s——一个插补周期的插补进给量(mm)；

T——插补周期(ms)；

F——程编进给速度(mm/min)；

k——速度系数(快速度倍率、切削进给倍率等)。

由此得到指令进给值 f_s，即系统处于稳定状态时的插补进给量，因此称 f_s 为稳定速度。

第六节　数控系统的通信接口与网络

现代CNC装置都使用标准串行通信接口与其他微型计算机相连，进行点对点通信，实现零件程序和参数的传送。为了适应工厂自动化（FA）和计算机集成制造系统（CIMS）的发展，CNC装置作为分布式数控系统（DNC）及柔性制造系统（FMS）的基础组成部分，应该具有与DNC计算机或上级主计算机直接通信的功能或网络通信功能。

一、数控系统的数据通信设备和接口

数控系统作为独立的控制单元，通常需要与下列设备连接进行数据和信息的传送。

（1）数据输入/输出设备　如打印和穿复校装置（TTY）、零件和可编程控制器的程编机、上位计算机、显示器与键盘、磁盘驱动器等。

（2）外部机床控制面板　在数控机床的操作过程中，为了操作方便，往往在机床外侧设置一个机床操作面板。数控系统需要与它的操作面板进行通信联系。

（3）手摇脉冲发生器　在手工操作过程中，数控系统需要与手摇脉冲发生器进行信息交换。

（4）进给驱动线路和主轴驱动线路　一般情况下，这两部分与数控系统距离很近，直接通过内部连线相连，它们之间不设置通用的输入/输出接口。

随着FA（工厂自动化）与CIMS（计算机集成制造系统）的发展，数控系统作为一个基础层次，已成为DNC（分布式数控系统或群控系统）、FMS（柔性制造系统）的有机组成部分。因此，数控系统需要与上位计算机、DNC计算机或工业局部网相连。

A-B公司8600数控系统配有三种接口：小型DNC接口、远距离输入/输出接口和数据高速通道（相当于工业局部网络的通信接口）。FANUC15数控系统除此之外，还配置MAP3.0接口板，以满足CIMS的通信要求。SINUMERIK850/880系统配有三种接口：RS-232C接口、SINEC H1网络接口和SINEC H2网络接口，其中SINEC H1网络遵循IEEE802.3标准，SINEC H2网络遵循MAP协议和IEEE802.4标准。

二、数据通信的基本概念

1. 数据通信系统的组成

数据通信是指在发送端将数据转换成数字信号或模拟信号，通过某种特定的介质传输到接收端，然后再还原为数据的过程。数据通信的模型如图2-15所示，信源是信息的发送端，信道是指信号的传输媒体及相关的设备，信宿是信息的接收端。信源将各种信息转换成原始电信号，由变换器进行转换后，通过信道传输到远地的接收端，经过反变换器的转换，复原成原始的电信号，再送给接收端的信宿，然后由信宿将其转换成各种信息。

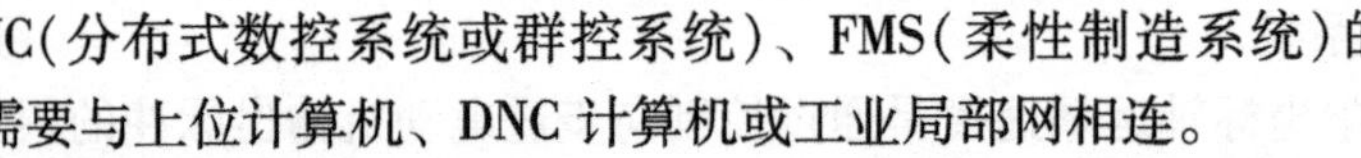

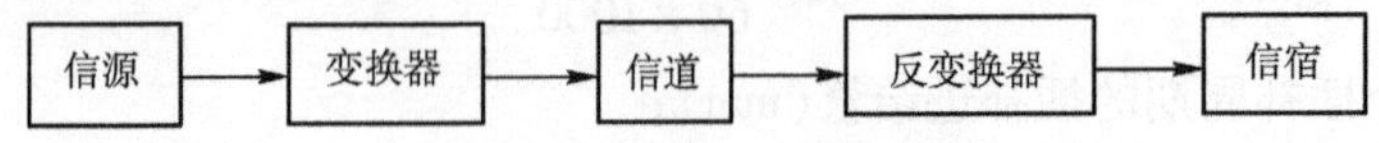

图2-15　数据通信的模型

数据通信系统分为模拟传输系统和数字传输系统两类，模拟传输系统用于传输模拟信号，数字传输系统用于传输数字信号。当信源是数字计算机或数字终端时，它们产生的原始信号都是数字信号，这种数字信号要在模拟传输系统上传输时，则先要将数字式的原始信号转换成模拟式的电信号，这个过程称为调制。执行调制功能的变换器称为调制器。通过信道

传送到接收端的模拟电信号，又要转换成数字信号，信宿(数字计算机或数字终端)才能接收，这个过程称为解调。执行解调功能的反变换器称为解调器。通常情况下，数据通信是双向的，调制器和解调器合在一个装置中，这就是调制解调器。

数据通信也就是数字计算机或数字终端之间的通信。在通信的过程中，对信息进行收集和处理的设备称为数据终端设备(DTE,Data Terminal Equipment)，它可以是信宿、信源或两者兼有。对数据进行调制、对电信号进行解调的设备称为数据通信设备(DCE ,Data Communication Equipment)，它是数据终端设备与通信信道的连接点。数控通信系统的组成如图2-16所示。

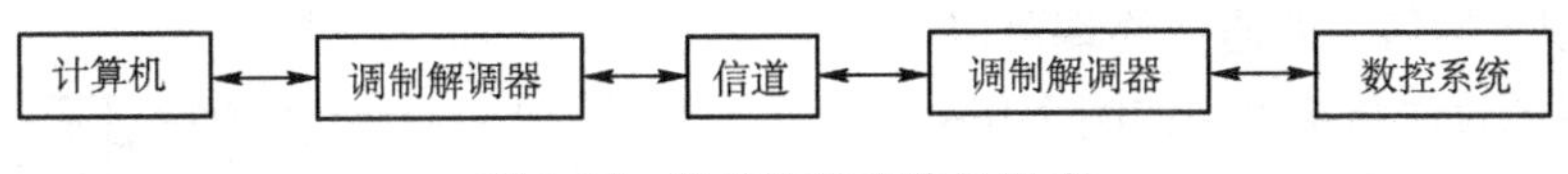

图2-16　数控通信系统的组成

2. 数据通信的连接方式

在数据通信系统中，计算机与数控设备之间的通信连接有三种方式：点—点连接、分支式连接和集线式连接，以适应不同现代制造系统的要求。

(1) 点—点连接　计算机与一台数控设备之间通过调制解调器直接连接，适用于单台数控设备与计算机的数据通信，如图2-17a所示。

(2) 分支式连接　计算机与多台数控设备之间通过主线连接，其中计算机作为控制站，对各台数控设备进行信息的发送和接收控制，如图2-17b所示。计算机用选择的方法向各台数控设备发送信息，在某一数控设备准备好时，计算机向其发送信息；计算机采用轮询的方法从各台数控设备接收信息，适用于DNC(分布式数控系统或群控系统)。

(3) 集线式连接　在远距离通信时，可将各台数控设备用集线器进行集中，再用一频带较宽的线路与计算机连接，适用于CIMS(计算机集成制造系统)，如图2-17c所示。

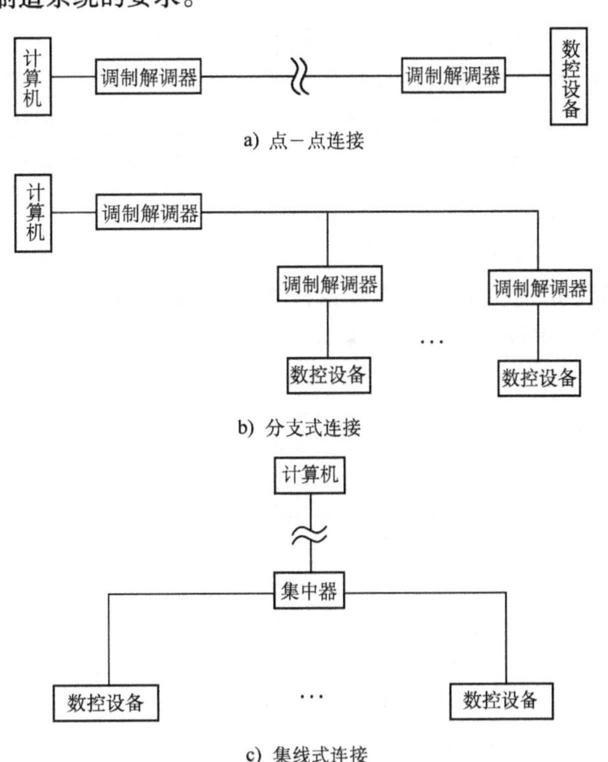

图2-17　数据通信的连接方式

3. 数据通信系统的通信方式

在串行数据通信系统中，数据传输是有方向性的。按传输的方向分，数据通信方式可分为单工通信、半双工通信和全双工通信三种形式。

(1) 单工通信　两通信终端间的数据信息只能按一个方向传递，如图2-18a所示。数控信息只能从发送装置A向接收装置B方向传送。为了保证数据传送的正确性，在数据接收端需要对接收到的数据进行检验，如果数据出现错误，则数据接收端要求数据发送端重发数据，直至正确为止。

(2) 半双工通信　两通信终端可以互传信息，即都可以发送或接收数据，传送的方向取决于开关 K_1、K_2，但同一时刻只允许单方向传送，如图 2-18b 所示。这种通信方式使用二线连接，在通信过程中需要频繁地切换信道，效率较低，适用于终端间的会话式通信。

(3) 全双工通信　两通信终端可以同时进行信息的发送与接收，如图 2-18c 所示。这种通信方式使用四线连接，在通信过程中无需切换信道，控制简单，效率高，适用于计算机之间的通信。

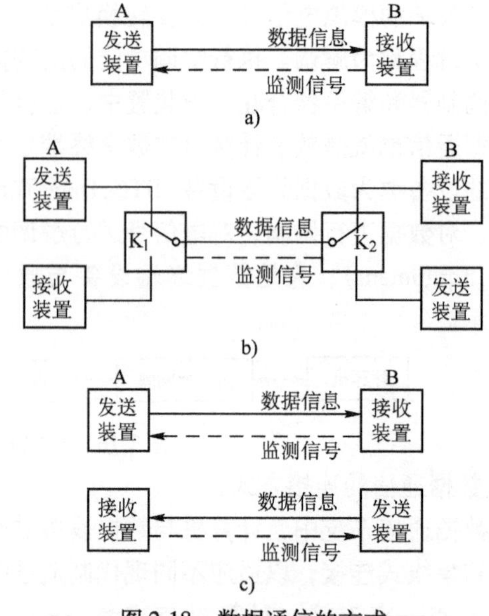

图 2-18　数据通信的方式

a) 单工通信　b) 半双工通信　c) 全双工通信

4. 数据通信的传输方式

计算机与数控系统之间的通信主要采用并行和串行两种通信方式。

(1) 并行数据传输　并行数据传输是指数据的各位同时传送，可以用字并行传送，也可以用字节并行传送，如图 2-19 所示。并行数据传送的距离通常小于 10m，成本较高，适用于近距离、高速度的数据传输。

(2) 串行数据传输　串行数据传输是用一条信号线进行数据传送，这需要将信息代码按顺序串行排列成数据流，逐位传送，如图 2-20 所示。串行数据通信是远距离数据通信的唯一手段。

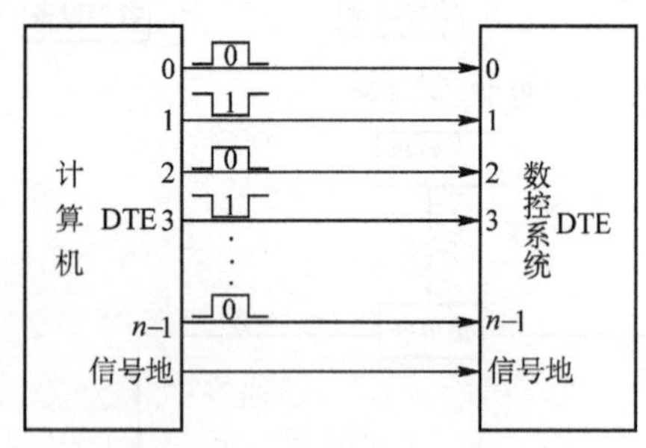

图 2-19　并行数据传输

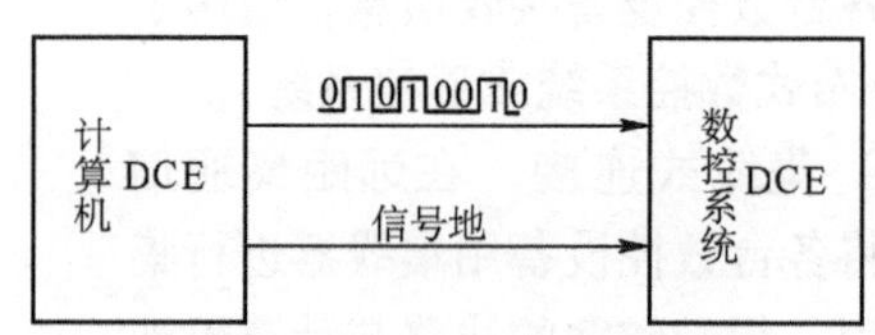

图 2-20　串行数据传输

5. 数据通信协议

在数据通信过程中，计算机按一定频率和起始时间发出数据后，数控系统的接收装置应与计算机步调一致，也就是说，接收双方按照统一的通信协议进行数据通信。通信协议分为两种：异步传输协议和同步传输协议。异步通信协议比较简单，速度较低；同步通信协议接口复杂，速度较高，在数控系统中应用较为广泛。

(1) 异步通信　在异步通信中，发送的每一个数据字符均带有起始位、停止位和可选择的奇偶位。数据字符间没有特殊关系，也不需要时钟信号。计算机独立发送每一个数据，接收装置每收到一个字符的开始位后就进行同步，如图 2-21 所示。

（2）同步通信　在同步通信中，被传输的数据块前后加上同步字符 SYN（Synchronous）或同步位模式，组成一帧，在同一时钟信号下进行传输，如图 2-22 所示。在传输的过程中，同步字符起到联络作用，通知接收装置开始接收数据，时钟信号使通信双方步调保持一致。

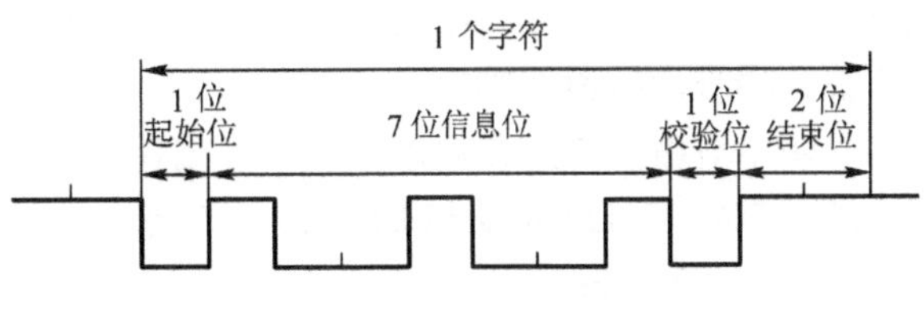

图 2-21　异步通信格式

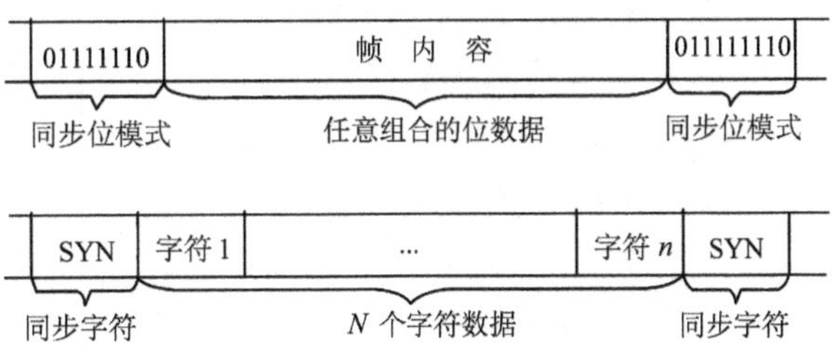

图 2-22　同步通信帧格式

6. 数据通信的传输媒体

数据传输媒体是指数据通信中所使用的媒体，即通信线路或物理信道。常用的数据传输媒体有三种：双绞线、同轴电缆和光缆等。

（1）双绞线　双绞线是将两根有绝缘保护的铜导线按一定密度互相绞合在一起。将一对或多对双绞线安装在一个套筒里，即可构成双绞线电缆。双绞线可以传输数字信号和模拟信号，是最简单经济的传输媒体，安装方便可靠，抗干扰能力强，适用于短距离传输，特别是局域网。双绞线分为非屏蔽双绞线和屏蔽双绞线。

（2）同轴电缆　同轴电缆由绕同一轴线的两个导体组成，位于电缆中央的内导体是一根单芯铜导线或一股铜导线，由泡沫塑料包裹与外层导体绝缘，用于传输信号；网状导电铝箔构成的外导体由绝缘塑料包封，用于屏蔽电磁干扰和辐射。同轴电缆的结构如图 2-23a 所示。同轴电缆抗干扰能力强，通信容量大，适用范围宽。常用的同轴电缆有基带电缆 RG-8 或 RG-11(50Ω)、基带细缆 RG-58(50Ω)、宽带电缆（公用电视天线 CATV 电缆）RG-59(75Ω)、网络电缆 RG-62(93Ω)等。

同轴电缆用于点到点连接和多点连接，基带 50Ω 电缆可支持几百台数控设备，宽带 75Ω 电缆可支持数千台数控设备，但 75Ω 电缆在高传输率(50Mpbs)时，数控设备数目限制在20～30台之间。

（3）光缆　光缆由纤芯和包层两种光学性质不同的介质构成，也就是光导纤维通信电缆。纤芯为光通路，包层由多层反射玻璃构成，它将光折射到纤芯上。光缆外部是保护层。

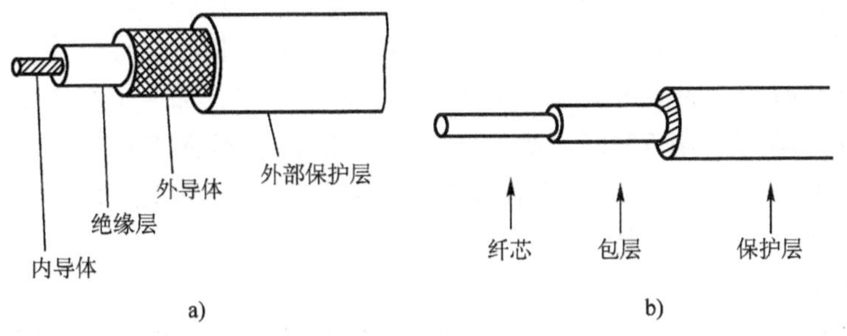

图 2-23　数据传输媒体
a）同轴电缆　b）光缆

光纤芯由单根或多股光纤构成，如图2-23b所示。

三、异步串行通信接口

异步串行数控传送在数控系统中应用比较广泛，主要的接口标准为EIA RS-232C/20mA电流环、EIA RS-422/449和EIA RS-485等。

1. RS-232C/20mA

在数控系统中，RS-232C接口主要用于连接输入/输出设备，外部机床控制面板或手摇脉冲发生器。如图2-24所示为数控系统中标准的RS-232C/20mA接口的结构，其中8251A为可编程串行接口芯片(USART)，它可将CPU的并行数据转换成串行数据发送给外设，也可以从外设接收串行数据并把它转换成可供CPU使用的并行数据。在使用RS-232C接口时应注意以下几个问题：

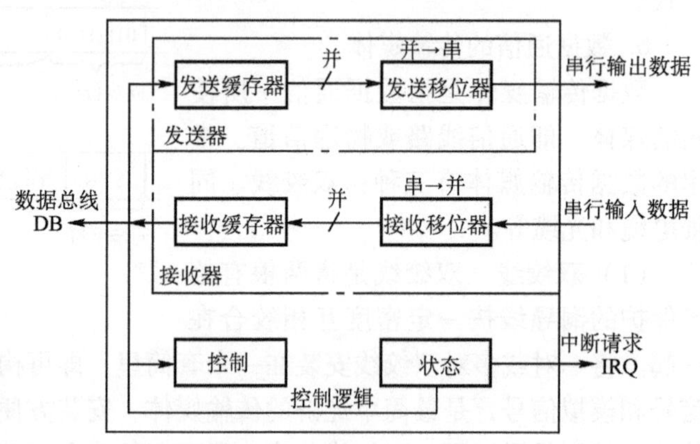

图2-24　数控系统中标准的RS-232C接口示意图

(1) RS-232C协议规定了数据终端设备(DTE)与数据通信设备(DCE)间连接的信号关系。在连接设备时要区分是数据终端设备还是数据通信设备，在接线时注意不要接错。

(2) 公布的RS-232C协议规定：一对器件间的电缆总长不得超过30m，传输速率不得超过9 600bps。西门子的数控系统规定连接距离不得超过50m。

(3) RS-232C协议规定的电平与TTL和MOS电路不同。RS-232C协议规定：逻辑“0”要高于3V，逻辑“1”要低于-3V，电源采用±12V或±15V。

数控系统中的20mA电流环通常与RS-232C一起配置。20mA电流环用于控制电流，逻辑“1”为20mA电流，逻辑“0”为零电流，在环路中只有一个电流源。电流环对共模干扰有抵制作用，可采用隔离技术消除接地回路引起的干扰，其传输距离可达1 000m。

2. RS-422/RS-449

RS-422标准规定了双端平衡电气接口模块。RS-449规定了这种接口的机械连接标准，即采用37脚的连接器，与RS-232C的25脚插座不同。这种平衡发送能保证可靠、快速的数据传送。它采用双端驱动器发送信号，而用差分接收器接收信号，能抗传送过程的共模干扰，还允许线路有较大的信号衰减，从而提高了传送频率，加大了传送距离。

RS-422常用的驱动器有75157、MC3487，常用的接收器有75154、MC3486。最近出现一种新的集成电路——双RS-422/423收发器MC34050、MC34051。每一个器件上有两个独立的驱动器和两个独立的接收器。

3. 数据系统通信

在实际应用中，计算机与数控系统进行连接多使用25针D型连接器DB-25和9针D型连接器DB-9，两连接器的关系见表2-10。

表 2-10　连接器 DB-9 与 DB-25 的引脚对应关系

DB-9	信号名称	DB-25	DB-9	信号名称	DB-25
1	接收线信号检测(DCD)	8	6	数据传输设备就绪(DSR)	6
2	接收数据(R_xD)	3	7	请求发送(RTS)	4
3	发送数据(T_xD)	2	8	允许发送(CTS)	5
4	数据终端就绪(DTR)	20	9	振铃指示(RI)	22
5	信号地(SIG)	7			

数控系统大都通过系统自备的 RS-232C 接口直接进行数据通信，如图 2-25 所示。使用 RS-232 接口进行数据通信的过程为：在一台具有完备数据系统的数控设备上通过 RS-232C 接口与另一台计算机相连接，再在计算机上由自带数据传输功能的数控软件直接发送数据。

在近距离通信时，一般不使用调制解调器，而采用空调制解调器的连接方式，如图 2-26 所示。

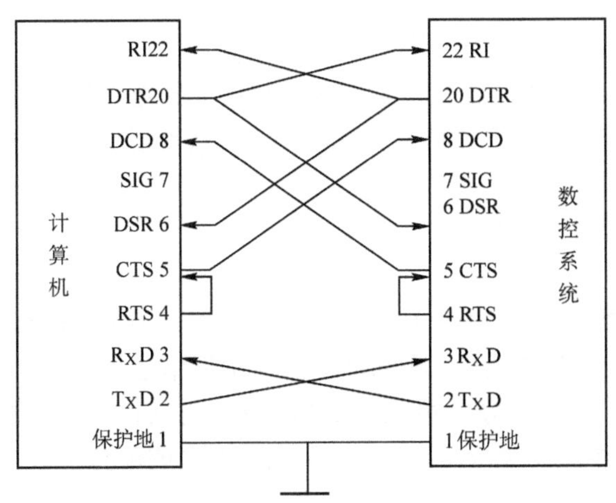

图 2-25　RS-232C 直接连接示意图

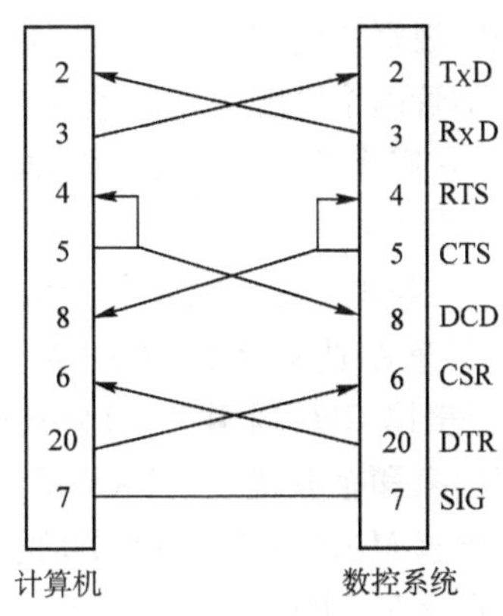

图 2-26　空 MODEM 连接示意图

四、通信网络

随着工业生产自动化技术的发展，单台数控早已不能满足要求，需要与其他设备和计算机一起通过工业局部网络(LAN)联网，以构成 FMS 或 CIMS。为了保证网络中的设备能够高速可靠地传输数据和程序，一般采用同步串行通信方式，在数控系统中设有专用的通信微处理机的通信接口，完成网络通信业务。

现代网络通信以多种通信协议和模型为理论基础，比较著名的基础性较强的是由国际标准化组织 ISO 提出的“开放系统互连参考模型”OSI 和 IEEE802 局部网络的有关协议。近年来，MAP 已成为应用于工厂自动化的标准工业局部网络的协议。工业局部网络(LAN)采用双绞线、同轴电缆和光导纤维等传输媒体传输信号，一般有距离限制(几公里)，并且要求有较高的传输速率和较低的误码率。

ISO 的开放式互联系统参考模型(OSI/RM)是国际标准化组织提出的分层结构的计算机通信协议的模型，如图 2-27 所示。这一模型是为了使世界各国不同厂家生产的设备能够互连，它是网络的基础。该协议划分为 7 个层次，每一层完成一定功能，并直接为上层提供服务，服务功能是通过相邻层之间定义的接口来完成的。从外部来看，接收方和发送方的对应层之间进行直接对话，而实际上信息是由发送方的高层从上到下传递，并在每一层作相应处理，最终到达物理层，经过物理传输线路传送到接收方，接收方各层再由下到上进行与发送方相反的操作，将数据传送到每一相应高层，从而完成收发双方的会话。

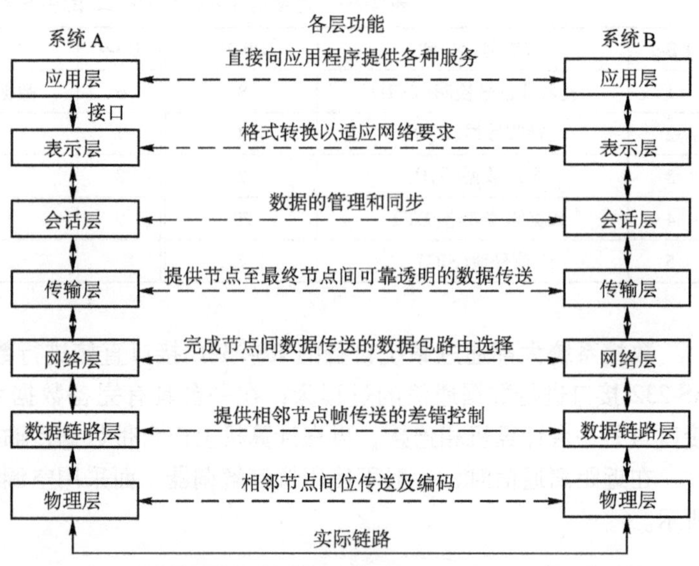

图2-27　OSI/RM的7层结构

在两个系统之间进行的网络通信，需要具有相同的层次功能，同等层间的通信要遵守一系列的规则和约定，即协议。OSI/RM的最大优点就在于它有效地解决了异地之间的通信问题。不管两个系统之间的差异有多大，只要具有下述特点就可以相互有效地通信。

1）它们完成一组同样的功能。

2）这些功能分成相同的层次，对同等层次提供相同的功能。

3）同等层次必须共享共同的协议。

近年来制造自动化协议(MAP)已很快成为应用于工厂自动化的标准工业网络协议。MAPF是美国GM(通用汽车)公司研究和开发的用于工厂车间环境的通用网络通信标准，已为许多国家和企业接受。FANUC、SIEMENS、A-B等公司支持MAP，并在它们生产的数控系统中配置MAP2.1或MAP3.0的网络通信接口，如FANUC15系列的数控系统配有MAP3.0接口，以满足CIMS的通信要求。

习　　题

2-1　什么叫数控加工程序编制？它包括哪几方面的内容？

2-2　数控加工程序中常用的准备功能和辅助功能有哪些？

2-3　如何确定常用数控机床的坐标系？

2-4　简述数控系统的信息流程。

2-5　零件加工程序常用的输入有哪几种方式？

2-6　何谓译码？译码的主要任务是什么？

2-7　什么叫并行通信？什么叫串行通信？常用的串行通信接口是什么？

第三章　插补原理与刀具补偿原理

本章着重介绍插补的概念；脉冲增量插补、数据采样插补的基本原理；直线和圆弧的逐点比较插补法以及直线的 DDA 法；直线和圆弧的数据采样法；刀具半径补偿和长度补偿的基本原理及应用。通过学习掌握直线和圆弧的逐点比较插补法，了解逐点比较法、DDA 法及数据采样插补法流程；掌握刀具半径补偿和长度补偿在数控加工中的实际应用。

第一节　概　　述

机床数字控制的核心问题之一，就是如何控制刀具与工件的相对运动。也就是说，为了满足被加工工件几何尺寸精度的要求，应该准确地依照工件的轮廓形状来生成刀具中心轨迹。然而，对于简单的曲线，数控装置易于实现，但对于较复杂的形状，若直接生成，势必会使算法变得很复杂，计算机的工作量也相应地大大增加。因此，在实际应用中，常常采用一小段直线或圆弧去进行逼近，有些场合也可以用抛物线、椭圆、双曲线和其他高次曲线去逼近复杂曲线(或称为拟合)。所谓插补就是指数据密化的过程。在对数控系统输入有限坐标点(例如起点、终点)的情况下，计算机根据线段的特征(直线、圆弧、椭圆等)，运用一定的算法，自动地在这些特征点之间插入一系列的中间点，即所谓数据密化，从而对各坐标轴进行脉冲分配，完成整个曲线的轨迹运行，以满足加工精度的要求。

无论是硬件数控(NC)系统，还是计算机数控(CNC)系统或微机数控(MNC)系统，都必须具备完成插补功能，只是它们所采取的插补方式不同而已。在 CNC 或 MNC 中，以软件(程序)完成插补或软、硬件结合实现插补，而在 NC 中有一个专门完成脉冲分配计算(即插补计算)的计算装置——插补器。无论是软件数控还是硬件数控，其插补的运算原理基本相同，其作用都是根据给定的信息进行数字计算，在计算过程中不断向各个坐标轴发出相互协调的进给脉冲，使被控机械部件按指定的路线移动。

有关插补算法的问题，除了要保证插补计算的精度之外，还要求算法简单。这对于硬件数控来说，可以简化控制电路，采用较简单的运算器，而对于计算机数控系统来说，则能提高运算速度，使控制系统较快且均匀地输出进给脉冲。目前，插补算法有很多种，现将其归纳为两大类：

一、脉冲增量插补

脉冲增量插补(又称基准脉冲插补)就是通过向各个运动轴分配脉冲，控制机床坐标轴作相互协调的运动，从而加工出一定形状零件轮廓的算法。显然，这类插补算法的输出是脉冲形式，并且每次仅产生一个单位的行程增量，故称之为脉冲增量插补。而相对于控制系统发出的每个脉冲信号，机床移动部件对应坐标轴的位移量大小，称之为脉冲当量，一般用 δ 表示。它标志着数控机床的加工精度，对于普通数控机床，一般 $\delta=0.01$mm；对于较精密的数控机床，一般 $\delta=0.005$mm、0.0025mm 或 0.001mm 等。

由于这类插补算法比较简单，通常仅需几次加法和移位操作就可完成，比较容易用硬件实现，当然，也可用软件来模拟硬件实现这类插补运算。通常，属于这类插补算法的有：数字脉冲乘法器、逐点比较法、数字积分法以及一些相应的改进算法等。

一般来讲，脉冲增量插补算法较适合于中等精度（如0.01mm）和中等速度（1～3m/min）的CNC系统中。由于脉冲增量插补误差不大于一个脉冲当量，并且其输出的脉冲速率主要受插补程序所用时间的限制，所以CNC系统精度与切削速度之间是相互影响的。譬如实现某脉冲增量插补算法大约需要30μs的处理时间，当系统脉冲当量为0.001mm时，则可求得单个运动坐标轴的极限速度约为2m/min。当要求控制两个或两个以上坐标轴时，所获得的轮廓速度还将进一步降低。反之，如果将系统单轴极限速度提高到20m/min，则要求将脉冲当量增大到0.01mm。可见，CNC系统中这种制约关系就限制了其精度和速度的提高。

二、数据采样插补

数据采样插补就是使用一系列首尾相连的微小直线段来逼近给定曲线，由于这些微小直线段是根据程编进给速度，按系统给定的时间间隔来进行分割的，所以又称为“时间分割法”插补。该时间间隔亦即插补周期（T_s）。分割后得到的这些微小直线段对于系统精度而言仍是比较大的，为此，必须进一步进行数据点的密化工作。所以，也称微小直线段的分割过程是粗插补，而后续进一步的密化过程是精插补。

一般情况下，数据采样插补法中的粗插补是由软件实现的，并且由于其算法中涉及一些三角函数和复杂的算术运算，所以大多采用高级语言完成。而精插补算法大多采用前面介绍的脉冲增量插补算法，它既可由软件实现也可由硬件实现，由于相应算术运算较简单，所以软件实现时大多采用汇编语言完成。

位置控制周期（T_c）是数控系统中伺服位置环的采样控制周期。对于给定的某个数控系统而言，插补周期和位置控制周期是两个固定不变的时间参数。

通常$T_s \geqslant T_c$，并且为了便于系统内部控制软件的处理，当T_s与T_c不相等时，则一般要求T_s是T_c的整数倍。这是由于插补运算较复杂，处理时间较长，而位置环数字控制算法较简单，处理时间较短，所以每次插补运算的结果可供位置环多次使用。现假设程编进给速度为F，插补周期为T_s，则可求得插补分割后的微小直线段长度为ΔL（暂不考虑单位）

$$\Delta L = FT_s$$

插补周期对系统稳定性没有影响，但对被加工轮廓的轨迹精度有影响，而控制周期对系统稳定性和轮廓误差均有影响。因此，选择T_s时主要从插补精度方面考虑，而选择T_c时则从伺服系统的稳定性和动态跟踪误差两方面考虑。按插补周期将零件轮廓轨迹分割为一系列微小直线段，然后将这些微小直线段进一步进行数据密化，将对应的位置增量数据（如ΔX、ΔY）再与采样所获得的实际位置反馈值相比较，求得位置跟踪误差。位置伺服软件就根据当前的位置误差计算出进给坐标轴的速度给定值，并将其输送给驱动装置，通过电动机带动丝杠和工作台朝着减小误差的方向运动，以保证整个系统的加工精度。由于这类算法的插补结果不再是单个脉冲，而是一个数字量。所以，这类插补算法适用于以直流或交流伺服电动机作为执行元件的闭环或半闭环数控系统中。

当数控系统选用数据采样插补方法时，由于插补频率较低，大约在50～125Hz，插补周期约为8～20ms，这时使用计算机是易于管理和实现的。计算机完全可以满足插补运算及数控加工程序编制、存储、收集运行状态数据、监视机床等其他数控功能。并且，数控系统所能达到的最大轨迹运行速度在10m/min以上，也就是说数据采样插补程序的运行时间已不再是限制轨迹运行速度的主要因素，其轨迹运行速度的上限将取决于圆弧弦线误差以及伺服系统的动态响应特性。

第二节　逐点比较法

逐点比较法是通过逐点比较刀具与所需插补曲线之间的相对位置确定刀具的进给方向，进而加工出工件轮廓的插补方法。刀具从加工起点开始，按照“靠近曲线，指向终点”的进给方向确定原则，控制刀具的依次进给，直至被插补曲线终点，从而获得一个近似于数控加工程序规定的轮廓轨迹。

逐点比较法插补过程中每进给一步都要经过以下四个节拍。

第一节拍——偏差判别。判别刀具当前位置相对于给定轮廓的偏离情况，并以此决定刀具进给方向。

第二节拍——坐标进给。根据偏差判别结果，控制刀具沿工件轮廓向减小偏差的方向进给一步。

第三节拍——偏差计算。刀具进给一步后，计算刀具新的位置与工件轮廓之间的偏差，作为下一步偏差判别的依据。

第四节拍——终点判别。刀具每进给一步均要判别刀具是否到达被加工工件轮廓的终点，若到达则插补结束，否则继续循环，直至终点。

四个节拍的工作流程图如图3-1所示。

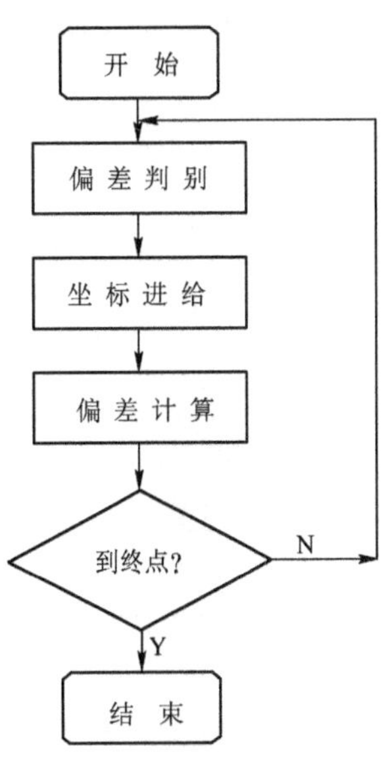

图3-1　逐点比较法工作流程图

逐点比较法既可实现平面直线插补，也可实现圆弧插补，其特点是运算简单，插补误差小于一个脉冲当量，输出脉冲均匀，而且输出脉冲速度变化不大，调节方便，但不易实现两坐标以上的插补，因此在两坐标数控机床中应用较为普遍，如数控线切割机床、数控车床等，具有良好的经济效益和社会效益。

下面介绍逐点比较法直线插补和圆弧插补的基本原理及其实现方法。

一、逐点比较法第一象限直线插补

1. 基本原理

设第一象限直线OE的起点O为坐标原点，终点E坐标为$E(X_e, Y_e)$，如图3-2所示。刀具在某一时刻处于点$T(X_i, Y_i)$，现假设点N正好处于直线OE上，则有下式成立

$$\frac{Y_i}{X_i}=\frac{Y_e}{X_e} \tag{3-1a}$$

即

$$X_eY_i-X_iY_e=0 \tag{3-1b}$$

设刀具位于直线OE的上方，则直线OT的斜率大于直线OE的斜率，则有下式成立

$$\frac{Y_i}{X_i} > \frac{Y_e}{X_e} \tag{3-2a}$$

即
$$X_eY_i - X_iY_e > 0 \tag{3-2b}$$

设刀具位于直线 OE 的下方，则直线 OT 的斜率小于直线 OE 的斜率，则有下式成立

$$\frac{Y_i}{X_i} < \frac{Y_e}{X_e} \tag{3-3a}$$

即
$$X_eY_i - X_iY_e < 0 \tag{3-3b}$$

由以上关系式可以看出，$X_eY_i - X_iY_e$ 的符号就反映了刀具 T 与直线 OE 之间的偏离情况，为此取偏差函数为

$$F = X_eY_i - X_iY_e \tag{3-4}$$

刀具所处点 $T(X_i, Y_i)$ 与直线 OE 之间的位置关系(见图 3-3)可概括为：

当 $F=0$ 时，刀具位于直线上；

当 $F>0$ 时，刀具位于直线上方；

当 $F<0$ 时，刀具位于直线下方。

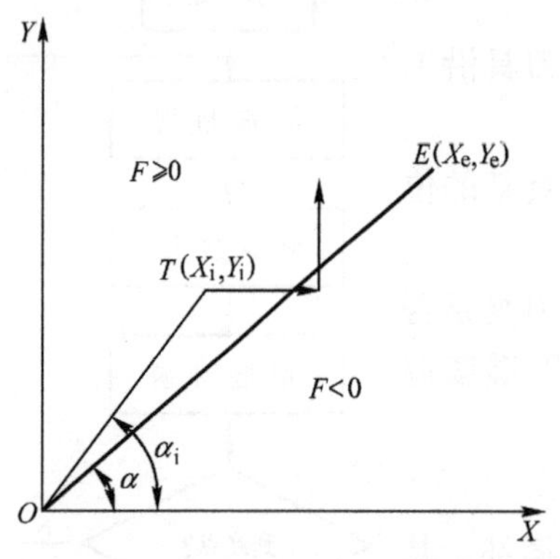

图 3-2　刀具与直线之间的位置关系

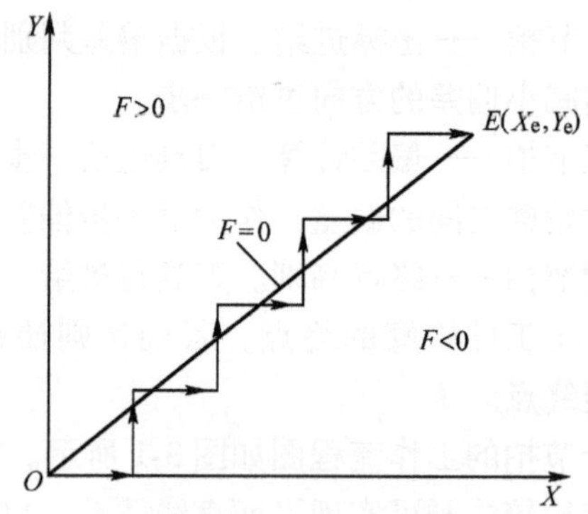

图 3-3　直线插补轨迹

在图 3-3 中，通常将 $F=0$ 归结为 $F>0$ 的情况，根据进给方向确定原则，当刀具位于直线上方或直线上，即 $F \geqslant 0$ 时，刀具沿 $+X$ 方向进给一步；当刀具位于直线下方，即 $F<0$ 时，刀具沿 $+Y$ 方向进给一步。根据上述原则，刀具从原点 $O(0,0)$ 开始，进给一步，计算一次 F；判别 F 的符号，再进给一步，再计算一次 F；不断循环，直至终点 E。这样，通过逐点比较的方法，控制刀具走出一条近似零件轮廓的轨迹，如图 3-3 中折线所示。当每次进给的步长(即脉冲当量)很小时，就可将这条折线近似当做直线来看待。显然，逼近程度的大小与脉冲当量的大小直接相关。

由式(3-4)可以看出，每次求 F 时，要作乘法和减法运算，为了简化运算，采用递推法，得出偏差计算表达式。

现假设第 i 次插补后，刀具位于点 $T(X_i, Y_i)$，偏差函数为

$$F_i = X_eY_i - X_iY_e$$

若 $F_i \geqslant 0$，刀具沿 $+X$ 方向进给一步，刀具到达新的位置 $T'(X_{i+1}, Y_{i+1})$，其坐标值为

$$X_{i+1} = X_i + 1,\ Y_{i+1} = Y_i$$

因此，新的偏差函数为

$$\begin{aligned} F_{i+1} &= X_e Y_{i+1} - X_{i+1} Y_e \\ &= X_e Y_i - (X_i + 1) Y_e \\ &= X_e Y_i - X_i Y_e - Y_e \\ &= F_i - Y_e \end{aligned}$$

故
$$F_{i+1} = F_i - Y_e \tag{3-5}$$

同样，若 $F<0$，刀具沿 $+Y$ 方向进给一步，刀具到达新的位置 $T''(X_{i+1}, Y_{i+1})$，其坐标值为

$$X_{i+1} = X_i, \quad Y_{i+1} = Y_i + 1$$

因此，新的偏差函数为

$$\begin{aligned} F_{i+1} &= X_e Y_{i+1} - X_{i+1} Y_e \\ &= X_e (Y_i + 1) - X_i Y_e \\ &= X_e Y_i - X_i Y_e + X_e \\ &= F_i + X_e \end{aligned}$$

故
$$F_{i+1} = F_i + X_e \tag{3-6}$$

根据式(3-5)和式(3-6)可以看出，偏差函数 F 的计算只与终点坐标值 X_e、Y_e 有关，与动点 T 的坐标值无关，且不需要进行乘法运算，算法相当简单，易于实现。

在这里还要说明的是，当开始加工时，一般是采用人工方法将刀具移到加工起点，即所谓“对刀过程”，这时刀具正好处于直线上，所以偏差函数的初始值为 $F_0=0$。

综上所述，第一象限偏差函数与进给方向的对应关系如下：

当 $F \geqslant 0$ 时，刀具沿 $+X$ 方向进给一步，新的偏差函数为 $F_{i+1}=F_i-Y_e$

当 $F<0$ 时，刀具沿 $+Y$ 方向进给一步，新的偏差函数为 $F_{i+1}=F_i+X_e$

刀具每进给一步，都要进行一次终点判别，若已经到达终点，插补运算停止，并发出停机或转换新程序段的信号，否则继续进行插补循环。终点判别通常采用以下两种方法：

（1）总步长法　将被插补直线在两个坐标轴方向上应走的总步数求出，即 $\sum = |X_e| + |Y_e|$，刀具每进给一步，就执行 $\sum - 1 \rightarrow \sum$，即从总步数中减去 1，这样当总步数减到零时，即表示已到达终点。

（2）终点坐标法　刀具每进给一步，就将动点坐标与终点坐标进行比较，即判别 $X_i - X_e = 0$？和 $Y_i - Y_e = 0$？是否成立。若等式成立，插补结束，否则继续。

在上述推导和叙述过程中，均假设所有坐标值的单位是脉冲当量，这样坐标值均是整数，每次发出一个单位脉冲，也就是进给一个脉冲当量的距离。

例 3-1　现欲加工第一象限直线 OE，设起点位于坐标原点 $O(0,0)$，终点坐标为 $X_e=4$，$Y_e=3$，试用逐点比较法对该直线进行插补，并画出刀具运行轨迹。

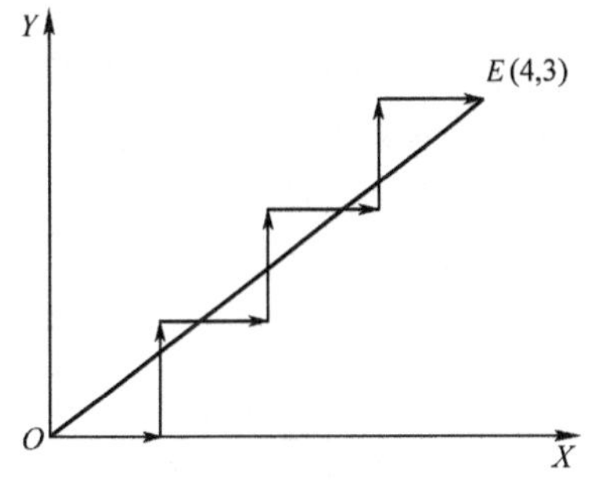

图 3-4　直线插补实例

解： 总步数 $\sum_0 = 4+3=7$，开始时刀具处于直线起点 $O(0,0)$，$F_0=0$，则插补运算过程见表 3-1，插补轨迹如图3-4所示。

表 3-1 直线插补运算过程

序号	工作节拍			
	第一拍 偏差判别	第二拍 进给	第三拍 偏差计算	第四拍 终点判别
起点			$F_0=0$	$\sum_0=7$
1	$F_0=0$	$+\Delta X$	$F_1=F_0-Y_e=0-3=-3$	$\sum_1=\sum_0-1=7-1=6$
2	$F_1=-3<0$	$+\Delta Y$	$F_2=F_1+X_e=-3+4=1$	$\sum_2=\sum_1-1=6-1=5$
3	$F_2=1>0$	$+\Delta X$	$F_3=F_2-Y_e=1-3=-2$	$\sum_3=\sum_2-1=5-1=4$
4	$F_3=-2<0$	$+\Delta Y$	$F_4=F_3+X_e=-2+4=2$	$\sum_4=\sum_3-1=4-1=3$
5	$F_4=2>0$	$+\Delta X$	$F_5=F_4-Y_e=2-3=-1$	$\sum_5=\sum_4-1=3-1=2$
6	$F_5=-1<0$	$+\Delta Y$	$F_6=F_5+X_e=-1+4=3$	$\sum_6=\sum_5-1=2-1=1$
7	$F_6=3>0$	$+\Delta X$	$F_7=F_6-Y_e=3-3=0$	$\sum_7=\sum_6-1=1-1=0$(终点)

这里要注意的是，对于逐点比较法插补，在起点和终点处刀具均落在零件轮廓上，也就是说在插补开始和结束时偏差值均为零，即 $F=0$，否则，插补运算过程会出现错误。

2. 硬件实现

逐点比较法插补最早是在硬件数控系统中使用数字逻辑电路来实现的，而后来的 CNC 系统中基本上都是采用软件来模拟硬件实现的。但硬件插补速度快，若采用大规模集成电路制作的插补芯片，可靠性高。最近几年，国外一些数控系统中采用一种大规模的数字电路——现场可编程逻辑门阵列(Field Programming Gate Array 缩写为 FPGA)来实现该插补功能，从而克服了原来硬件插补线路灵活性差的缺点，同时保留了硬件电路处理速度快的优点。在这里对其硬件电路实现的基本原理作一介绍。

通过前面的分析可以看出，要实现逐点比较法插补，至少需要四个寄存器参与运算，它们分别是：

J_F——偏差函数寄存器。存放每次偏差计算的结果，即 F 值。

J_X——坐标寄存器。存放 X 轴终点坐标值 X_e。

J_Y——坐标寄存器。存放 Y 轴终点坐标值 Y_e。

J_Σ——终点寄存器。存放加工过程中两坐标轴所走的总步数。

如图 3-5 所示为逐点比较法插补第一象限直线的硬件逻辑框图，J_X、J_Y 和 J_F 为三个移位寄存器，而 J_Σ 是个减法寄存器，Q 为一个全加器，T_C 是进位触发器，MF 为控制进给速度的可变频脉冲发生器，而加工进给速度 F 是根据被加工零件的工艺要求等确定的，进而也就决定了 MF 的脉冲频率 f_{MF} 的变化范围。反过来利用 f_{MF} 又可精确控制进给速度，它们之间的关系式为

$$F=60f_{MF}\delta \tag{3-7}$$

式中 F——加工进给速度(mm/min)；

f_{MF}——脉冲源频率(Hz)；

δ——脉冲当量(mm/脉冲)。

插补开始前，根据数控加工程序提供的有关信息，对电路各部分进行初始化，内容有：$[X_e]\to J_X$，$[-Y_e]_{补}\to J_Y$，$|X_e|+|Y_e|\to J_\Sigma$，清零 J_F、D_C、T_Σ，置位 T_G，设置频率 $f_{MF}=F/(60\delta)$，为插补运算做好准备工作。

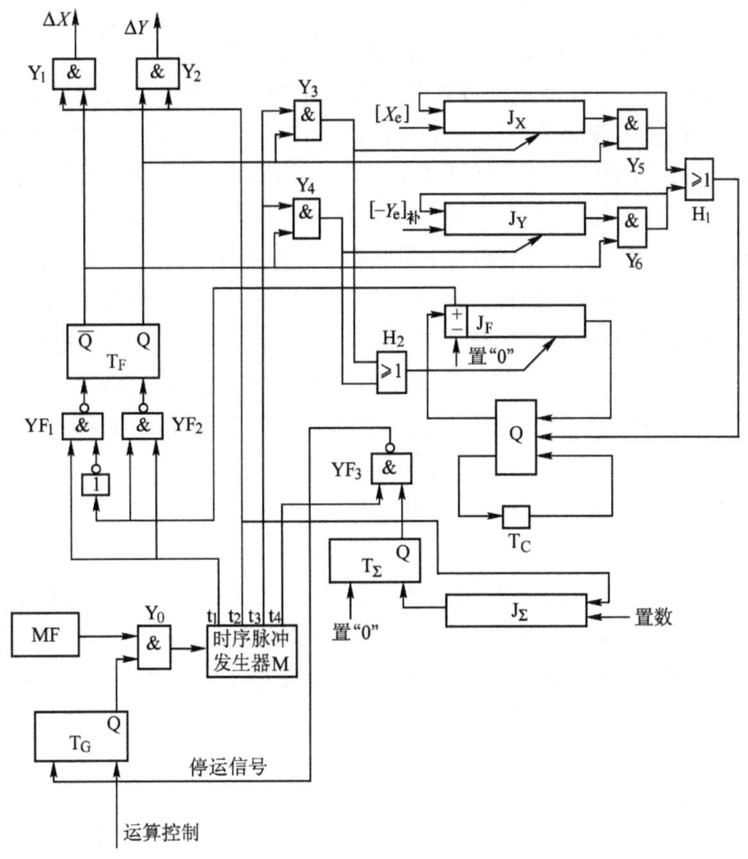

图 3-5　逐点比较法直线插补硬件逻辑框图

在插补逻辑图中，MF 每发出一个脉冲，对应完成一次插补运算。当上述插补初始化完成后，运算控制信号使运算开关 T_G 触发器置 1（即 Q = 1），打开了与门 Y_0，从而使 MF 发出的脉冲经与门 Y_0 到达时序脉冲发生器 M，经 M 产生四个先后顺序的脉冲系列 t_1、t_2、t_3 和 t_4，并按此顺序去依次完成一次插补运算过程中的四个工作节拍，即偏差判别、坐标进给、偏差计算和终点判别，其工作过程如下：

第一个时序脉冲 t_1：完成偏差函数 F 的符号判别。其实现过程是：当 t_1 脉冲到达时，将与非门 YF_1 和 YF_2 中的一个输入端打开，从而将 J_F 寄存器的符号位通过打开的与非门输入到偏差符号触发器 T_F 中，从而判别出 F 的符号，作为坐标进给和偏差计算的依据。该过程可表示如下：

$F \geqslant 0$，$YF_1 = 0$，$YF_2 = 1$，$Q(T_F) = 0$，$\overline{Q}(T_F) = 1$，Y_1 打开，Y_2 封锁，为沿 $+X$ 轴进给做好准备。

$F < 0$，$YF_1 = 1$，$YF_2 = 0$，$Q(T_F) = 1$，$\overline{Q}(T_F) = 0$，Y_1 封锁，Y_2 打开，为沿 $+Y$ 轴进给做好准备。

第二个时序脉冲 t_2：完成坐标轴的进给控制。当 t_2 时刻脉冲到来时，根据 t_1 时刻 J_F 的判别结果，发出相应坐标轴进给脉冲，并对总步数寄存器 J_Σ 进行减 1 运算。该过程可表示如下：

当 $F \geqslant 0$ 时，Y_1 输出 1，Y_2 输出 0，沿 $+X$ 轴进给一步
当 $F<0$ 时，Y_1 输出 0，Y_2 输出 1，沿 $+Y$ 轴进给一步 $\Big\}J_{\Sigma}-1 \to J_{\Sigma}$

第三个时序脉冲 t_3：完成偏差函数计算功能。t_3 移位脉冲序列的数目等于参与运算的寄存器位数，至于 t_3 移位脉冲应该送往哪个寄存器，由偏差 F 的符号即 T_F 的状态来决定，也就是说，当 $F \geqslant 0$ 时，T_F 的 $\overline{Q}=1$，打开了与门 Y_4，使 t_3 的脉冲序列送往 J_Y 和 J_F 寄存器，同时 T_F 的 $\overline{Q}=1$ 也打开了与门 Y_5，结果在移位脉冲 t_3 的作用下，J_Y 和 J_F 中的内容逐位进入全加器 Σ 中进行相加，其相加结果再送回到偏差寄存器 J_F 中，从而完成了 $J_F+J_Y=J_F+[-Y_e]_{补}=F-Y_e \to J_F$ 的运算。同理，若 $F<0$，则 T_F 的 $Q=1$，打开了与门 Y_3 和 Y_6，通过 t_3 移位脉冲使 J_F 和 J_X 中的内容逐位移入全加器 Σ 中进行加法运算，并将其运算结果送回 J_F 中，从而完成 $J_F+J_X=J_F+[X_e]=F+X_e \to J_F$ 的运算。由于在该过程中终点坐标数据 $[X_e]$ 和 $[-Y_e]_{补}$ 要被多次重复使用，因此这两个数据还要经自循环线路重新移入 J_X 和 J_Y 中保持不变，并保留待下一次运行时使用。整个过程可表示如下：

当 $F \geqslant 0$ 时，$\overline{Q}(T_F)=1$，Y_4 和 Y_5 打开，$J_F+J_Y \to J_F$，$J_Y \to J_Y$。

当 $F<0$ 时，$Q(T_F)=1$，Y_3 和 Y_6 打开，$J_F+J_X \to J_F$，$J_X \to J_X$。

第四个时序脉冲 t_4：完成终点判别过程。被插补直线总步数值存放在 J_{Σ} 寄存器中，每当发出一个进给脉冲，无论 $+X$ 轴或 $+Y$ 轴，在 t_2 时刻均使 J_{Σ} 减 1。一旦到达终点时，J_{Σ} 中存放的总步数正好为零，并使终点触发器 T_{Σ} 置 1 并保存下来，等到 t_4 时刻脉冲到来时，即通过与非门 YF_3 发出插补结束信号，从而使运算开关 T_G 触发器翻转为“0”，关闭了时序脉冲，终止插补运算。当没有到达终点时，$Q(T_{\Sigma})=0$，从而封锁 t_4 时刻发来的脉冲，保证了插补运算的继续进行，并等待下一个插补运算的继续进行，等待下一个插补周期 MF 发来脉冲，再进行新的一次插补运算，如此循环直至终点。

3. 软件实现

逐点比较法软件实现实际上就是利用软件来模拟硬件插补的整个过程，软件插补灵活可靠，但速度较硬件慢。

根据插补的四个节拍，可设计出逐点比较法第一象限直线插补的软件流程，如图 3-6 所示。

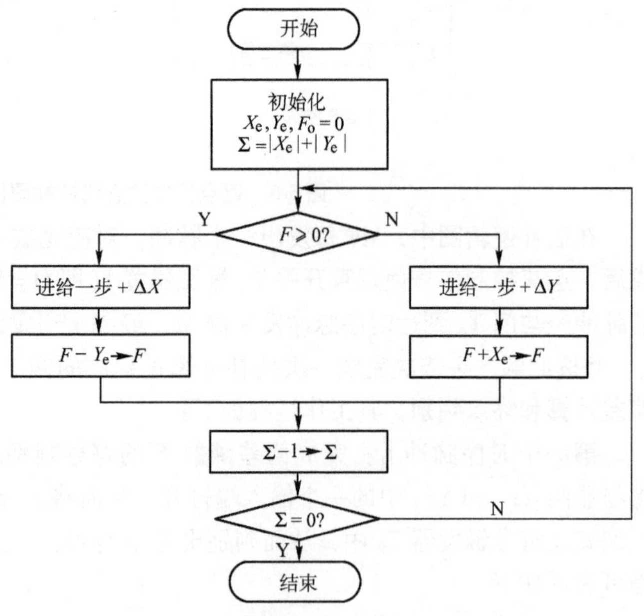

图 3-6 逐点比较法直线插补软件流程图

二、逐点比较法第一象限逆圆插补

1. 基本原理

在圆弧加工过程中，要描述刀具位置与被加工圆弧之间的相对位置关系，可用动点到圆心的距离大小来反映。

如图 3-7 所示，假设被加工的零件轮廓为第一象限逆圆弧 AE，刀具位于点 $T(X_i,Y_i)$处，圆心为 $O(0,0)$，半径为 R，则通过比较点 T 到圆心的距离与圆弧半径 R 的大小就可以判断出刀具与圆弧之间的相对位置关系。

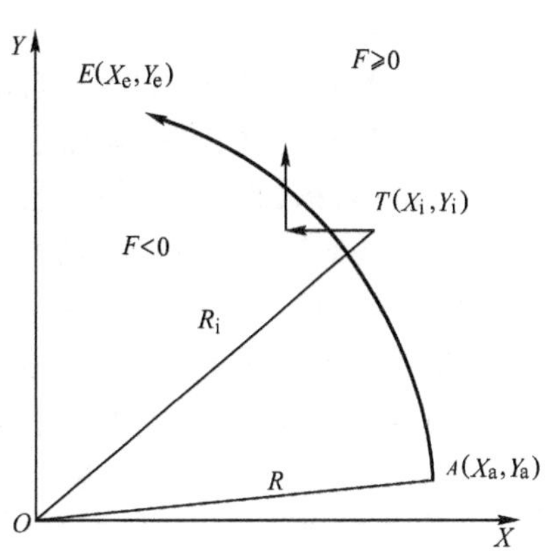

图 3-7　刀具与圆弧之间的位置关系

当点 $T(X_i,Y_i)$正好落在圆弧 AE 上时，则有下式成立

$$X_i^2+Y_i^2=X_e^2+Y_e^2=R^2 \tag{3-8}$$

当点 T 落在圆弧 AE 外侧时，则有下式成立

$$X_i^2+Y_i^2>X_e^2+Y_e^2=R^2 \tag{3-9}$$

当点 T 落在圆弧 AE 内侧时，则有下式成立

$$X_i^2+Y_i^2<X_e^2+Y_e^2=R^2 \tag{3-10}$$

所以，取圆弧插补时的偏差函数表达式为

$$F=X_i^2+Y_i^2-R^2 \tag{3-11}$$

当 $F\geqslant0$ 时，动点在圆外或圆上，根据进给方向确定的原则，刀具沿 $-X$ 方向进给一步；当 $F<0$ 时，该点在圆弧内，则刀具沿 $+Y$ 方向进给一步。

设第 i 次插补后，刀具位于点 $T(X_i,Y_i)$，对应的偏差函数为

$$F=X_i^2+Y_i^2-R^2$$

若 $F_i\geqslant0$，刀具沿 $-X$ 轴方向进给一步，到达新的位置，其坐标值为

$$X_{i+1}=X_i-1,\quad Y_{i+1}=Y_i$$

因此，新的偏差函数为

$$\begin{aligned}F_{i+1}&=X_{i+1}^2+Y_{i+1}^2-R^2\\&=(X_i-1)^2+Y_i^2-R^2\\&=F_i-2X_i+1\end{aligned}$$

故

$$F_{i+1}=F_i-2X_i+1 \tag{3-12}$$

同理，若 $F_i<0$，刀具沿 $+Y$ 轴方向进给一步，到达新的位置，其坐标值为

$$X_{i+1}=X_i,\quad Y_{i+1}=Y_i+1$$

因此，新的偏差函数为

$$\begin{aligned}F_{i+1}&=X_{i+1}^2+Y_{i+1}^2-R^2\\&=X_i^2+(Y_i+1)^2-R^2\\&=F_i+2Y_i+1\end{aligned}$$

故

$$F_{i+1}=F_i+2Y_i+1 \tag{3-13}$$

第一象限逆圆弧插补计算公式可归纳为：

当 $F_i\geqslant0$ 时，刀具沿 $-X$ 方向进给，$F_{i+1}=F_i-2X_i+1$，$X_{i+1}=X_i-1$，$Y_{i+1}=Y_i$。

当 $F_i<0$ 时，刀具沿 $+Y$ 方向进给，$F_{i+1}=F_i+2Y_i+1$，$X_{i+1}=X_i$，$Y_{i+1}=Y_i+1$。

根据进给方向的确定原则，第一象限顺圆弧插补计算公式可归纳为：

当 $F_i\geqslant0$ 时，刀具沿 $-Y$ 方向进给，$F_{i+1}=F_i-2Y_i+1$，$X_{i+1}=X_i$，$Y_{i+1}=Y_i-1$。

当 $F_i<0$ 时，刀具沿 $+X$ 方向进给，$F_{i+1}=F_i+2X_i+1$，$X_{i+1}=X_i+1$，$Y_{i+1}=Y_i$。

和直线插补一样，插补过程中也要进行终点判别，即

$$\sum = |X_e - X_a| + |Y_e - Y_a| \tag{3-14}$$

式中　(X_a, Y_a)——被插补圆弧起点坐标；

(X_e, Y_e)——被插补圆弧终点坐标。

例 3-2　现欲加工第一象限逆圆弧 AE，如图 3-8 所示，起点 $A(6,0)$，终点 $E(0,6)$，试用逐点比较法对该段圆弧进行插补，并画出刀具运动轨迹。

解： 总步数 $\sum = |X_e - X_a| + |Y_e - Y_a| = 12$

开始时刀具处于圆弧起点 $A(6,0)$，$F_0 = 0$。

插补过程见表 3-2，对应的插补轨迹如图 3-8 所示。

表 3-2　第一象限逆圆弧插补运算过程

序号	工作节拍				
	第一拍 偏差判别	第二拍 进给	第三拍 偏差计算	第三拍 坐标计算	第四拍 终点判别
起点			$F_0 = 0$	$X_0 = 6$，$Y_0 = 0$	$\sum_0 = 12$
1	$F_0 = 0$	$-\Delta X$	$F_1 = 0 - 2 \times 6 + 1 = -11$	$X_1 = 5$，$Y_1 = 0$	$\sum_1 = \sum_0 - 1 = 11$
2	$F_1 = -11 < 0$	$+\Delta Y$	$F_2 = -11 + 0 + 1 = -10$	$X_2 = 5$，$Y_2 = 1$	$\sum_2 = \sum_1 - 1 = 10$
3	$F_2 = -10 < 0$	$+\Delta Y$	$F_3 = -10 + 2 \times 1 + 1 = -7$	$X_3 = 5$，$Y_3 = 2$	$\sum_3 = \sum_2 - 1 = 9$
4	$F_3 = -7 < 0$	$+\Delta Y$	$F_4 = -7 + 2 \times 2 + 1 = -2$	$X_4 = 5$，$Y_4 = 3$	$\sum_4 = \sum_3 - 1 = 8$
5	$F_4 = -2 < 0$	$+\Delta Y$	$F_5 = -2 + 2 \times 3 + 1 = 5$	$X_5 = 5$，$Y_5 = 4$	$\sum_5 = \sum_4 - 1 = 7$
6	$F_5 = 5 > 0$	$-\Delta X$	$F_6 = 5 - 2 \times 5 + 1 = -4$	$X_6 = 4$，$Y_6 = 4$	$\sum_6 = \sum_5 - 1 = 6$
7	$F_6 = -4 < 0$	$+\Delta Y$	$F_7 = -4 + 2 \times 4 + 1 = 5$	$X_7 = 4$，$Y_7 = 5$	$\sum_7 = \sum_6 - 1 = 5$
8	$F_7 = 5 > 0$	$-\Delta X$	$F_8 = 5 - 2 \times 4 + 1 = -2$	$X_8 = 3$，$Y_8 = 5$	$\sum_8 = \sum_7 - 1 = 4$
9	$F_8 = -2 < 0$	$+\Delta Y$	$F_9 = -2 + 2 \times 5 + 1 = 9$	$X_9 = 3$，$Y_9 = 6$	$\sum_9 = \sum_8 - 1 = 3$
10	$F_9 = 9 > 0$	$-\Delta X$	$F_{10} = 9 - 2 \times 3 + 1 = 4$	$X_{10} = 2$，$Y_{10} = 6$	$\sum_{10} = \sum_9 - 1 = 2$
11	$F_{10} = 4 > 0$	$-\Delta X$	$F_{11} = 4 - 2 \times 2 + 1 = 1$	$X_{11} = 1$，$Y_{11} = 6$	$\sum_{11} = \sum_{10} - 1 = 1$
12	$F_{11} = 1 > 0$	$-\Delta X$	$F_{12} = 1 - 2 \times 1 + 1 = 0$	$X_{12} = 0$，$Y_{12} = 6$	$\sum_{12} = \sum_{11} - 1 = 0$(终点)

2. 软件实现

第一象限逆圆弧逐点比较法插补的软件流程如图 3-9 所示。

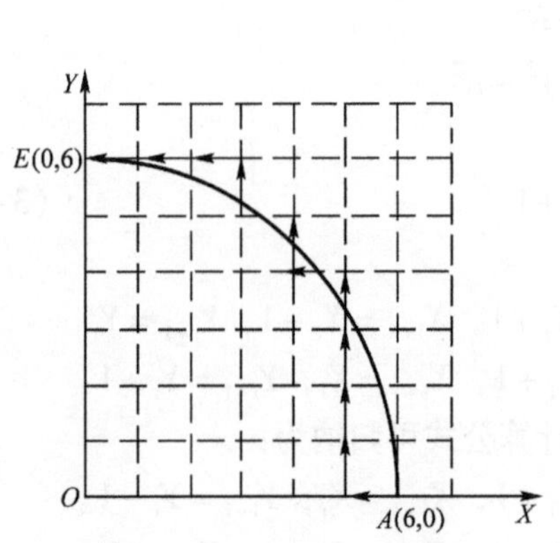

图3-8　逆圆弧插补实例

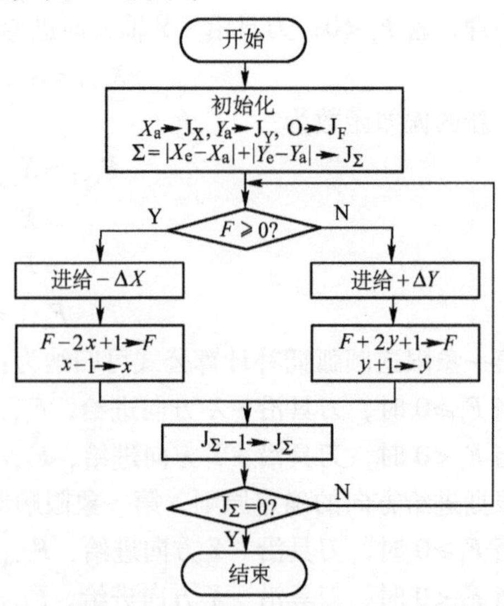

图3-9　逐点比较法第一象限逆圆弧插补软件流程图

三、象限处理

以上只讨论了第一象限直线和第一象限逆圆弧的插补，但事实上，任何机床都必须具备处理不同象限、不同走向轮廓曲线的能力，不同曲线的插补计算公式和脉冲进给方向都是不同的。为了能够最简单地处理和实现这些问题，就要寻找其共同点，将各象限的直线和圆弧的插补公式统一于第一象限的计算公式，坐标值用绝对值代入公式计算，以利于 CNC 装置进行程序优化设计，提高插补质量。

直线情况较简单，仅因象限不同而异，现不妨将第一、二、三、四象限内的直线分别记为 L_1、L_2、L_3、L_4；而对于圆弧若用“S”表示顺圆，用“N”表示逆圆，结合象限的区别可获得 8 种圆弧形式，四个象限的顺圆可表示为 SR1、SR2、SR3、SR4，四个象限的逆圆可表示为 NR1、NR2、NR3、NR4。

不同象限的直线进给如图 3-10 所示，不同象限的圆弧进给如图 3-11 所示，据此可以得出四个象限直线、圆弧插补进给方向和偏差计算，见表 3-3。

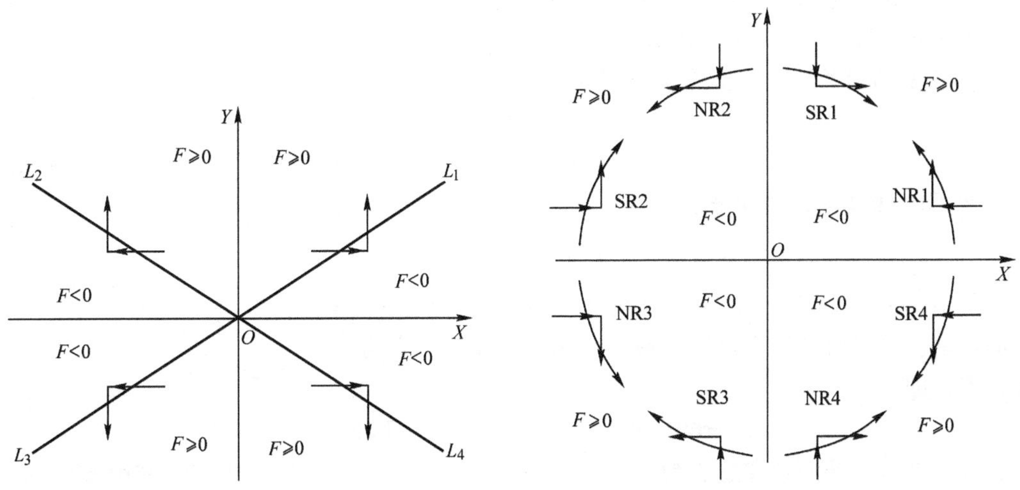

图 3-10　不同象限的直线进给　　　　图 3-11　不同象限的圆弧进给

表 3-3　四个象限直线、圆弧插补进给方向和偏差计算

线　型	偏差计算	进　给	偏差计算	进　给
	$F_i \geqslant 0$		$F_i < 0$	
L_1	$F-Y_e \to F$	$+\Delta X$	$F+X_e \to F$	$+\Delta Y$
L_2		$-\Delta X$		$+\Delta Y$
L_3		$-\Delta X$		$-\Delta Y$
L_4		$+\Delta X$		$-\Delta Y$
SR1	$F-2Y+1 \to F$ $Y-1 \to Y$	$-\Delta Y$	$F+2X+1 \to F$ $X+1 \to X$	$+\Delta X$
SR3		$+\Delta Y$		$-\Delta X$
NR2		$-\Delta Y$		$-\Delta X$
NR4		$+\Delta Y$		$+\Delta X$
SR2	$F-2X+1 \to F$ $X-1 \to X$	$+\Delta X$	$F+2Y+1 \to F$ $Y+1 \to Y$	$+\Delta Y$
SR4		$-\Delta X$		$-\Delta Y$
NR1		$-\Delta X$		$+\Delta Y$
NR3		$+\Delta X$		$-\Delta Y$

四、逐点比较法进给速度

从前面的讨论可知，逐点比较法插补是按照一定算法向机床各个坐标轴进行脉冲分配，从而控制机床坐标轴运动的过程。脉冲的频率高低决定了机床进给速度的大小，其关系见式(3-7)。

合成进给速度对零件的加工表面粗糙度值有着直接的影响，因此我们希望在插补过程中，合成进给速度恒等于程编进给速度或只在允许的较小范围内变化。但事实上，合成进给速度 F 与插补计算方法、脉冲源频率、零件轮廓的线型和尺寸均有关系。所以，在这里有必要对逐点比较法的合成进给速度进行分析。

我们知道，逐点比较法的特点是脉冲源每发出一个脉冲，刀具就进给一步，并且不是发给 X 轴($+X$ 方向或 $-X$ 方向)，就是发给 Y 轴($+Y$ 方向或 $-Y$ 方向)，因此有下式成立

$$f_{MF}=f_X+f_Y \tag{3-15}$$

式中 f_{MF}——脉冲源频率(Hz)；

f_X——X 轴进给脉冲频率(Hz)；

f_Y——Y 轴进给脉冲频率(Hz)。

对应于 X 轴和 Y 轴的进给速度分别为

$$F_X=60f_X\delta \tag{3-16a}$$

$$F_Y=60f_Y\delta \tag{3-16b}$$

由图 3-12 得合成进给速度为

$$F=\sqrt{F_X^2+F_Y^2}=60\delta\sqrt{f_X^2+f_Y^2} \tag{3-17}$$

上式中当 $f_X=0$ 或 $f_Y=0$ 时，也就是刀具沿平行于坐标轴的方向切削，这时对应切削速度为最大，相应的速度称之为脉冲源速度，即

$$F_{MF}=60f_{MF}\delta \tag{3-18}$$

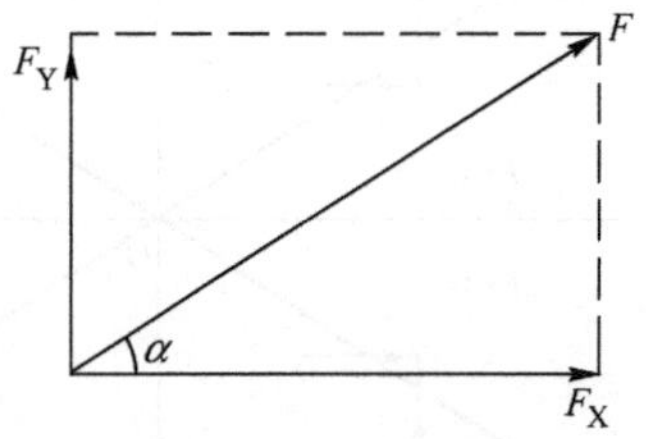

图 3-12　合成进给速度关系

合成速度与脉冲源速度之比为

$$F/F_{MF}=\frac{\sqrt{F_X^2+F_Y^2}}{F_{MF}}=\frac{\sqrt{F_X^2+F_Y^2}}{F_X+F_Y}=\frac{1}{\sin\alpha+\cos\alpha}=\frac{1}{\sqrt{2}\sin(\alpha+45°)} \tag{3-19}$$

由式(3-19)可见，当程编进给速度确定了脉冲源频率 f_{MF} 后，实际获得的合成进给速度 F 并非就一直等于 F_{MF}，而是与 α 角有关。当 $\alpha=0°$ 或 $90°$ 时，$(F/F_{MF})_{max}=1$，即进给速度正好等于程编速度；当 $\alpha=45°$ 时，$(F/F_{MF})_{min}=0.707$，即实际进给速度小于程编速度。也就是说，在程编进给速度确定了脉冲源频率不变的情况下，逐点比较法直线插补的合成进给速度随着被插补直线与 X 轴的夹角 α 而变化，且其变化范围为：$F=(0.707\sim1.0)F_{MF}$，最大合成进给速度与最小合成进给速度之比为$(F_{max}/F_{min})=1.414$，这对于一般机床加工来讲还是能够满足要求的。

同理，对于圆弧插补的合成进给速度分析也可仿此进行，并且结论也一样，只是这时的 α 角是指动点到圆心连线与 X 轴之间的夹角。

总之，通过上述对合成进给速度的分析，可以得到一个结论，就是逐点比较法插补算法的进给速度是比较平稳的。

第三节　数字积分法

数字积分法又称 DDA 法（Digital Differential Analyzer），采用数字积分法进行插补，其主要优点在于脉冲分配均匀，易于实现多坐标的联动，并且可以实现平面上各种函数曲线的插补，精度也能满足要求，因此数字积分法在轮廓控制数控系统中获得了相当广泛的应用。

一、数字积分法插补的原理

数字积分法插补的基本原理是利用对速度分量进行数字积分的方法来确定刀具的位移，使刀具沿规定的轨迹移动。

1. 数字积分法的基本原理

由微积分知识可知，求函数 $Y=f(t)$ 对变量 t 的积分时，从几何意义上讲，就是求此函数曲线与横轴所围成的面积 S，如图 3-13 所示。若子区间 Δt 足够小，则积分运算可以用小矩形面积的累加来近似表示，即

$$S = \int_0^t Y\mathrm{d}t = \sum_{i=1}^{n} Y_i \Delta t$$

如果取 Δt 为最小基本单位“1”，即一个脉冲当量，则上式可简化为

$$S = \sum_{i=1}^{n} Y_i$$

由此可见，当 Δt 足够小时，函数的积分运算可转化为求和运算，即累加运算。

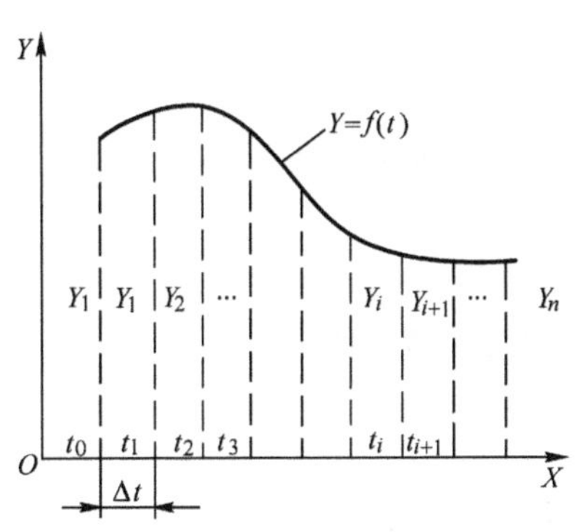

图 3-13　函数 $Y=f(t)$ 的积分

2. 数字积分法脉冲分配原理

如图 3-14 所示，若从 O 点进行直线插补到点 $A(5,3)$，且要求进给脉冲均匀，可按如下方式进行脉冲分配，即在同一时间内产生两串脉冲数分别为 5 和 3 的均匀脉冲数列就能实现 OA 直线轨迹。

设 ΔX、ΔY 分别表示 X、Y 轴的增量，并令 ΔX 为一个脉冲当量 δ，则当 X 方向走一个 δ（一步）时，Y 方向的增量 $\Delta Y=3/5=0.6$，即 0.6δ。由于机器的位移是以一个 δ 进给的，因此，不能走 0.6δ 的位移，故暂时寄存起来，这不足一个 δ 的数称为余数 R。当 X 方向走到第二步时，Y 方向应走 1.2δ，实际上只走一个 δ，余下 0.2δ 再寄存。继续上面的运算和脉冲分配，则当 X 走到第五步时，Y 方向正好走满三个 δ，即到达终点 $A(5,3)$，如图 3-14 所示箭头实线轨迹。这里判断 Y 方向是否应该进给的运算，实质上是不断累加 0.6 的运算。

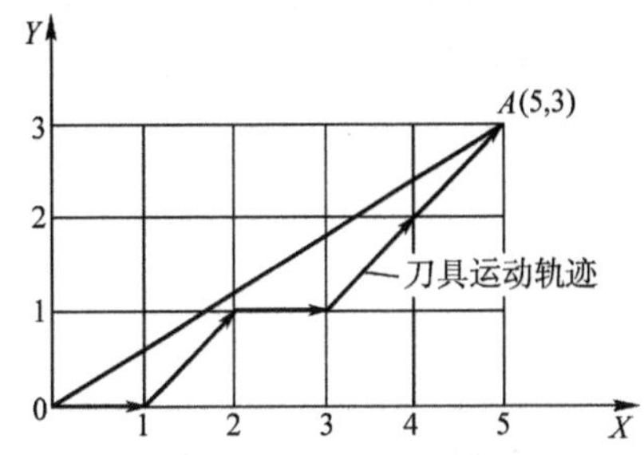

图 3-14　DDA 脉冲分配原理

在计算机中，加法是最基本的运算，上述累加运算是易于实现的，而累加运算本身就是一个积分过程，数字积分法由此得名。

在上例直线插补中采取的方法只对终点坐标值较小的一轴进行累加，而终点坐标值为较大的一轴，在每次累加时均输出一个进给脉冲。显然，该积分插补也可用两个积分器同时各自进行累加运算，并设定余数寄存器的容量作为一单位面积值，累加结果大于1时，整数部分溢出，同时产生溢出脉冲。小数部分保留，作为余数，待下一次累加。其溢出脉冲由数控装置输出，分别控制两坐标轴进给，进而获得运动轨迹。

二、数字积分法直线插补

1. 直线插补的算法

设直线 OE 在 XOY 平面内，起点在原点，终点为 $E(X_e,Y_e)$。

直线方程为

$$Y=\frac{Y_e}{X_e}X$$

其参数方程为

$$X=kX_et$$

$$Y=kY_et$$

其微分形式为

$$\mathrm{d}X=kX_e\mathrm{d}t$$

$$\mathrm{d}Y=kY_e\mathrm{d}t$$

写成增量形式

$$\Delta X=kX_e\Delta t$$

$$\Delta Y=kY_e\Delta t$$

式中　k——比例常数。

ΔX、ΔY 为 X 轴和 Y 轴方向上的微小位移增量，各坐标轴的位移量为

$$X=\sum_{i=1}^{n}\Delta X_i=\sum_{i=1}^{n}kX_e\Delta t=kX_e\sum_{i=1}^{n}\Delta t$$

$$Y=\sum_{i=1}^{n}\Delta Y_i=\sum_{i=1}^{n}kY_e\Delta t=kY_e\sum_{i=1}^{n}\Delta t$$

由于积分是从坐标原点开始的，因此坐标位移量实际上就是动点坐标，若取 $\Delta t=1$，则经 n 次累加(迭代)后，应有

$$X=kX_en=X_e$$

$$Y=kY_en=Y_e$$

由此得到

$$kn=1\qquad \text{即 } n=\frac{1}{k}$$

为保证插补精度，每次增量 ΔX、ΔY 应不大于1，即

$$\Delta X=kX_e<1$$

$$\Delta Y=kY_e<1$$

若取寄存器位数为 N 位，X_e 和 Y_e 的最大寄存容量为 2^N-1，则可取 $k=1/2^N$，有

$$\Delta X=kX_e=\frac{1}{2^N}(2^N-1)<1$$

$$\Delta Y = kY_e = \frac{1}{2^N}(2^N - 1) < 1$$

满足精度要求。经 $n = 2^N$ 次迭代后，X 轴和 Y 轴同时到达终点。

据此可作 DDA 直线插补器，如图 3-15 所示。插补器由两个数字积分器组成，J_{VX}、J_{VY} 为被积函数寄存器，存放终点坐标值 X_e、Y_e，J_{RX}、J_{RY} 为余数寄存器。每发出一个积分指令脉冲 Δt，使 X 积分器和 Y 积分器各迭代一次，当累加值超过寄存器容量 2^N 时，产生一个脉冲，迭代 2^N 次后，每个坐标的溢出脉冲数等于其被积函数。

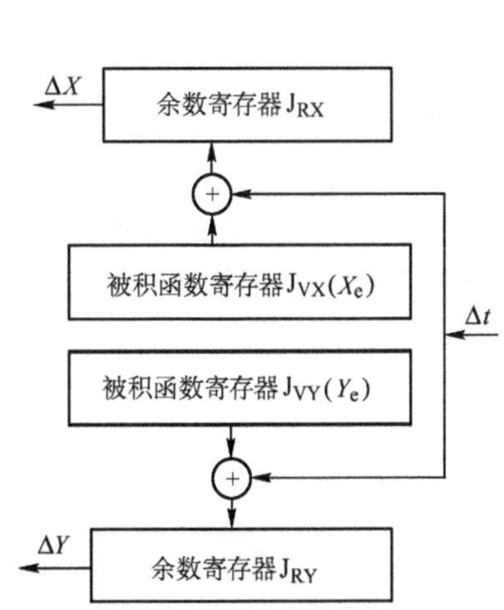

图 3-15　DDA 直线插补器

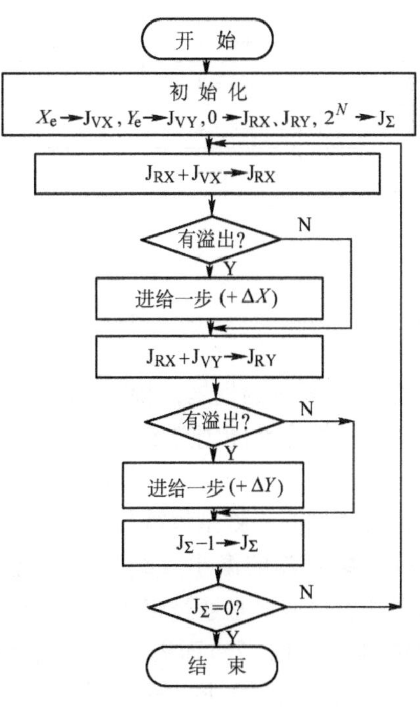

图 3-16　DDA 直线插补计算流程

DDA 直线插补的终点判别较简单，终点判别值就是 2^N，故可由一个与积分器中寄存器容量相等的终点减法计数器 J_Σ 实现，其初值为 2^N。每迭代一次，J_Σ 减 1，迭代 2^N 次后，使 $J_\Sigma = 0$，插补结束。

2. 软件实现

用 DDA 直线插补时，X 和 Y 两坐标可同时产生溢出脉冲，即同时进给，其计算流程如图 3-16 所示。

3. 插补实例

例 3-3　设要插补第一象限的直线 OE，如图 3-17 所示，起点坐标为 $O(0,0)$，终点坐标为 $E(4,6)$，试用数字积分法进行插补，并画出刀具运动轨迹。

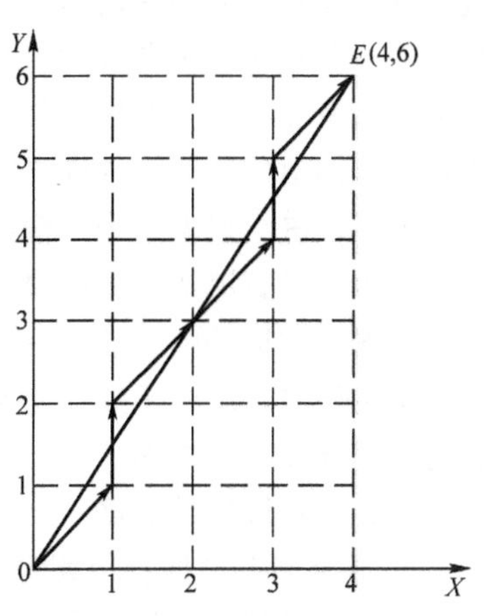

图 3-17　DDA 直线插补实例

解：若选取寄存器位数均为 3 位，即 $N = 3$，则累加次数 $n = 2^N = 8$，插补前，使 $J_\Sigma = 2^N = 8$，$J_{RX} = J_{RY} = 0$，$J_{VX} = X_e = 4$，$J_{VY} = Y_e = 6$，则其插补计算过程见表 3-4。

表 3-4　DDA 直线插补计算过程

累加次数	X 积分器		Y 积分器		终点判别
n	$J_{RX}+J_{VX}$	溢出($+\Delta X$)	$J_{RY}+J_{VY}$	溢出($+\Delta Y$)	J_Σ
开始	0	0	0	0	8
1	0+4=4	0	0+6=6	0	7
2	4+4=8	1	6+6=12	1	6
3	0+4=4	0	4+6=10	1	5
4	4+4=8	1	2+6=8	1	4
5	0+4=4	0	0+6=6	0	3
6	4+4=8	1	6+6=12	1	2
7	0+4=4	0	4+6=10	1	1
8	4+4=8	1	2+6=8	1	0(终点)

第四节　数据采样插补法

随着 CNC 系统的发展，特别是高性能直流伺服系统和交流伺服系统的出现，为提高现代数控系统的综合性能创造了有利条件。相应地，现代数控系统中采用的插补方法，就不再是最初硬件数控系统中所使用的脉冲增量插补法，而是更多地采用数据采样插补法。

数据采样插补法就是将被加工的一段零件轮廓曲线用一系列首尾相连的微小直线段去逼近，如图 3-18 所示。由于这些小线段是通过将加工时间分成许多相等的时间间隔(插补周期 T_s)而得到的，故又称之为“时间分割法”。数据采样插补一般分两步来完成插补：第一步是粗插补，即计算出这些微小直线段；第二步是精插补，它对粗插补计算出的每个微小直线段再进行脉冲增量插补。在每个插补周期内，由粗插补计算出坐标位置增量值；在每个采样周期 T_c 内，由精插补对反馈位置增量值以及插补输出的指令位置增量值进行采样，算出跟随误差；由位置伺服软件根据当前的跟随误差算出相应的坐标轴进给速度指令，输出给驱动装置。数据采样插补适用于以直流或交流伺服电动机作为驱动元件的闭环数控系统。

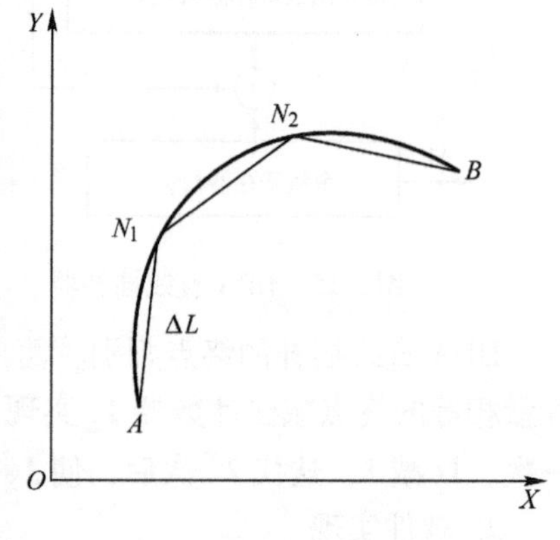

图 3-18　数据采样插补法

数据采样插补中的插补一般指粗插补，通常由软件实现。精插补既可以由软件实现，也可以由硬件实现。由于插补周期与插补精度、速度等有直接关系，因此数据采样插补最重要的是正确选择插补周期。

一、插补周期的选择

1. 插补周期与插补运算时间的关系

根据完成某种插补运算法所需的最大指令条数，可以大致确定插补运算所占用的 CPU

时间。通常插补周期 T_s 必须大于插补运算时间与 CPU 执行其他实时任务（如显示、监控和精插补等）所需时间之和。

2. 插补周期与位置反馈采样的关系

插补周期 T_s 与采样周期 T_c 可以相等，也可以是采样周期的整数倍，即 $T_S = nT_c$（$n = 1$、2、3…）

3. 插补周期与精度、速度的关系

直线插补时，插补所形成的每段小直线与给定直线重合，不会造成轨迹误差。

圆弧插补时，用弦线逼近圆弧将造成轨迹误差，且插补周期 T_s 与最大半径误差 e_r、半径 R 和刀具移动速度 F 有如下关系

$$e_r = \frac{(T_sF)^2}{8R}$$

例如，日本 FANUC-7M 系统的插补周期为 8ms，美国 A-B 公司的 7360CNC 系统的插补周期为 10.24ms。

二、数据采样插补的原理

1. 数据采样直线插补

如图 3-19 所示，直线起点在原点 $O(0,0)$，终点为 $E(X_e,Y_e)$，刀具移动速度为 F。设插补周期为 T_s，则每个插补周期的进给步长为

$$\Delta L = FT_s$$

各坐标轴的位移量为

$$\Delta X = \frac{\Delta L}{L}X_e = KX_e$$

$$\Delta Y = \frac{\Delta L}{L}Y_e = KY_e$$

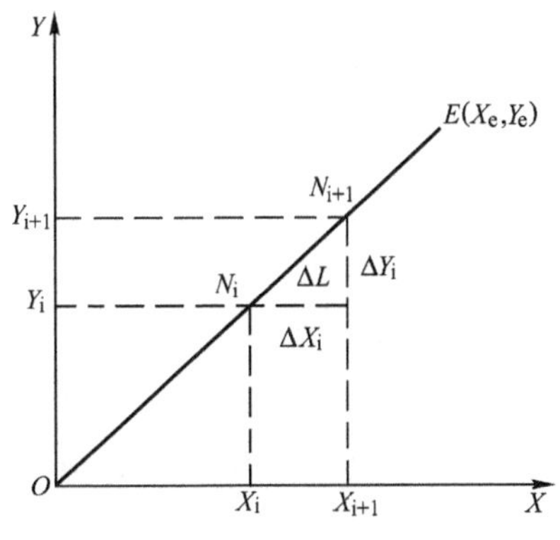

图 3-19　数据采样法直线插补

式中　L——直线段长度，$L = \sqrt{X_e^2 + Y_e^2}$；

K——系数，$K = \Delta L/L$。

因为

$$X_{i+1} = X_i + \Delta X_i = X_i + KX_e$$
$$Y_{i+1} = Y_i + \Delta Y_i = Y_i + KY_e$$

因而动点 i 的插补计算公式为

$$X_{i+1} = X_i + \frac{FT_s}{\sqrt{X_e^2 + Y_e^2}}X_e$$

$$Y_{i+1} = Y_i + \frac{FT_S}{\sqrt{X_e^2 + Y_e^2}}Y_e$$

2. 数据采样圆弧插补

圆弧插补的基本思想是在满足精度要求的前提下，用弦进给代替弧进给，即用直线逼近圆弧。

如图 3-20 所示为一逆圆弧，圆心在坐标原点，起点 $A(X_a,Y_a)$，终点 $E(X_e,Y_e)$。圆弧插补的要求是在已知刀具

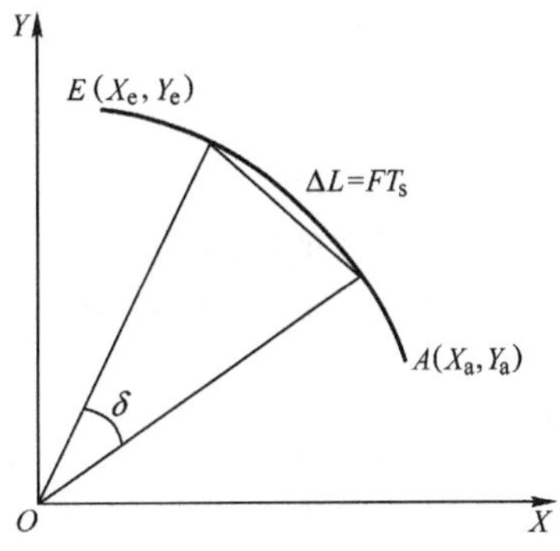

图 3-20　用弦进给代替弧进给

移动速度 F 的条件下，计算出圆弧段上的若干个插补点，并使相邻两个插补点之间的弦长 ΔL 满足下式

$$\Delta L = FT_S$$

如图 3-21 所示，设刀具在第一象限沿顺时针圆弧运动，圆上点 $A(X_i, Y_i)$ 为刀具当前位置，$B(X_{i+1}, Y_{i+1})$ 为刀具插补后到达的位置，需要计算的是在一个插补周期内，X 轴和 Y 轴的进给增量 $\Delta X = X_{i+1} - X_i$ 和 $\Delta Y = Y_{i+1} - Y_i$。图中，弦 AB 正是圆弧插补时每个插补周期的进给步长 $f = FT_S$，AP 为图上过 A 点的切线，M 为 AB 弦中点，$OM \perp AB$。由于 $ME \perp AF$，故 $AE = EF$，圆心角具有下列关系

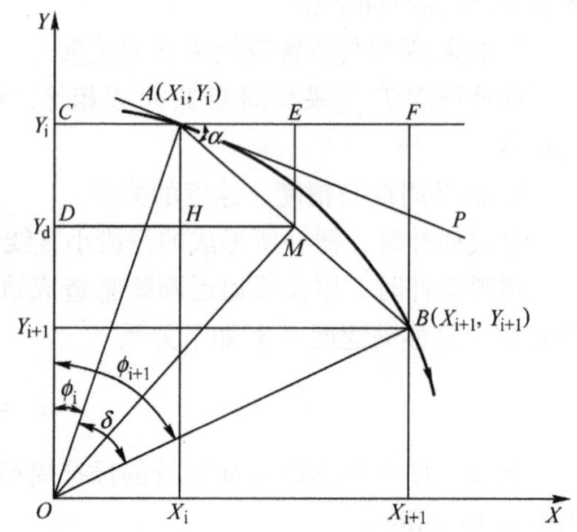

图 3-21 数据采样法顺圆插补

$$\phi_{i+1} = \phi_i + \delta$$

其中 δ 为进给弦 AB 所对应的角度增量。根据几何关系，有

$$\angle AOC = \angle PAF = \phi_i$$

$$\angle BAP = \frac{\angle AOB}{2} = \frac{\delta}{2}$$

令

$$\alpha = \angle PAF + \angle BAP = \phi_i + \frac{\delta}{2}$$

在 $\triangle MOD$ 中

$$\tan\alpha = \frac{DH + HM}{OC - CD}$$

式中

$$DH = X_i,\ OC = Y_i,\ HM = \frac{f\cos\alpha}{2} = \frac{\Delta X}{2},\ CD = \frac{f\sin\alpha}{2} = \frac{\Delta Y}{2}$$

故

$$\tan\alpha = \frac{(Y_{i+1} - Y_i)}{(X_{i+1} - X_i)} = \frac{\Delta Y}{\Delta X} = \frac{\left(X_i + \frac{\Delta X}{2}\right)}{\left(Y_i - \frac{\Delta Y}{2}\right)} = \frac{\left(X_i + \frac{f\cos\alpha}{2}\right)}{\left(Y_i - \frac{f\sin\alpha}{2}\right)} \tag{3-20}$$

上式反映了 A 点与 B 点的位置关系，只要坐标满足上式，则 A 点与 B 点必在同一圆弧上。由于式中 $\cos\alpha$ 和 $\sin\alpha$ 都是未知数，难以求解，这里采用近似算法，取 $\alpha \approx 45°$，即

$$\tan\alpha = \frac{\left(X_i + \frac{f\cos\alpha}{2}\right)}{\left(Y_i - \frac{f\sin\alpha}{2}\right)} \approx \frac{\left(X_i + \frac{f\cos 45°}{2}\right)}{\left(Y_i - \frac{f\sin 45°}{2}\right)}$$

由于每次的进给量 f 很小，所以在整个插补过程中，这种近似是可行的。

其中 X_i、Y_i 为已知。由式(3-20)$\tan\alpha$ 可求出 $\cos\alpha$，所以可得

$$\Delta X = f\cos\alpha$$

又由式

$$\Delta Y = \frac{\left(X_i + \frac{\Delta X}{2}\right)\Delta X}{Y_i - \frac{\Delta Y}{2}}$$

便可求得 ΔY。

ΔX、ΔY 求出后，可求得新的插补点坐标值

$$X_{i+1} = X_i + \Delta X, \qquad Y_{i+1} = Y_i + \Delta Y$$

以此新的插补点坐标又可求出下一个插补点坐标。

在这里需要说明的是，由于取 $\alpha \approx 45°$，所以 ΔX、ΔY 也是近似值，但是这种偏差不会使插补点离开圆弧轨迹，这是由式(3-20)保证的。

除上述的插补方法之外，还有多种插补方法，如比较积分法、直接函数运算法、时差法等，并且插补方法还在不断发展和完善。由于篇幅所限，这里就不一一介绍了。

第五节　刀具补偿原理

数控系统的刀具补偿功能主要是为简化编程、方便操作而设置的，包括刀具半径补偿和刀具长度补偿。下面分别予以介绍。

一、刀具半径补偿原理

编制零件加工程序时，一般按零件图样中的轮廓尺寸决定零件程序段的运动轨迹。但在实际切削加工时，是按刀具中心运动轨迹进行控制的，因而刀具中心轨迹必须与零件轮廓线之间偏离一个刀具半径值，才能保证零件的轮廓尺寸。为此，CNC 装置应该能够根据零件轮廓信息和刀具半径值自动计算出刀具中心的运动轨迹，使其自动偏离零件轮廓一个刀具半径值，如图 3-22 所示。这种自动偏移计算就称为刀具半径补偿。

准备功能 G 代码中的 G40、G41 和 G42 是刀具半径补偿功能指令。G40 用于取消刀补，G41 和 G42 用于建立刀补。沿着刀具前进方向看，G41 是刀具位于被加工工件轮廓左侧，称为刀具半径左补偿；G42 是刀具位于被加工工件轮廓右侧，称为刀具半径右补偿。图 3-22 中的刀具补偿方向应为 G42。

刀具半径补偿的执行过程一般分为以下三步：

第一步为刀补建立，即刀具从起刀点接近工件，由 G41/G42 决定刀补方向以及刀具中心轨迹在原来的程编轨迹基础上是伸长还是缩短了一个刀具半径值，如图 3-23 所示。

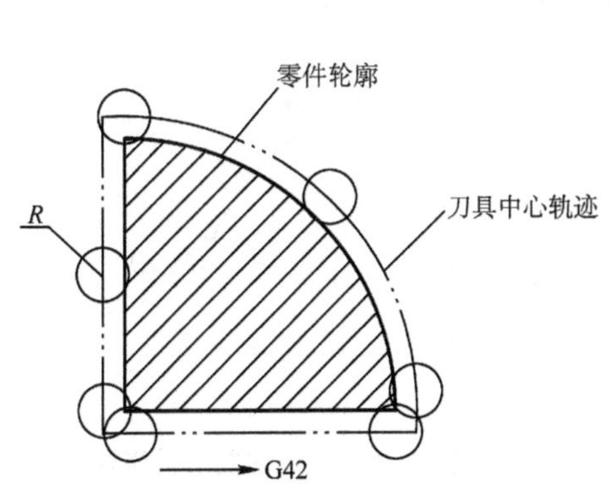

图 3-22　零件轮廓和刀具中心轨迹

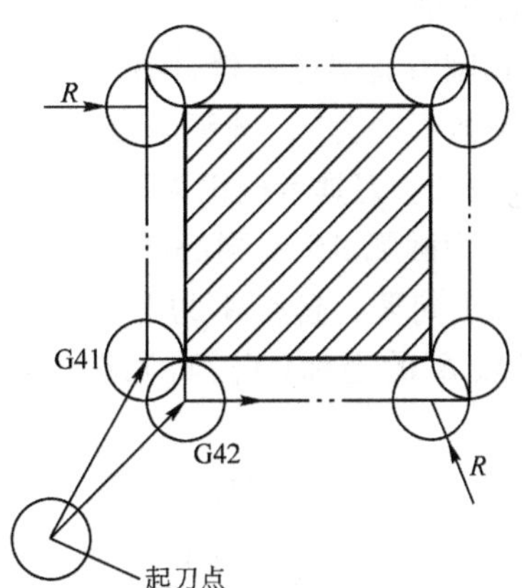

图 3-23　建立刀具补偿

第二步为刀补进行，一旦刀补建立则一直维持，直至被撤销。在刀补进行过程中，刀具

中心轨迹始终偏离程编轨迹一个刀具半径值的距离。在转接处，采用圆弧过渡或直线过渡。

第三步为刀补撤销（G40），即刀具撤离工件，刀具中心运动到程编终点（一般为起刀点）。与建立刀补时一样，刀具中心轨迹也要比程编轨迹伸长或缩短一个刀具半径的距离。

1. 刀具半径补偿计算

刀具半径补偿计算的任务是根据零件尺寸和刀具半径值计算出刀具中心轨迹。对于直线轮廓控制，刀具补偿后的刀具中心轨迹依然平行于零件轮廓；对于圆弧轮廓控制，刀具中心轨迹与零件轮廓是两个大小相差一个刀具半径的同心圆。因此，计算刀具中心轨迹的任务就应先求出直线或圆弧的刀具半径偏移分量，再与直线或圆弧的程编起、终点坐标值相加（减），就得到刀具补偿后直线或圆弧的起、终点坐标，即刀具中心轨迹参数。

（1）直线刀具补偿计算　首先需计算出刀具半径偏移分量（简称刀偏分量）。这是一个矢量，包括大小和方向，如图 3-24 所示，直线 OA 起点在坐标原点，终点 A 的坐标为（X、Y）。若刀具半径大小为 R，则刀偏方向为未知，需根据已知直线的斜率和刀偏分量的大小来确定。设刀具偏移后 A 移到了 $A'(X',Y')$ 点，其坐标（X',Y'）即为所求。先求出刀偏分量 ΔX、ΔY

$$\Delta X = R\sin\alpha = \frac{RY}{\sqrt{X^2+Y^2}}$$

$$\Delta Y = -R\cos\alpha = \frac{-RX}{\sqrt{X^2+Y^2}}$$

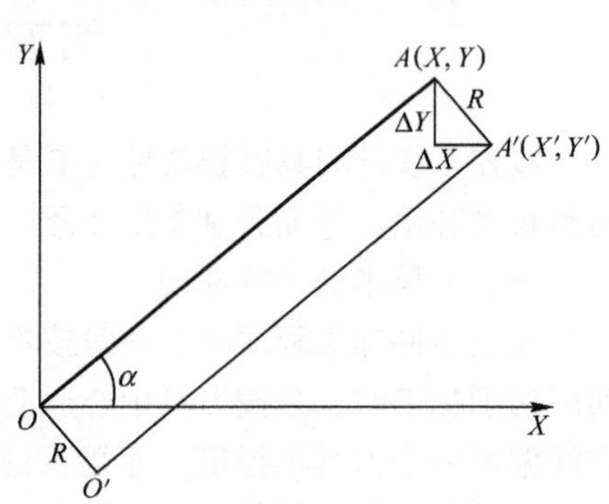

图 3-24　直线切削刀具半径补偿

便可得 A' 点的坐标，为

$$X' = X + \Delta X = X + \frac{RY}{\sqrt{X^2+Y^2}}$$

$$Y' = Y + \Delta Y = Y - \frac{RX}{\sqrt{X^2+Y^2}}$$

起点 O' 的坐标为上一个程序段的终点（为已知点）。第二、三、四象限的直线切削刀具半径补偿计算可以此类推。

（2）圆弧切削刀具半径补偿计算　被加工圆弧圆心在坐标原点，圆弧半径为 r，圆弧起点为 $A(X_a,Y_a)$，圆弧终点为 $B(X_b,Y_b)$。刀具半径仍为 R，经过刀具偏移后的刀具中心轨迹为圆弧 AB 的同心圆弧 $A'B'$，如图 3-25 所示。与直线加工同理，起点 A' 为上一个程序段的终点（已知点），终点 B' 的坐标（X'_b,Y'_b）即为所求。刀偏分量为

$$\Delta X = \frac{RX_b}{\sqrt{X_b^2+Y_b^2}}$$

$$\Delta Y = \frac{RY_b}{\sqrt{X_b^2+Y_b^2}}$$

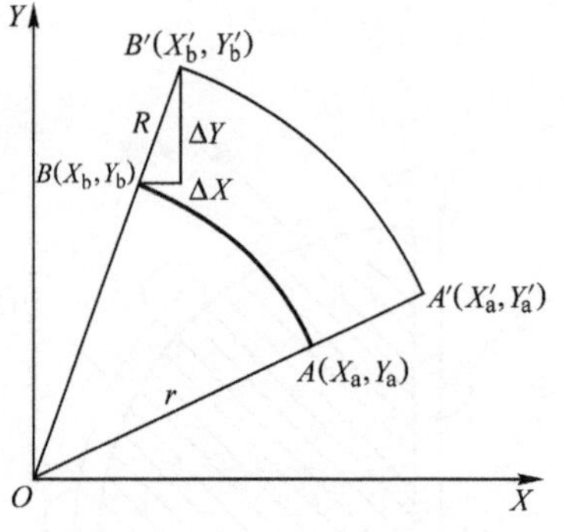

图 3-25　圆弧切削刀具半径补偿

故可求得 B'点坐标

$$X_b' = X_b + \Delta X = X_b + \frac{RX_b}{\sqrt{X_b^2 + Y_b^2}}$$

$$Y_b' = Y_b + \Delta Y = Y_b + \frac{RY_b}{\sqrt{X_b^2 + Y_b^2}}$$

2. 直线过渡型刀具半径补偿

以上的计算方法只能计算出直线或圆弧终点的刀具中心坐标，而对于两个程序段之间的转接需另行处理，处理的方法是在两个转接程序段交点处(尖角过渡处)使刀具中心轨迹以小于 180°的圆弧由上段终点运动至下段始点。该过渡圆弧是由数控系统自动加入的，过渡圆弧的半径就是圆弧的半径 R，如图 3-26 所示。由图可见，当尖角过渡为外轮廓(点 B、E)或光滑过渡时，这种方法是可以的，但当尖角过渡为内轮廓时(点 A、C、D)，便会出现过切现象。

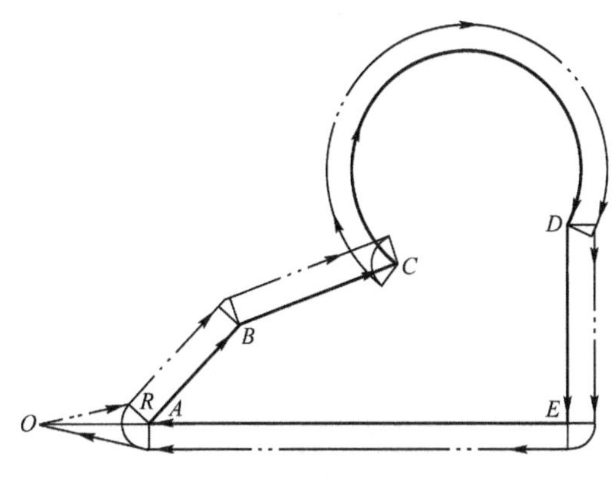

图 3-26　刀具半径补偿尖角过渡

直线过渡型刀具半径补偿(又称 C 功能刀具半径补偿)，就是根据与实际轮廓完全一样的程编轨迹，直接计算出刀具中心轨迹交点的坐标值，然后再对原来的程编轨迹作伸长或缩短的修正。

在 CNC 装置中，根据相邻两程序段所走的线型不同或两个程序段轨迹的矢量夹角和刀具补偿方向的不同，一般将转接类型分为三种：直线与直线转接、直线与圆弧(或圆弧与直线)转接和圆弧与圆弧转接。根据两个程序段轨迹矢量的夹角 α(锐角或钝角)以及刀具补偿方向(G41 或 G42)的不同，又有三种过渡形式：缩短型、伸长型和插入型。

对于直线与直线的转接，系统采用了以下算法。如图 3-27 所示，其程编轨迹为 $OA \rightarrow AF$,且均采用左刀补。

1）缩短型转接。在图 3-27a、图 3-27b 中，AB、AD 为刀具半径。对应于程编轨迹 OA 和 AF，刀具中心轨迹 IB 和 DK 将在 C 点相交，由数控系统求出 C 点的坐标值，使实际刀具中心运动的轨迹为 $IC \rightarrow CK$，这样避免了内轮廓加工的刀具过切现象。刀具中心运动轨迹相对于 OA 和 AF 来说，分别缩短了 CB 与 DC 的长度。

2）伸长型转接。在图 3-27c 中，C 点是 IB 和 DK 的延长线的交点，实际刀具中心运动的轨迹为 $IC \rightarrow CK$，由于其轨迹相对于 OA 和 AF 来说，分别增加了 CB 与 DC 的长度，因此称为伸长型转接。

3）插入型转接。在图 3-27d 中，仍需外角过渡，但$\angle OAF$ 较小。若仍采用伸长型转接，交点位置会距 A 点较远，则将增加刀具的非切削空程时间。为此，可以在 IB 与 DK 之间插入过渡直线。令 BC 等于 DC'且等于刀具半径值 AB 和 AD，同时，在中间插入过渡直线 CC'，即刀具中心除了沿原来的程编轨迹伸长移动一个刀具半径长度外，还必须增加一个沿直线 CC'的移动，等于在原来的程序段中间插入了一个程序段，故称插入型转接。

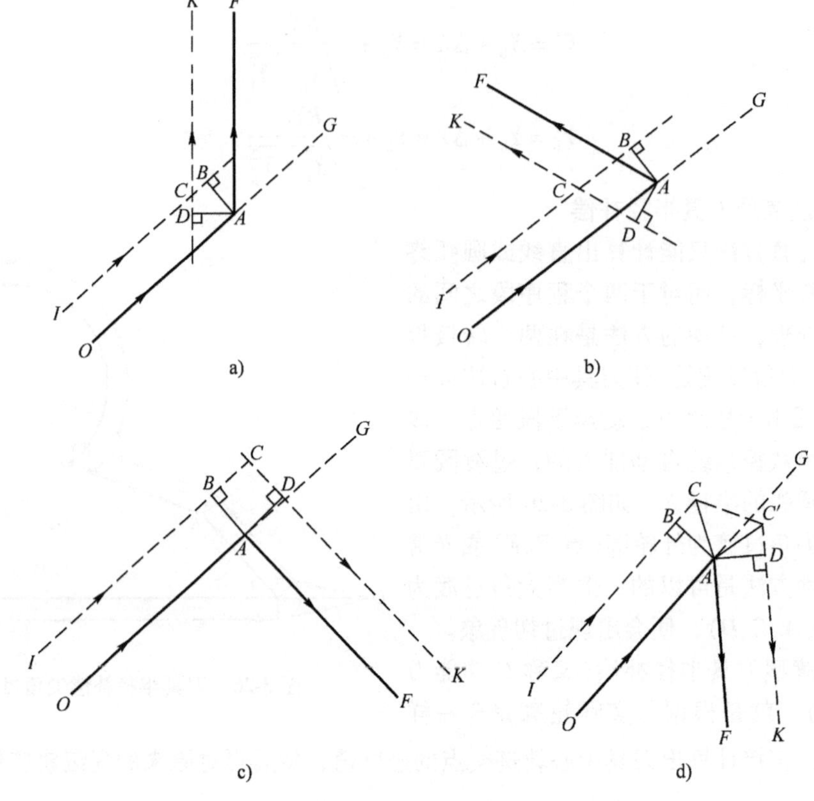

图 3-27 G41 直线与直线转接的情况

a)、b) 缩短型转接 c) 伸长型转接 d) 插入型转接

同理，直线转接直线时右刀补的情况可以此类推。至于圆弧与圆弧转接、直线与圆弧转接的情况，为了便于分析，往往将圆弧等效于直线处理，其转接形式的分类和判别是完全相同的，即左刀补顺圆接顺圆 G41 G02/G41 G02 时，它的转接形式等效于左刀补直线接直线 G41 G01/G41 G01。

二、刀具长度补偿

1. 刀具长度补偿的概念

刀具长度补偿用于刀具轴向的进给补偿，它可以使刀具在轴向的实际进刀量比程编给定值增加或减少一个补偿值，即

$$实际位移量 = 程序给定值 \pm 补偿值$$

上式中，二值相加称为正补偿，用 G43 指令来表示，二值相减称为负补偿，用 G44 指令来表示，取消刀具长度补偿指令用 G49 表示。

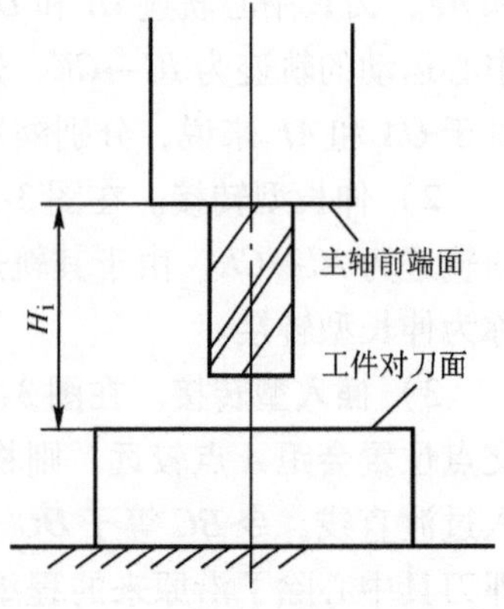

图 3-28 刀具长度补偿的概念

如图 3-28 所示，在立式加工中心上加工需要多个工步才能完成的零件，就要考虑不同的工步采用不同的刀具。对每把刀具来说，主轴前端面至零件对刀面的距离 H_i 是不相等的。如果按零件标注尺寸编程，就需要系统保存与该把刀具

对应的 H_i，以便在执行加工程序时与编入程序的零件尺寸叠加，走出所要求的轨迹。同理，刀具长度方向上的磨损，也可利用刀具长度补偿功能加以修正。

因此，在加工前可预先分别测得每把刀具的长度在各坐标轴方向上的分量，存放在刀具补偿表中，加工时执行换刀指令后，调出存放在刀具补偿表中的刀长分量和刀具磨损量，相加后便得到刀具长度补偿量。

2. 刀具长度补偿的实现

以图 3-29 为例，在数控车床刀架上装有不同尺寸的刀具，设图示刀架中心位置为各刀具的换刀点，并以 1 号刀具刀尖 B 点为所有刀具的编程起点。当 1 号刀从 B 点移动到 A 点时，增量值（编程值）为

$$U_{BA} = X_A - X_B, \quad W_{BA} = Z_A - Z_B$$

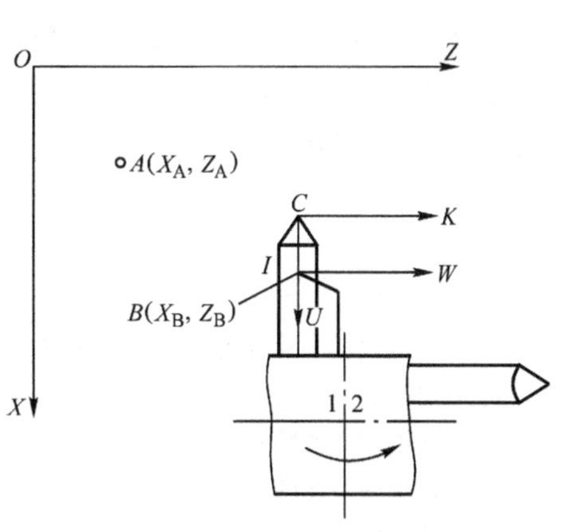

图 3-29　换刀后刀补示意

当换 2 号刀加工时，2 号刀刀尖处在 C 点位置，要想运用 A、B 两点的坐标值计算 C 点到 A 点的移动量，必须知道 B 点与 C 点的坐标位置的差值，用这个差值对 B 点到 A 点的位移量进行修正补偿，就能实现 C 点向 A 点的移动。为此，把 B 点（基准刀尖位置）对 C 点的位置差值用以 C 点为坐标原点的 I、K 直角坐标系表示。当 C 点向 A 点移动时，有

$$U_{CA} = (X_A - X_B) + I_{补}, \qquad W_{CA} = (Z_A - Z_B) + K_{补}$$

式中　$I_{补}$，$K_{补}$——刀补量。

当需要刀具复位，2 号刀从 A 点返回 C 点时，其过程正好与加工过程相反，与 1 号刀尖从 A 点回到 B 点反方向相差一个刀补值，因此这时需要一个绝对值相等、符号相反的补偿量，即

$$U_{AC} = (X_B - X_A) - I_{补} = -[(X_A - X_B) + I_{补}] = -U_{CA}$$
$$W_{AC} = (Z_B - Z_A) - K_{补} = -[(Z_A - Z_B) + K_{补}] = -W_{CA}$$

这种补偿一个反量的过程称为刀具位置补偿撤销（G49）。

刀具位置补偿及撤销功能，给编制程序、换刀、磨损的修正带来了很大的方便。使用不同的刀具时，在换刀以前把原刀具的补偿量撤销，再对新换的刀具进行补偿，补偿量（相对基准刀）可通过实测获得。

3. 刀具位置补偿的处理方法

从上述刀补原理可知，刀具位置补偿的最终实现是反映在刀架移动上。各把刀具位置的补偿量和方向可通过实测后用机床操作面板拨盘给定或通过键盘输入存放在数控系统的存储器中，并在刀具更换时读取，而且在补偿前必须处理前后两把刀具位置补偿的差别。例如，刀具 1 的补偿量为 $T_1 = +0.50\text{mm}$，刀具 2 的补偿量为 $T_2 = +0.35\text{mm}$。由刀具 1 更换为刀具 2 时，$T_2 - T_1 = +0.35\text{mm} - (+0.50\text{mm}) = -0.15\text{mm}$，即要求刀架前进 0.15mm（按车床坐标系规定，向床头箱移动为负向，称进刀；远离为正向，称退刀），对此一般有两种处理方法：

1）按上述刀补原理，先把原来刀具（如 T_1）的补偿量撤销（即刀架前进 0.50mm），然后根据新刀具（T_2）的补偿量要求修正（退回 0.35mm）。这样，刀架实际上前进了差值

(0.15mm)。

2）先进行更换刀具补偿量的差值计算，如上例新换刀具 T_2 和原刀具 T_1 的补偿量差值为 -0.15 mm，然后根据这个差值在原刀具(T_1)补偿量的基础上进行刀具补偿，这种方法称差值补偿法。

这两种方法补偿结果相同，但逻辑设计思路不同，效果不一样。第一种方法先把 T_1 补偿量撤销，需输入一个 T_1 补偿量的反量 -(+0.50mm)使刀架前进0.50mm，接着输入 T_2 补偿量 +0.35mm，又使刀架退出0.35mm，刀架需两次移动，总的结果是前进了0.15mm；而第二种方法是 T_1 补偿量未撤销，在此基础上补偿量的差值为 -0.15mm，使刀架在 T_1 的位置上前进了0.15mm，结果相同，但减少了刀架的移动次数，而且可简化编程。

习　　题

3-1　何谓插补？常用的插补方法有哪些？

3-2　何谓刀具半径补偿？它在加工零件中的主要用途有哪些？

3-3　何谓刀具长度补偿？它在加工零件中的主要用途有哪些？

3-4　试用逐点比较法对直线 OA，起点 $O(0,0)$，终点 $A(3,7)$ 进行插补计算，并画出刀具插补轨迹。

3-5　试用逐点比较法对圆弧 AB，起点 $A(4,6)$，终点 $B(6,4)$ 进行插补计算，并画出刀具插补轨迹。

3-6　试述数字积分法的工作原理。

3-7　试用数字积分法对直线 OA，起点 $O(0,0)$，终点 $A(5,7)$ 进行插补计算，并画出刀具插补轨迹。

第四章　计算机数控装置

本章着重介绍 CNC 装置的组成与工作过程；CNC 装置的基本功能和选择功能；CNC 装置的单微处理器结构和多微处理器结构、大板式结构和功能模块结构以及开放式数控系统结构；SIEMENS 802D 数控系统的硬件组成及各模块间的连接；CNC 装置软件组成特点及工作方式。通过学习，掌握典型数控系统的硬件组成及其连接方式，软件的组成及其多任务并行处理与实时中断处理方式以及 CNC 系统软件的工作过程。

第一节　概　　述

数控系统是数控机床的控制指挥中心。它由程序、输入/输出设备、计算机数控装置（CNC 装置）、可编程序控制器（PLC）、主轴驱动装置和进给伺服驱动装置等组成。CNC 装置是数控系统的核心。机床的各个执行部件在数控系统的统一指挥下，有条不紊地按给定程序进行零件的切削加工。CNC 装置的核心是计算机，由计算机通过执行其存储器内的程序，实现部分或全部控制功能，如图 4-1 所示。

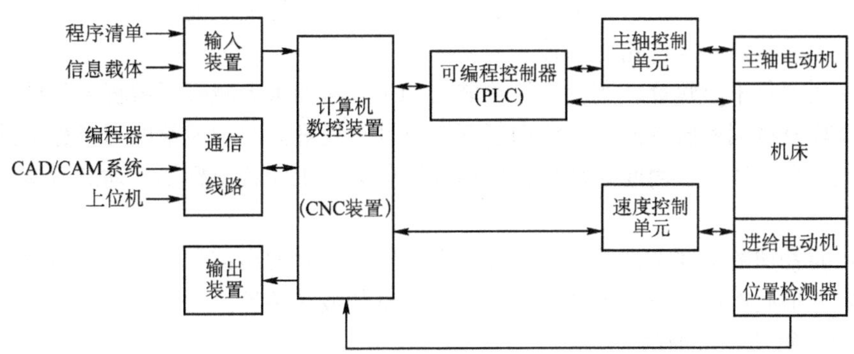

图 4-1　计算机数控系统的组成

CNC 装置由硬件和软件两大部分组成，如图 4-2 所示。硬件是软件活动的舞台，软件是整个装置的灵魂，整个 CNC 装置的活动均依靠软件来指挥。软件和硬件各有不同的特点，软件设计灵活，适应性强，但处理速度慢；硬件处理速度快，但成本高。因此，在 CNC 装置中，数控功能的实现可依据其控制特性来合理确定软硬件的比例，可使数控系统的性能和可靠性大大提高。

一、CNC 装置的工作过程

CNC 装置的工作过程即在硬件的支持下执行软件的过程。下面从输入、译码处理、数据处理、插补运算与位置控制、I/O 处理、显示和诊断 7 个环节来说明 CNC 装置的工作过程。

1. 输入

输入 CNC 装置的有零件程序、控制参数和补偿数据等。常用的输入方式有键盘手动输入(MDI)、磁盘输入、可移动磁盘输入、通信接口 RS-232 输入、连接上一级计算机的 DNC 接口输入以及通过网络通信方式输入。CNC 装置在输入过程中还需完成程序校验和代码转换等工作。输入的全部信息存放在 CNC 装置的内部存储器中。

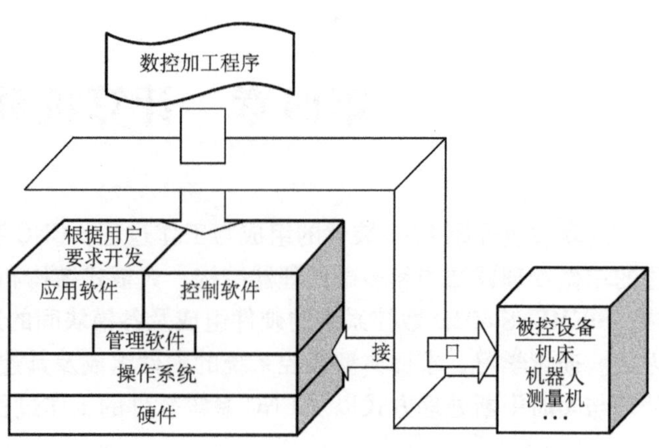

图 4-2　CNC 装置的系统平台

2. 译码处理

译码处理程序将零件程序以程序段为单位进行处理，每个程序段含有零件的轮廓信息(起点、终点、直线、圆弧等)、加工速度信息(F 代码)以及辅助指令(M、S、T 代码)信息(如主轴起停、工件夹紧和松开、换刀、切削液开关等)。计算机通过译码程序识别这些代码符号，按照一定的规则将其翻译成计算机能够识别的(二进制)数据形式，并存放在指定的存储器内。

3. 数据处理

数据处理程序一般包括刀具半径补偿、速度计算以及辅助功能处理。

刀具半径补偿是将零件轮廓轨迹转化为刀具中心轨迹，CNC 装置通过对刀具半径的自动补偿来控制刀具中心轨迹，实现零件轮廓的加工，从而大大减轻了编程人员的工作量。

速度计算是将编程所给的刀具移动速度进行计算处理。编程所给的刀具移动速度是在各坐标方向上的合成速度，因此必须将合成速度转化为沿机床各坐标轴运动的分速度，控制机床切削加工。

辅助功能处理的主要工作是识别标志，在程序执行时发出信号，使机床运动部件执行相应动作，如主轴起停、换刀、工件夹紧与松开、冷却液开关等。

4. 插补运算与位置控制

插补运算和位置控制是 CNC 系统的实时控制，一般在相应的中断服务程序中进行。插补程序在每个插补周期运行一次，它根据指令进给速度计算出一个微小的直线数据段。通常经过若干个插补周期加工完一个程序段，即从数据段的起点到终点，完成零件轮廓某一段曲线的加工。CNC 装置一边插补，一边加工，具有很强的实时性。

位置控制的主要任务是在每个采样周期内，将插补计算的理论位置与实际反馈位置相比较，根据其差值去控制进给电动机，进而控制机床工作台(或刀具)的位移，加工出所需要的零件。

当一个程序段开始插补加工时，管理程序即着手准备下一个程序段的读入、译码、数据处理，即由它调动各个功能子程序，并保证下一个程序段的数据准备，一旦本程序段加工完毕，即开始下一个程序段的插补加工。整个零件加工就在这种周而复始的过程中完成。

5. 输入/输出(I/O)处理

输入/输出处理主要是处理 CNC 装置和机床之间来往信号的输入、输出和控制。CNC 装置和机床之间必须通过光电隔离电路进行隔离，确保 CNC 装置稳定运行。

6. 显示

CNC 装置显示主要是为操作者提供方便，通常应具有零件程序显示、参数显示、机床状态显示、刀具加工轨迹动态模拟图形显示、报警显示等功能。

7. 诊断

CNC 装置利用内部自诊断程序可以进行故障诊断，主要有启动诊断和在线诊断。

启动诊断是指 CNC 装置每次从通电开始至进入正常的运行准备状态的过程中，系统相应的内诊断程序通过扫描自动检查系统硬件、软件及有关外设等是否都正常。只有当检查到的各个项目都确认正确无误之后，整个系统才能进入正常运行的准备状态，否则 CNC 装置将通过网络、TFT、CRT 或用硬件(如发光二极管)报警方式显示故障的信息。此时，启动诊断过程不能结束，系统不能投入运行，只有排除故障之后，CNC 装置才能正常运行。

在线诊断是指在系统处于正常运行状态时，由系统相应的内装诊断程序通过定时中断扫描检查 CNC 装置本身及外设。只要系统不停电，在线诊断就能持续进行。

二、CNC 装置的功能

数控系统有多种系列，性能各异，选购时应根据数控机床的类型、工艺性能、性价比、用途和加工精度综合考虑。CNC 装置的功能通常包括基本功能和选择功能。基本功能是数控系统必须具备的数控功能，选择功能是数控系统开发商根据用户实际要求提供的可选择的数控功能。

1. 基本功能

(1) 控制功能　控制功能主要反映 CNC 装置能够控制和能同时(联动)控制的轴数。控制轴有移动轴和回转轴，有基本轴和附加轴，如数控车床至少需要两轴联动(X、Z)，数控铣床、加工中心等需要具有 3 根或 3 根以上的控制轴。控制轴数越多，特别是联动轴数越多，CNC 装置就越复杂，成本就越高，编程也越困难。

(2) 准备功能　准备功能(G 功能)是指用来控制机床动作方式的功能，主要有基本移动、程序暂停、坐标平面选择、坐标设定、刀具补偿、固定循环、基准点返回、米英制转换、绝对值与相对值转换等指令。ISO 标准对 G 功能从 G00 到 G99 中的大部分指令进行了定义，部分可由数控系统制造商根据控制需要进行定义，G 代码有模态(续效)和非模态(一次性)两类。

(3) 插补功能　插补功能是指 CNC 装置可以实现各种曲线轨迹插补运算的功能，如直线插补、圆弧插补和其他二次曲线与多坐标高次曲线插补。插补运算实时性很强，即 CNC 装置插补计算速度要能同时满足机床坐标轴对进给速度和分辨率的要求。它可用硬件或软件两种方式来实现，硬件插补方式比软件插补方式速度快，如日本 FANUC 公司就采用 DDA 硬件插补专用集成芯片。但目前由于微处理机的位数和频率的提高，大部分系统还是采用了软件插补方式，并把插补功能划分为粗、精插补两步，以满足其实时性的要求。软件每次插补一个小线段称为粗插补；根据粗插补结果，将小线段分成单个脉冲输出，称为精插补。

(4) 进给功能　它反映了刀具进给速度，一般用 F 代码直接指定各轴的进给速度，其主要功能有以下几种：

1) 切削进给速度(每分钟进给量 mm/min)。以每分钟进给距离的形式指定刀具切削进给速度，用 F 字母和它后续的数值表示。ISO 标准中规定以 F 后跟 1 ~5 位数字表示，如对于直线轴，F500 表示每分钟进给速度是 500mm；对于回转轴，F18 表示每分钟进给速度为 18°。

2）同步进给速度（每转进给量 mm/r）。同步进给速度即主轴每转进给量规定的进给速度，实现切削速度和进给速度的同步，如 1.5mm/r。只有主轴上装有位置编码器的机床才具有指令同步进给速度，如螺纹加工。

3）快速进给速度。CNC 装置出厂时就已经设定了快速进给速度，它可通过参数设定，用 G00 指令来实现，还可通过操作面板上的快速倍率开关分挡，如快Ⅰ、快Ⅱ等。

4）进给倍率。操作面板上设置了进给倍率开关，可实时进行人工修调。倍率一般在 10% ~200% 变化。使用倍率开关可以不修改程序中的 F 代码，就可以改变机床的进给速度，对每分钟进给量和每转进给量都有效。

（5）主轴功能　它是指主轴转速的功能，用字母 S 和它后续的 2 ~4 位数字表示，有恒转速（r/min）和表面恒线速（mm/min）两种运转方式。主轴的转向要用 M03（正向）、M04（反向）指定，停止用 M05 指定。机床操作面板上设有主轴倍率开关，用它可以改变主轴转速。

（6）刀具功能　刀具功能包括选择的刀具数量和种类、刀具的编码方式和自动换刀的方式，用字母 T 和它后续的 2 ~4 位数字来表示。

（7）辅助功能　辅助功能也称 M 功能，用字母 M 和它后续的 2 位数字表示，可有 100 种。ISO 标准中统一定义了部分功能，用来规定主轴的起停和转向、切削液的开关、刀库的启停、刀具的更换、工件的夹紧与松开等。

（8）字符显示功能　CNC 装置可通过 CRT、TFT 显示器实现字符和图形显示，如显示程序、参数、各种补偿量、坐标位置、刀具运动轨迹和故障信息等。

（9）自诊断功能　CNC 装置有各种诊断程序，可以实时诊断系统故障。在故障出现后便能迅速查明故障的类型和部位并进行显示，便于维修人员及时排除故障，减少故障停机修复时间。

2. 选择功能

（1）补偿功能　CNC 装置可备有多种补偿功能，可以对加工过程中由于刀具磨损或更换以及机械传动的丝杠螺距误差和反向间隙所引起的加工误差予以补偿。CNC 装置的存储器中存放着刀具长度和半径的相应补偿量，加工时按补偿量计算出刀具的运动轨迹和坐标尺寸，从而加工出符合图样要求的零件。

（2）固定循环功能　该功能是指 CNC 装置为常见的加工工艺所编制的、可以多次循环加工的功能。该固定循环使用前，要由用户选择合适的切削用量和重复次数等参数，然后按固定循环约定的功能进行加工。用户若需编制适用于自己的固定循环，可借助用户宏程序功能。

（3）图形显示功能　图形显示功能一般需要高分辨率的 CRT、TFT 显示器。某些 CNC 装置可配置 14 英寸彩色 CRT 显示器或 11 英寸 TFT 显示器，能显示人机对话编程菜单、零件图形、动态模拟刀具轨迹等。

（4）通信功能　通信功能是 CNC 装置与外界进行信息和数据交换的功能。通常 CNC 装置都有 RS-232C 接口，可与上级计算机进行通信，传送零件加工程序，有的还备有 DNC 接口，以利于实现直接数控。更高档的 CNC 装置还能与制造自动化的协议 MAP 相连，进入工厂通信网络，以适应 FMS、FA、CIMS 的要求。

（5）人机对话编程功能　人机对话编程功能不但有助于编制复杂零件的程序，而且可以方便编程，如蓝图编程只要输入图样上表示几何尺寸的简单命令，就能自动生成加工程序；对话式编程可根据引导图和说明进行示教编程，并具有工序、刀具、切削条件等自动选择的智能功能。

第二节　CNC 装置的硬件结构

现代的 CNC 装置大都采用微处理器，按其硬件结构中 CPU 的多少可分为单微处理器结构和多微处理器结构；按 CNC 装置中各印制电路板的插接方式可以分为大板式结构和功能模块式结构；还有基于 PC 的开放式数控系统结构。

一、单微处理器和多微处理器结构

1. 单微处理器结构

（1）单微处理器的特点　当控制功能不太复杂、实时性要求不太高时，多采用单微处理器结构，其特点是通过一个 CPU 控制系统总线访问主存储器。以下三种 CNC 装置都属于单 CPU 结构。

1）只有一个 CPU，采用集中控制、分时处理的方式完成各项控制任务。

2）虽然有两个或两个以上的 CPU，但各微处理器组成主从结构，其中只有一个 CPU 能够控制系统总线，占有总线资源，而其他 CPU 不能控制和使用系统总线，只能接受主 CPU 的控制，只能作为一个智能部件工作，处于从属地位。

3）数据存储、插补运算、输入/输出控制、显示和诊断等所有数控功能均由一个 CPU 来完成，CPU 不堪重负。因此，常采用增加协 CPU 的办法，由硬件分担精插补，增加带有 CPU 的 PLC 和 CRT 控制等智能部件减轻主 CPU 的负担，提高处理速度。

单 CPU 或主从 CPU 结构的 CNC 装置硬件结构如图 4-3 所示。

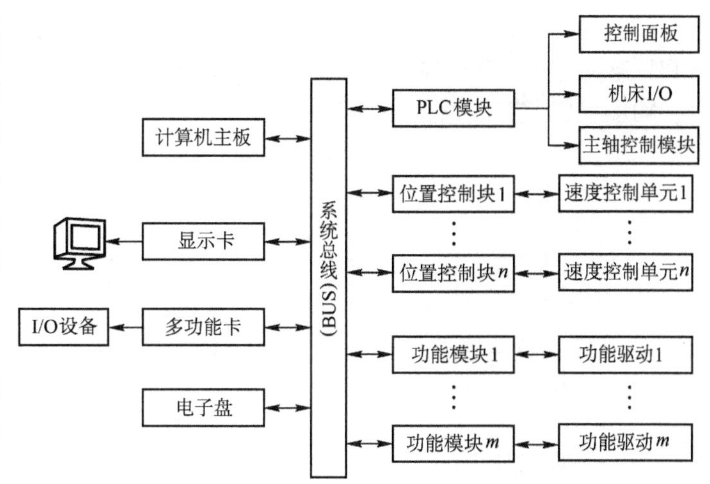

图 4-3　单 CPU 或主从 CPU 结构的 CNC 装置硬件结构

（2）单 CPU 结构的形式　单 CPU 结构的 CNC 装置一般采用以下两种结构形式：

1）专用型。专用型 CNC 装置，其硬件由生产厂家专门设计和制造，因此不具有通用性。

2）通用型。通用型 CNC 装置指的是采用工业标准计算机（如工业 PC）构成的 CNC 装置。此装置只要装入不同的控制软件，便可构成不同类型的 CNC 装置，无需专门设计硬件，因而通用性强，硬件故障维修方便。如图 4-4 所示为以工业 PC 机为技术平台的数控系统结

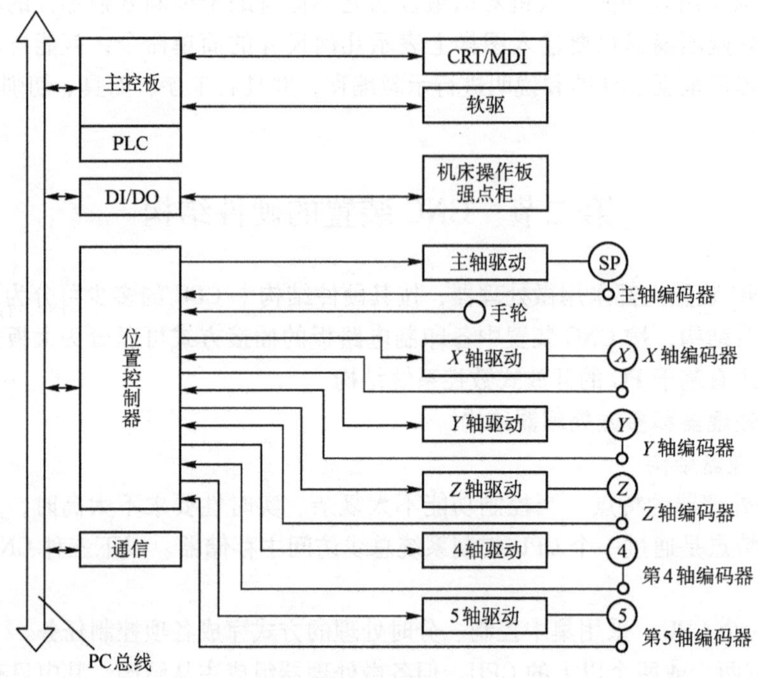

图 4-4　以工业 PC 机为技术平台的数控系统结构框图

构框图。

（3）单微处理器结构的组成　单微处理器 CNC 装置的组成如图 4-5 所示。微处理器（CPU）通过总线与存储器（RAM、EPROM）、位置控制器、可编程序控制器（PLC）及 I/O 接口、MDI/CRT 接口、通信接口等相连。

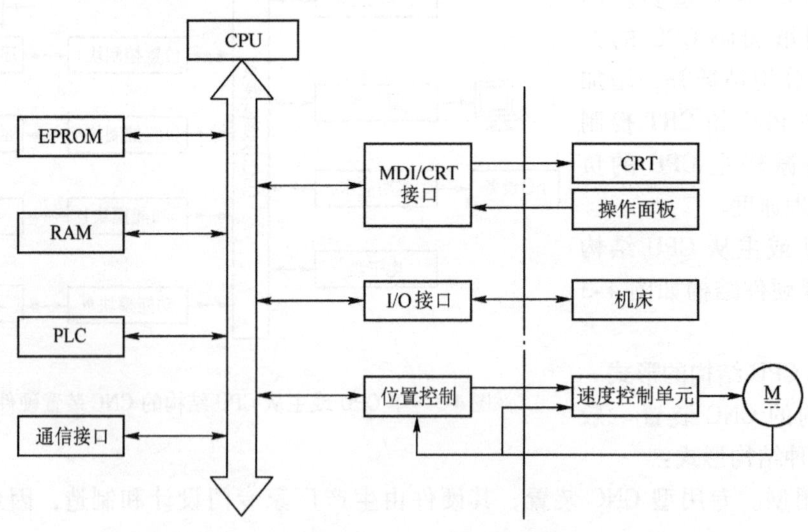

图 4-5　单微处理器 CNC 装置的组成

1）CPU 和总线。CPU 是 CNC 装置的核心，由运算器及控制器两大部分组成。运算器对数据进行算术运算和逻辑运算；控制器则是将存储器中的程序指令进行译码，并向 CNC

装置各部分顺序发出执行操作的控制信号，并且接收执行部件的反馈信息，从而决定下一步的命令操作。也就是说，CPU 主要担负数控有关的数据处理和实时控制任务。数据处理包括译码、刀补、速度处理。实时控制包括插补运算和位置控制以及对各种辅助功能的控制。

总线是 CPU 与各组成部件、接口等之间的信息公共传输线。总线由地址总线、数据总线和控制总线三总线组成。随着传输信息的高速度和多任务性，总线结构和标准也在不断发展。

2）存储器。CNC 装置的存储器包括只读存储器(ROM)和随机存取存储器(RAM)两类。一般采用 EPROM，这种存储器的内容只能由 CNC 装置的生产厂家固化(写入)，写入 EPROM 的信息即使断电也不会丢失，只能被 CPU 读出，不能写入新的内容。常用的 EPROM 有 2716、2732、2764、27128、27256 等。RAM 中的信息既可以被 CPU 读出，也可以写入新的内容，但断电后，信息也随之消失，具有备用电池的 RAM 方可保存信息。

3）位置控制器。它主要用来控制数控机床各进给坐标轴的位移量，需要时将插补运算所得的各坐标位移指令与实际检测的位置反馈信号进行比较，并结合补偿参数，适时地向各坐标伺服驱动控制单元发出位置进给指令，使伺服控制单元驱动伺服电动机运转。位置控制是一种同时具有位置控制和速度控制两种功能的反馈控制系统。CPU 发出的位置指令值与位置检测值的差值就是位置误差，它反映实际位置总是滞后于指令位置。位置误差经处理后作为速度控制量控制进给电动机旋转，使实际位置总是跟随指令位置变化而变化。

4）可编程序控制器(PLC)。数控机床用 PLC 可分为“内装型”与“独立型”两种，用于数控机床的辅助功能和顺序控制。

5）MDI/CRT 接口。MDI 接口即手动数据输入接口，数据通过操作面板上的键盘输入。CRT 接口是在 CNC 软件配合下，在显示器上实现字符和图形显示。

显示器多为电子阴极射线管(CRT)。近年来开始出现夹板式液晶显示器(LCD)，使用这种显示器可大大缩小 CNC 装置的体积，还有 TFT 显示器。

6）I/O 接口。CNC 装置与机床之间的信号通过 I/O 接口来传送。输入接口接收机床操作面板上的各种开关、按钮以及机床上的各种行程开关和温度、压力、电压等检测信号。因此，它分为开关量输入和模拟量输入两类接收电路，并由接收电路将输入信号转换成 CNC 装置能够接收的电信号。

输出接口可将各种机床工作状态信息传送到机床操作面板进行声光指示或将 CNC 装置发出的控制机床动作信号送到强电控制柜，以控制机床电气执行部件的动作。根据电气控制要求，接口电路还必须进行电平转换和功率放大。为防止噪声干扰引起误动作，常采用光电耦合器或继电器将 CNC 装置和机床之间的信号在电气上进行隔离。

7）通信接口。该接口用来与外设如上一级计算机、移动硬盘、可移动磁盘、录音机等进行信息传输。

2. 多微处理器结构

多 CPU 结构的 CNC 装置是将数控机床的总任务划分为多个子任务，每个子任务均由一个独立的 CPU 来控制。

(1) 多微处理器的结构特点

1）性能价格比高。采用多 CPU 完成各自特定的功能，适应多轴控制、高精度、高进给速度、高效率的控制要求，同时，因单个低规格 CPU 的价格较为便宜，因此其性能价格比较高。

2）模块化结构。采用模块化结构具有良好的适应性与扩展性，结构紧凑，调试、维修方便。

3）具有很强的通信功能，便于实现FMS、FA、CIMS。

（2）多微处理器的结构形式　多微处理器CNC装置一般采用两种结构形式，即紧耦合结构和松耦合结构。紧耦合结构由各微处理器构成处理部件，处理部件之间采取紧耦合方式，有集中的操作系统，共享资源。松耦合结构由各微处理器构成功能模块，功能模块之间采取松耦合方式，有多重操作系统，可以有效地实现并行处理。

（3）多微处理器结构的组成

1）组成。多微处理器CNC装置主要由CNC管理模块、CNC插补模块、位置控制模块、存储器模块、PLC模块、数据输入/输出及显示模块等。

① CNC管理模块。管理和组织整个CNC系统的工作，主要包括初始化、中断管理、总线裁决、系统出错识别和处理系统软件硬件诊断等功能。

② CNC插补模块。完成插补前的预处理，如对零件程序的译码、刀具半径补偿、坐标位移量计算及进给速度处理等；进行插补计算，为各个坐标提供位置给定值。

③ 位置控制模块。把位置给定值与检测所得实际值相比较，进行自动加减速、回基准点、伺服系统滞后量的监视和漂移补偿，最后得到速度控制值，用来驱动进给电动机。

④ 存储器模块。该模块为程序和数据的主存储器，或为各功能模块间进行数据传送的共享存储器。

⑤ PLC模块。对零件程序中的开关功能和机床传送来的信号进行逻辑处理，实现主轴起停和正反转、换刀、冷却液的开和关、工件的夹紧和松开等。

⑥ 操作控制数据输入/输出和显示模块。它包括零件程序、参数、数据及各种操作命令的输入/输出、显示所需的各种接口电路。

2）功能模块的互连方式。多CPU的CNC装置的典型结构有共享总线和共享存储器两类结构。

① 共享总线结构。这种结构是以系统总线为中心组成的多微处理器CNC装置，如图4-6所示。

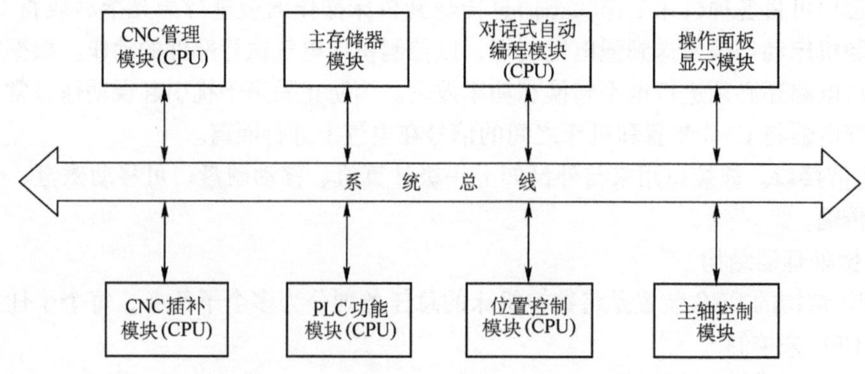

图4-6　多微处理器共享总线结构框图

按照功能，将系统划分为若干功能模块。带有CPU的模块称为主模块，不带CPU的称为从模块。所有的主、从模块都插在配有总线插座的机柜内。系统总线的作用是把各个模块有效地连接在一起，按照要求交换各种数据和控制信息，实现各种预定的功能。这种结构中只有主模块有权控制使用系统总线，由于有多个主模块，系统通过总线仲裁电路来解决多个主模块同时请求使用总线的矛盾。

共享总线结构的优点是系统配置灵活，结构简单，容易实现，造价低。不足之处是会引起竞争，使信息传输率降低，总线一旦出现故障，会影响全局。

② 共享存储器结构。这种结构是以存储器为中心组成的多微处理器 CNC 装置，如图 4-7 所示。

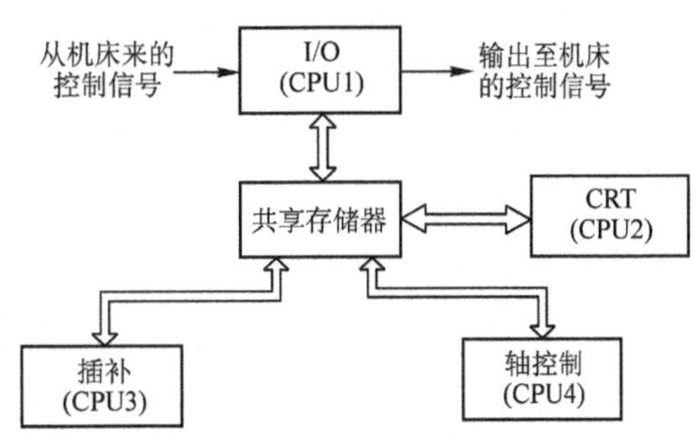

图 4-7　多微处理器共享存储器结构框图

它采用多端口存储器来实现各微处理器之间的互连和通信，每个端口都配有一套数据、地址、控制线，以供端口访问，并由专门的多端口控制逻辑电路解决访问的冲突问题。当微处理器数量增多时，往往会由于争用共享而造成信息传输的阻塞，降低系统效率，因此这种结构功能扩展比较困难。

二、大板式结构和功能模块式结构

1. 大板式结构

大板式结构 CNC 系统的 CNC 装置可由主电路板、ROM/RAM 板、PLC 板、附加轴控制板和电源单元等组成。主电路板是大印制电路板，其他电路是小印制电路板，它们插在大印制电路板上的插槽内而共同构成 CNC 装置，如图 4-8 所示。

FANUC CNC 6MB 就采用这种大板式结构，其框图如图 4-9 所示。图中主电路板(大印制电路板)上有控制核心电路、位置控制电路、纸带阅读机接口、三个轴的位置反馈量输入接口和速度控制量输出接口、手摇脉冲发生器接口、I/O 控制板接口和六个小印制电路板的插槽。控制核心电路为微机基本系统，由 CPU、存储器、定时和中断控制电路组成。存储器包括 ROM 和 RAM，ROM(常用 EPROM)用于固化数控系统软件，RAM 存放可变数据，如堆栈数据和控制软件暂存数据，对数控加工程序和系统参数等可变数据存储区域应具有掉电保护功能；如磁泡存储器和带电池的 RAM，当主电源不供电时，也能保持其信息不丢失。六个插槽内分别可插入用于保存数控加工程序的磁泡存储器板、附加轴控制板、CRT 显示控制和 I/O 接口、扩展存储器(ROM)板、可编程序控制器 PLC 板、位置反馈元件采用旋转变压器或感应同步器的控制板。

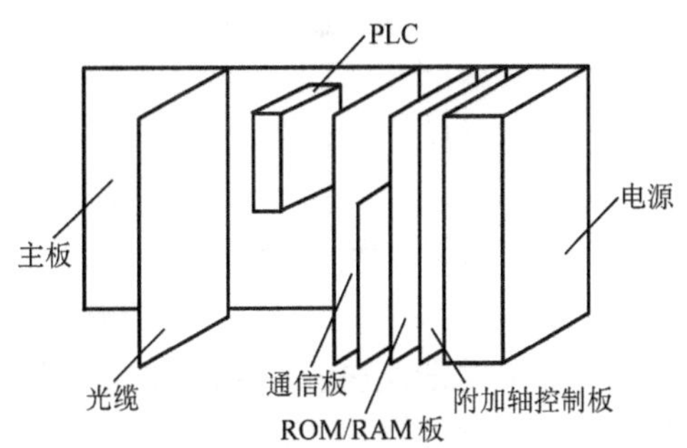

图 4-8　大板式结构示意图

2. 功能模块式结构

在采用功能模块式结构的 CNC 装置中，将整个 CNC 装置按功能划分为模块。硬件和软件的设计都采用模块化设计方法，即每一个功能模块被做成尺寸相同的印制电路板(称功能

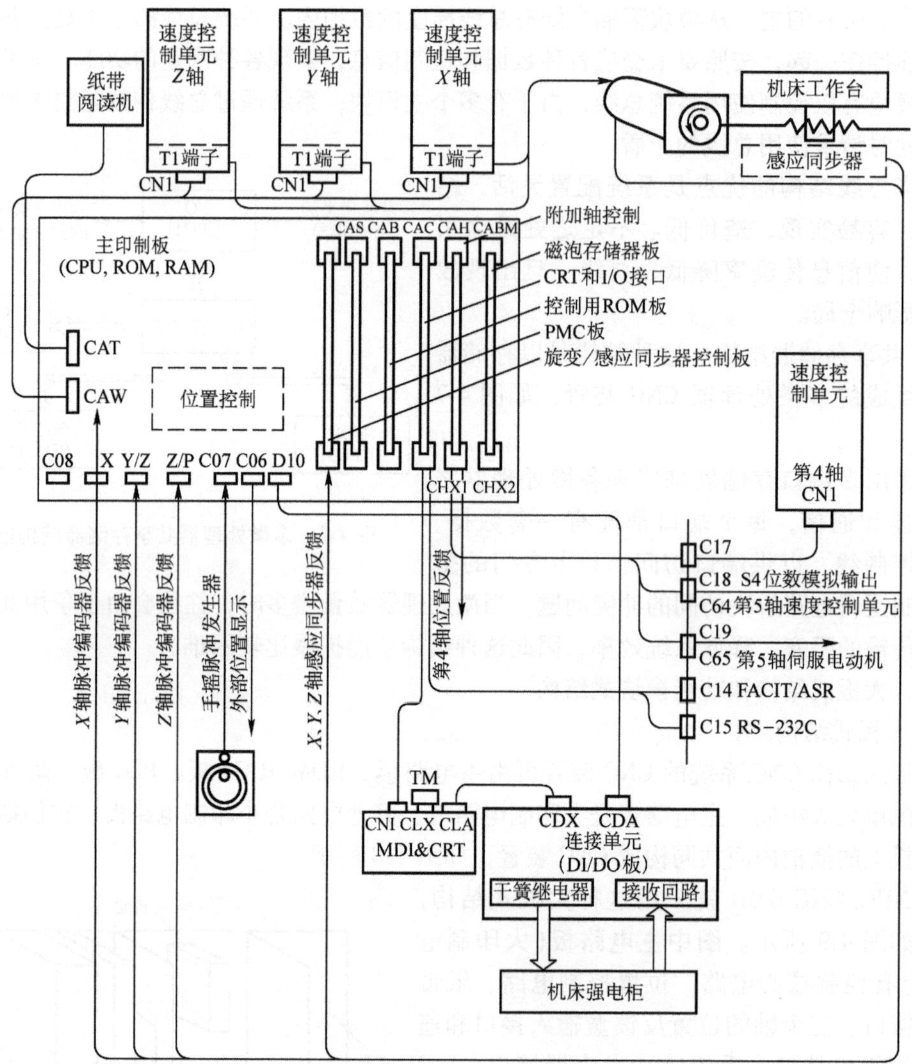

图 4-9 FANUC CNC 6MB 框图

模板），相应功能模块的控制软件也模块化，这样形成了一个所谓的交钥匙 CNC 系统产品系列。用户只要按需要选用各种控制单元母板及所需功能模板，将各功能模板插入控制单元母板的槽内，就搭成了自己需要 CNC 系统的控制装置。常见的功能模板有 CNC 控制板、位置控制板、PLC 板、图形板和通信板等。如图 4-10 所示为一种功能模块式结构的全功能型车床数控系统框图，系统由 CPU 板、扩展存储器板、显示控制板、手轮接口板、键盘和录音机板、输入/输出接口板、强电输入板、伺服接口板和三块轴反馈板共 11 块板组成，连接各模块的总线可按需选用各种工业标准总线，如工业 PC 总线和 STD 总线等。FANUC 系统 15 系列就采用了功能模块化式结构。

三、开放式数控系统结构

对于专用结构数控系统，由于专门针对 CNC 设计，其结构合理并可获得高的性能价格比。厂家为了保护各自的权益，CNC 系统具有不同的编程语言、非标准的人机接口、多种实时操作系统、非标准的硬件接口等，这些缺陷造成了 CNC 系统使用和维护的不便，也限

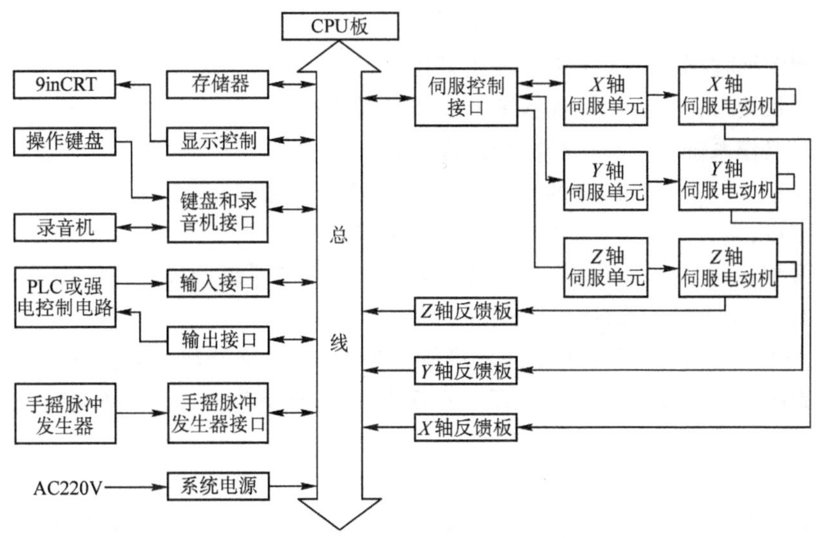

图 4-10　一种功能模块式全功能型车床数控系统框图

制了数控系统的集成和进一步发展。对此，为适应柔性化、集成化、网络化和数字化制造环境，发达国家相继提出数控系统要向标准化、规范化方向发展，并提出开放式数控系统研发计划。1987 年美国提出了 NGC(Next Generation Work-station/Machine Controller)计划及以后的 OMAC(Open Modular Architecture Controller)计划；20 世纪 90 年代欧洲提出了 OSACA (Open System Architecture for Control within Automation System)计划；1995 年日本提出了 OSEC(Open System Environment for Controller)计划。

1. 美国的 NGC 和 OMAC 计划及其结构

NGC 是一个实时加工控制器和工作站控制器，要求适用于各类机床的 CNC 控制和周边装置的过程控制，包括切削加工(钻、铣、磨等)、非切削加工(电加工、等离子弧、激光等)、测量及装配、复合加工等。

NGC 与传统 CNC 的显著差别在于“开放式结构”，其首要目标是开发“开放式系统体系结构标准规范 SOSAS(Specification for an Open System Architecture Standard)”，用来管理工作站和机床控制器的设计和结构组织。SOSAS 定义了 NGC 系统、子系统和模块的功能以及相互间的关系。

NGC 计划已于 1994 年完成了规划研究，并已转入工业开发。美国通用、福特和克莱斯勒三大汽车公司在 NGC 的指导下，联合提出了 OMAC 开发计划，并对系统框架、运动控制、人机接口、传感器接口、信息库管理和任调度提出了完整的结构规范。美国 DELTA TAU 公司利用 OMAC 协议，采用 PC + PMAC 控制卡组成 PMAC 开放式 CNC 系统。PMAC 卡上具有完整的 NC 控制功能和方便的调用接口，与 PC 采用双端口、总线、串行接口和中断等方式进行信息交换，只需在通用 PC 上进行简单的人机操作界面开发，即可形成各种用途的控制器，以满足不同用户的需求。NGC 系统体系结构如图 4-11 所示。

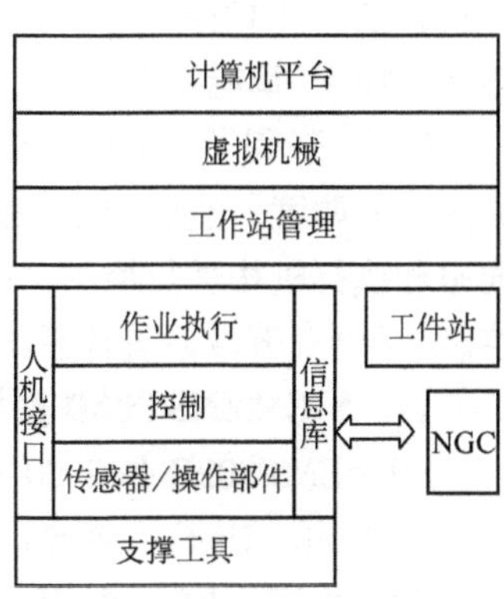

图 4-11　NGC 系统体系结构

以下列出了当今控制器和下一代控制器的比较：

当今的控制器	下一代控制器
很多不同的编程语言；	一种标准语言接口；
无标准人机接口；	一种标准的工作站人机接口；
多种实时操作系统；	一种标准的操作系统；
无共同性；	一种标准的传感器/操作器接口；
无标准接口；	一种标准的网络接口；
封闭式系统。	具有信息处理方法和标准的系统接口的开放式系统体系结构。

2. 欧共体的OSACA计划及其结构

OSACA计划是针对欧盟的机床，其目标是使CNC系统开放，允许机床厂对系统作补充、扩展、修改、裁剪来适应不同需要，实现CNC的批量生产，增强数控系统和数控机床的市场竞争力。

OSACA提出由一系列逻辑上相互独立的控制模块组成开放式数控系统，其模块间及与系统平台间具有友好的接口协议，使不同制造商开发的应用模块可在该平台上运行。

OSACA平台的软硬件包括操作系统、通信系统、数据库系统、系统设定和图形服务器等。平台通过API(Application Program Interface)与具体应用模块AO(Architecture Object)发生关系。AO按其控制功能可分为：人机控制MMC(Man-Machine Control)；运动控制MC(Motion Control)；逻辑控制LC(Logic Control)；轴控制AC(Axis Control)；过程控制PC(Process Control)。

OSACA的通信接口分为：ASS(Application Services System)、MTS(Message Transport System)和COC(Communication Object Classes)三种协议形式，分别用于不同信息的交换，满足实时检测和控制的要求。

目前，SIEMENS、FAGOR、NUM、Index等公司已有数控产品与OSACA部分兼容。OSACA系统平台结构如图4-12所示。

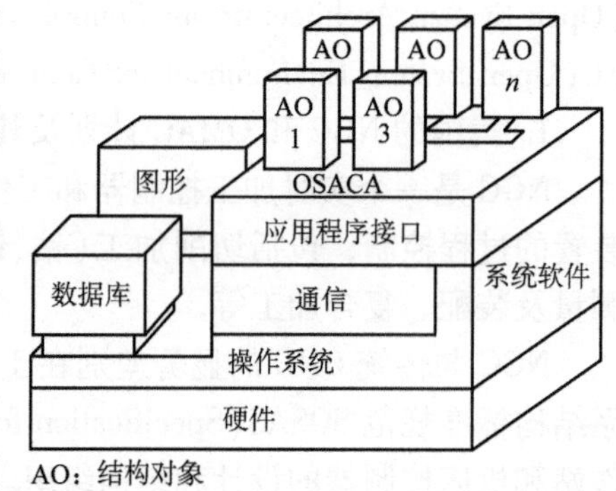

图4-12 OSACA系统平台结构

3. 日本的OSEC计划及其结构

OSEC采用了三层功能结构，即应用、控制和驱动。这种结构实现了零件造型、工艺规划(加工顺序、刀具轨迹、切削条件等)、机床控制处理(程序解释、操作模块控制、智能处理等)、刀具轨迹控制、顺序控制和轴控制等。

OSEC采用了新的接口协议，它从CAD和生产管理开始，分为CAM和生产监控，综合成为任务调度，然后利用各种库进行解释，形成轴控制及PLC所需信息和数据，对机床的伺服和执行机构进行控制，可实现I/O口控制、信号处理控制、电动机控制以及电动机联动控制。OSEC开放系统体系结构如图4-13所示。

四、SIEMENS 802D数控系统的硬件组成与连接

SIEMENS 802D是2000年开发制造的全数字化经济型数控系统。802D数控系统由PCU(Panel Control Unit)、键盘(水平安装或垂直安装)、一块或两块输入/输出模块(PP72/48)、一个24V电源、驱动器SIMODRIVE611UE、1FK6系列数字伺服电动机和1PH7系列数字主轴电动机组成，系统的各个部件通过现场总线PROFIBUS连接。

1. PCU 单元

PCU 是 SINUMERIK 802D 的核心。它集成了 PROFIBUS 接口、竖直结构(右侧)和水平结构(下侧)的全 NC 键盘(见图 4-14)、三个手轮接口以及 PCMCIA 接口(用于数据备份)。各软件部件——NCK、HMI 和 PLC 全部集成于 PCU 中，其硬件接口如图 4-15 所示。

PCU 配置了 10.4″单色或彩色 TFT 液晶显示屏，具有长寿命的背景光源。

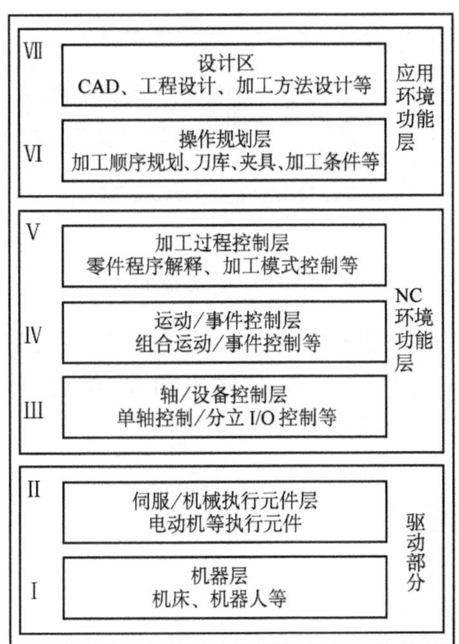

图 4-13　OSEC 开放系统体系结构

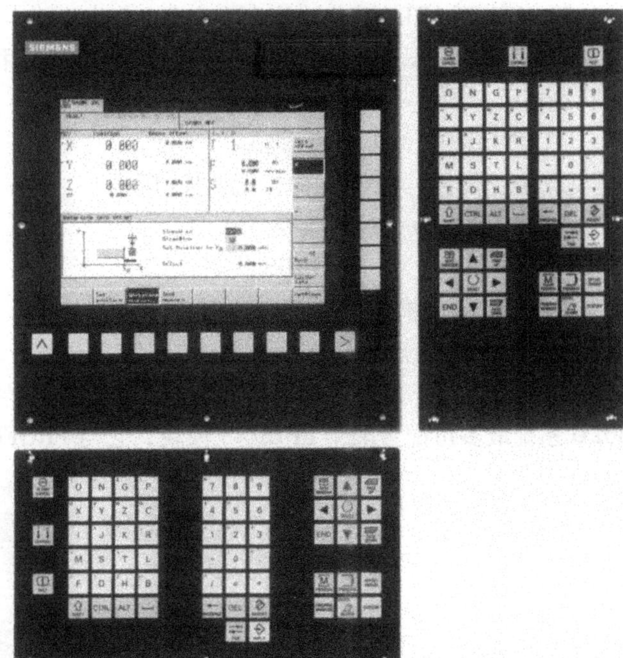

图 4-14　PCU 单元及全 NC 键盘分布图

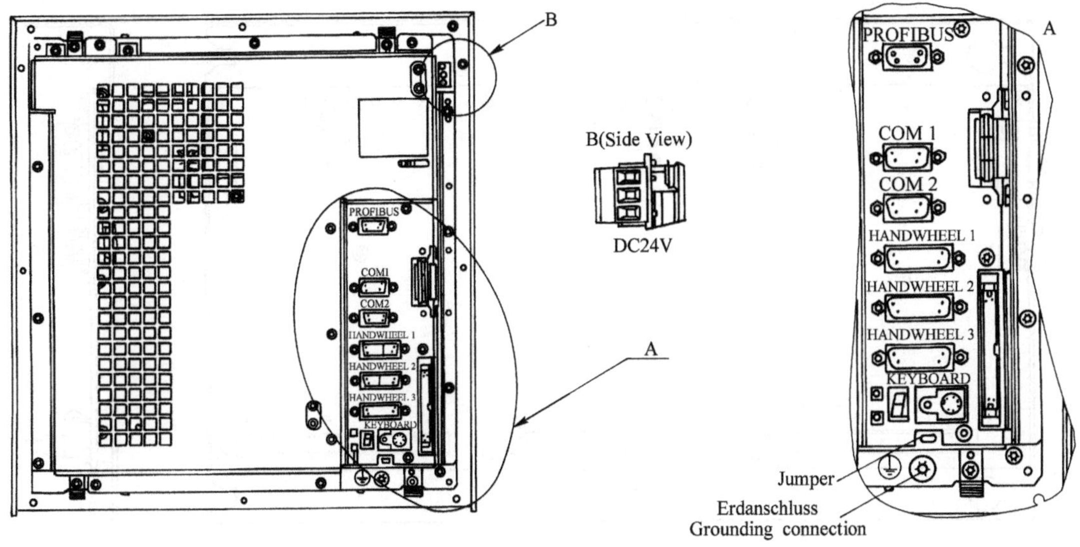

图 4-15　PCU 单元硬件接口图

图 4-15 中 PCU 由以下几个部分组成：

1）PCU 24VDC 电源（X8）为 3 芯端子式插座（插头上已标明 24V、0V 和 PE）。

2）PROFIBUS（X4）为 9 芯孔式 D 型插座。

3）COM1（X6）为 9 芯孔式 D 型插座，COM2 无定义。

4）HANDWHEEL（手轮）1 ~ 3（X14、X15、X16）为 15 芯孔式 D 型插座。

5）KEYBOARD（键盘）（X10）。

6）状态指示。在前端盖内以 4 个发光二极管用于状态指示，如图 4-16 所示。

① ON（绿色）为电源指示。

② NC（黄色）为 NC 生命标记监控（闪烁）。

③ WD（红色）为过程监控。

④ PB（黄色）为 PROFIBUS 状态。

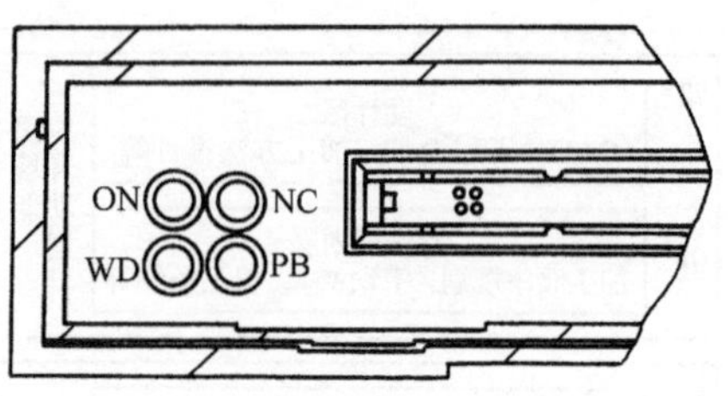

图 4-16 状态指示

2. 输入/输出模块 PP72/48

每个 PP72/48 模块具有三个独立的 50 芯插槽，每个插槽中包括了 24 位数字量输入和 16 位数字量输出（24V，0.25A）。因此，每个 PP72/48 模块具有 72 位输入和 48 位输出。802D 系统最多可配置两个 PP72/48 模块，它与 PROFIBUS 连接，如图 4-17 所示。

a）

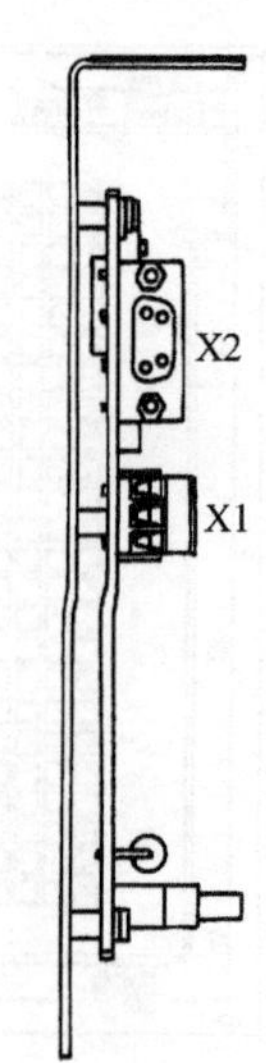

b）

图 4-17 PP72/48 实物图和结构图

a）实物图 b）结构图

图 4-17 主要由以下几部分组成：

1）24VDC 电源(X1)为 3 芯端子式插头(插头上已标明 24V,0V 和 PE)。

2）PROFIBUS(X2)为 9 芯孔式 D 型插头。

3）X111、X222、X333 为 50 芯扁平电缆插头，用于数字量输入和输出，可与端子转换器连接。

4）4 个 LED 为 PP72/48 的状态显示，其中：

POWER(绿色)	电源指示。
READY(红色)	PP72/48 就绪，但无数据交换。
EXCHANGE(绿色)	PP72/48 就绪，PROFIBUS 数据交换。
OVERTEMP(红色)	超温指示。

5）S1 为 PROFIBUS 地址开关，如图 4-18 所示。

第一块 PP72/48 的 PROFIBUS 地址为 9(出厂设定)，第二块 PP72/48 的 PROFIBUS 地址为 8。

图 4-18　PP72/48 地址开关

3. 机床控制面板 MCP(Machine Control Panel)

机床控制面板 MCP 提供了简单经济的标准方案用于车床和铣床。除了操作机床所需的全部按键和开关，它还提供了六个用户定义键。MCP 背后的两个 50 芯扁平电缆插座通过扁平电缆与 PP 模块的插座连接，即可实现方式选择、倍率选择、NC 起动与停止，主轴功能和急停复位等的接线，其引脚分别为 X1201 和 1202，如图 4-19 所示。

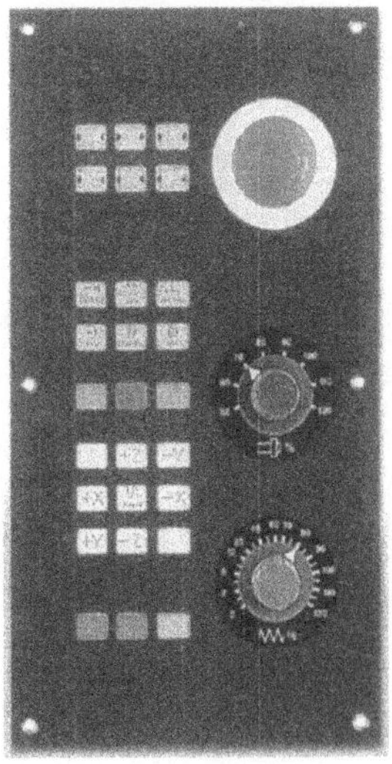

图 4-19　机床控制面板 MCP

4. 电源模块

电源模块如图 4-20 所示，其各主要接口端的含义如下：

1）X111 为“准备好”信号，由电源模块输出至 PLC 的电源模块控制继电器触点。

2）X121 为脉冲使能信号、控制使能信号及监控信号端。

3）X141 为电源模块电源工作正常输出信号端。

4）X151 为系统数据控制总线端口。

5）X161 为内部接触器控制。

6）X171 为线圈通电触点，控制电源模块内部线路预充电接触器(一般按出厂状态使用)。

7）X172 为启动禁止信号端(一般按出厂状态使用)。

8）X181 为供外部使用的供电电源端，包括直流电源 600V，三相交流电源 380V。

5. 伺服驱动模块

802D 数控系统采用 SIMODRIVE611UE 配备 PROFIBUS 接口模块用于速度环和电流环控制。伺服电动机采用 1FK6 系列，编码器为 1Vpp 正弦波。802D 的位置控制由 PCU 完成。SIMODRIVE611UE 控制模块均为双轴模块，可根据 PROFIBUS 的配置作为单轴模块使用，并且还可以在同一模块上设定一个叠加轴(如模拟主轴)。例如，一个车床系统带有两个数

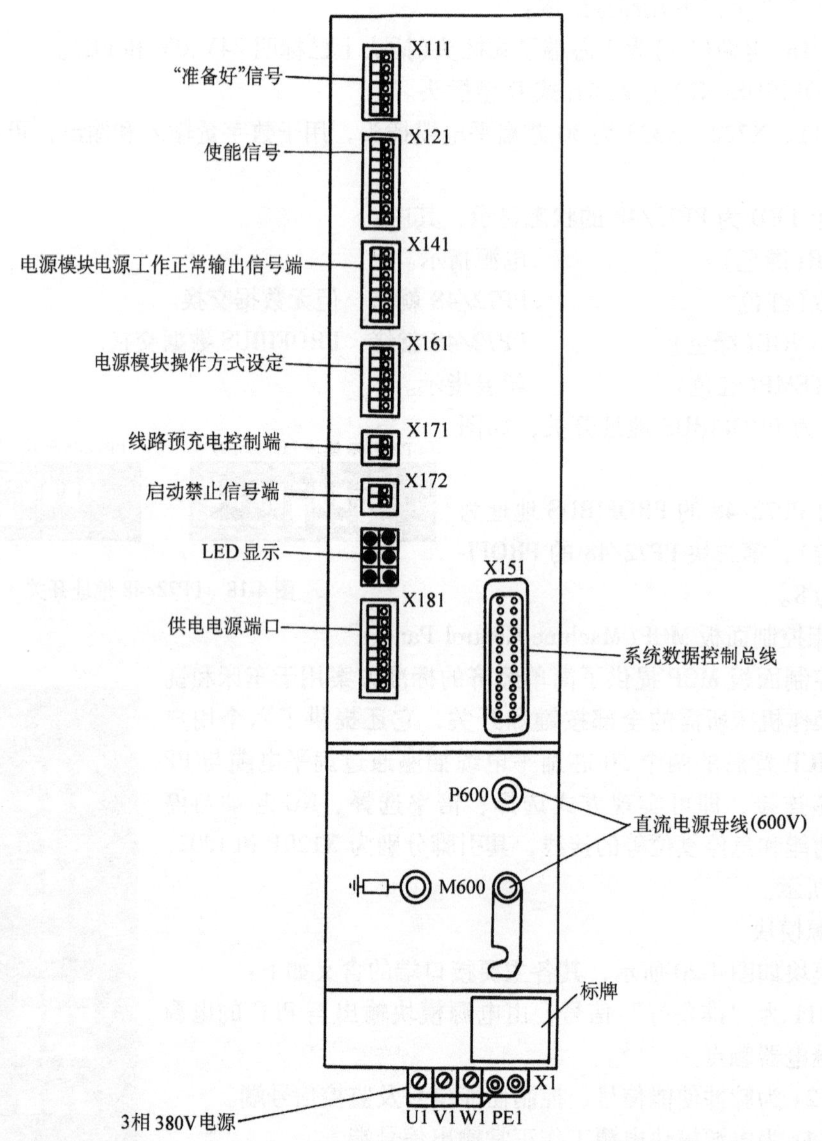

图4-20　电源模块

字进给轴和一个模拟主轴(变频器)，正好由一个611UE模块实现。611UE的模拟输出口用于输出主轴速度给定(±10V)，而611UE上的数字输出可用于模拟主轴的使能控制。WSG接口用于连接主轴编码器(TTL)作为速度反馈。主轴电动机采用1PH7系列电动机。伺服驱动模块如图4-21所示，其各主要端口的含义如下：

1）X411、X412为电动机内置光电编码器端口，该端口进行位置和速度反馈的处理。

2）X421为机床拖板位置反馈端。

3）X423为PROFIBUS接口。

4）X431为脉冲使能信号和24VDC外部供电端。

5）X441为模拟主轴给定信号端。

6）X453为控制器使能端A，进行数字量输入输出。

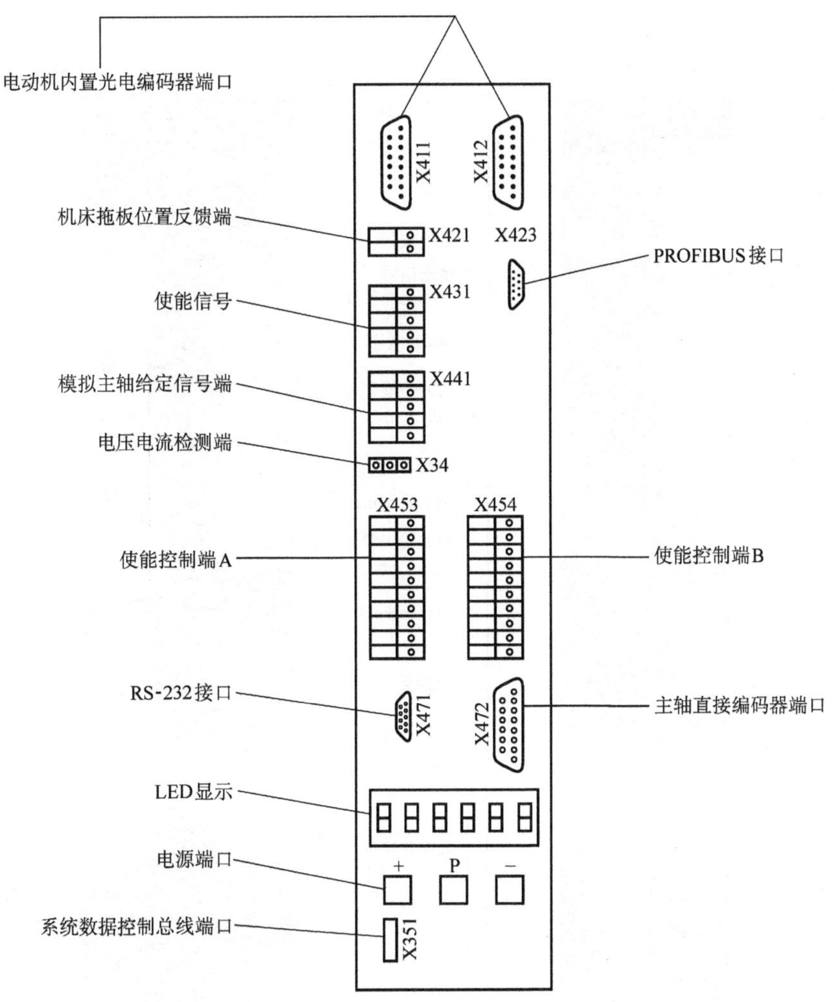

图 4-21　伺服驱动模块

7）X454 为控制器使能端 B，进行数字量输入输出。

8）X471 为 RS-232 接口。

9）X472 为主轴直接编码器(TTL)端口。

10）X351 为系统数据控制总线端口。

11）X34 为电压电流检测端，一般供模块维修检测使用，用户不得使用。

6. 驱动器连接

为加深对驱动器模块的了解，掌握电源模块与 611UE 模块之间的连接，参见如图 4-22 所示的驱动器连接图。

7. 数控系统连接图

以上介绍了西门子 802D 数控系统的各个组成部分，其每部分之间的相互连接如图 4-23 所示，通过该图，我们既可掌握 802D 数控系统的组成，又可对系统各模块进行正确连接。

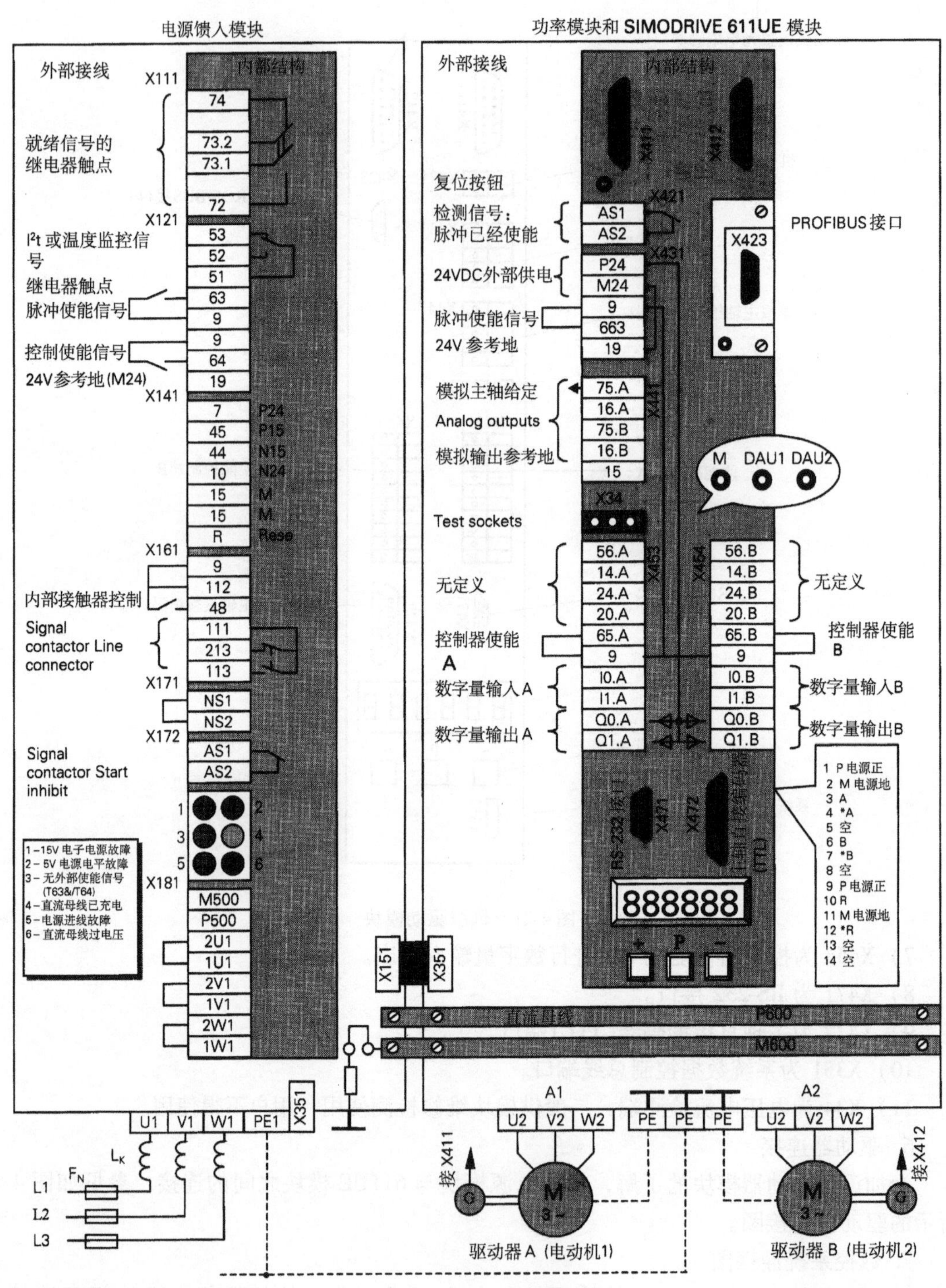

电源馈入模块
功率模块和 SIMODRIVE 611UE 模块
外部接线
内部结构
X111
74
73.2
73.1
72
就绪信号的
继电器触点
X121
53
52
51
63
9
9
64
19
I²t 或温度监控信号
继电器触点
脉冲使能信号
控制使能信号
24V参考地(M24)
X141
7 P24
45 P15
44 N15
10 N24
15 M
15 M
R Rese
X161
9
112
48
内部接触器控制
Signal contactor Line connector
111
213
113
X171
NS1
NS2
X172
AS1
AS2
Signal contactor Start inhibit
X181
1–15V 电子电源故障
2–5V 电源电平故障
3–无外部使能信号 (T63&/T64)
4–直流母线已充电
5–电源进线故障
6–直流母线过电压
M500
P500
2U1
1U1
2V1
1V1
2W1
1W1
X151
X351
X411
X412
复位按钮
X421
检测信号：脉冲已经使能
AS1
AS2
PROFIBUS 接口
X423
X431
24VDC外部供电
P24
M24
9
663
19
脉冲使能信号
24V 参考地
模拟主轴给定
Analog outputs
模拟输出参考地
75.A
16.A
75.B
16.B
15
X441
M DAU1 DAU2
X34
Test sockets
X453
X454
56.A
14.A
24.A
20.A
56.B
14.B
24.B
20.B
无定义
无定义
控制器使能 A
控制器使能 B
65.A
9
65.B
9
数字量输入A
数字量输入B
I0.A
I1.A
I0.B
I1.B
数字量输出A
数字量输出B
Q0.A
Q1.A
Q0.B
Q1.B
RS-232 接口
X471
X472
主轴直接编码器 (TTL)
1 P 电源正
2 M 电源地
3 A
4 *A
5 空
6 B
7 *B
8 空
9 P 电源正
10 R
11 M 电源地
12 *R
13 空
14 空
888888
+ P −
直流母线
P600
M600
U1 V1 W1 PE1
X351
LK
FN
L1
L2
L3
A1
A2
U2 V2 W2
PE PE PE
U2 V2 W2
接 X411
接 X412
G
M 3~
驱动器 A（电动机1）
驱动器 B（电动机2）

图 4-22　驱动器连接图

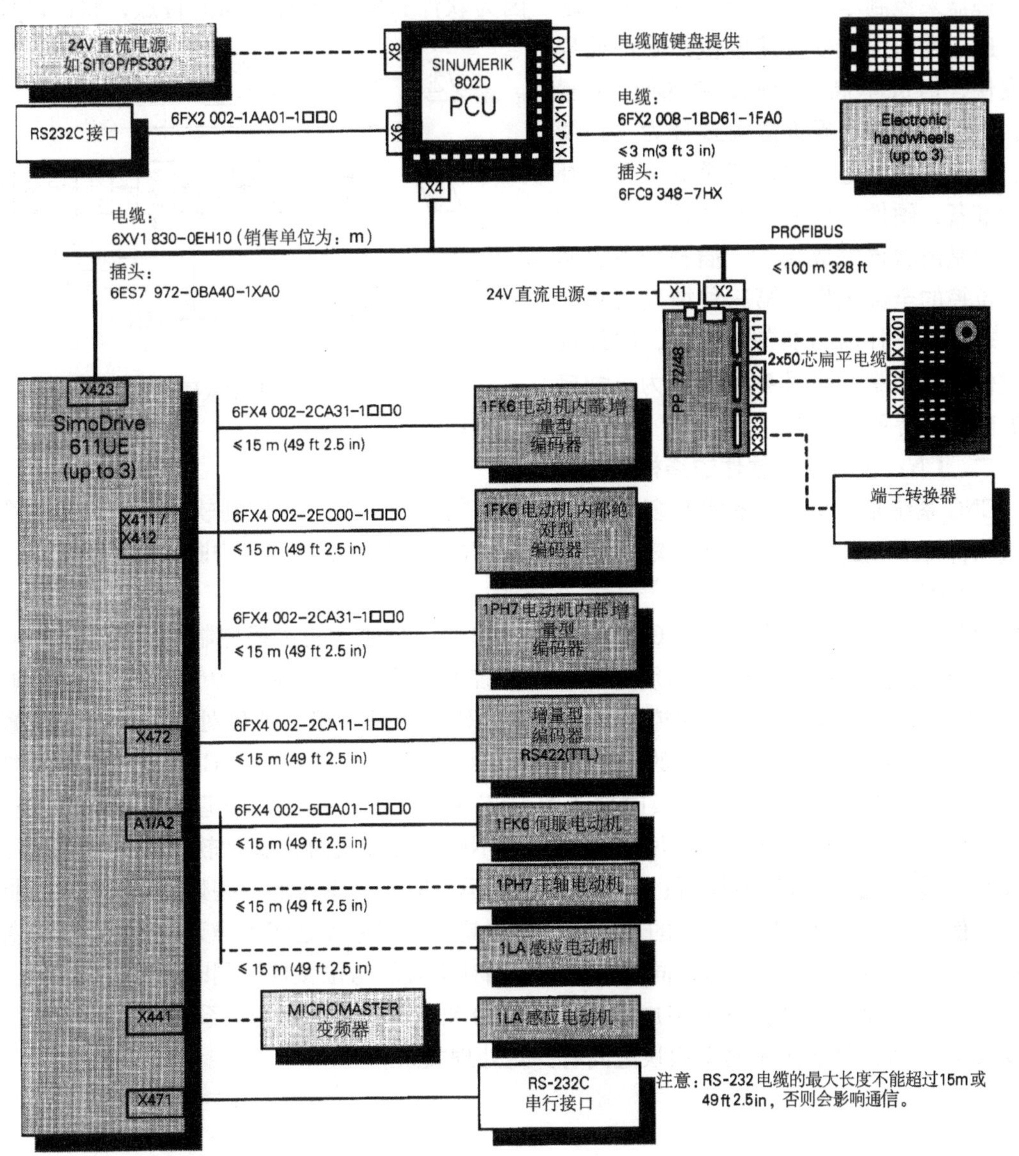

图4-23　802D数控系统连接图

第三节　CNC装置软件组成

一、CNC装置软硬件组合类型

随着微机技术的高速发展，微处理器的集成度越来越高，功能越来越强，而价格却相对较低。这一方面使得多微机系统得到广泛运用，另一方面使得硬件设计变得相对简单。所以，数控系统研制开发工作更多地投入到软件中。由于软件可实现复杂的信息处理和高质量的控制，因此，哪些控制功能由硬件电路实现，哪些控制功能由软件来实现，是数控系统结构设计的一个主要问题。总的设计思路是，能用软件完成的功能一般不用硬件来完成；能用微处理器来控制尽量不用硬件电路来控制。因为软件和硬件各有不同的特点，软件设计灵活，适应性强，但处理速度慢；硬件处理速度快，但成本高。因此，在 CNC 装置中，数控功能的实现方法大致分为三种情况：第一种情况是由软件完成输入及插补前的准备，硬件完成插补和位控；第二种情况则是由软件完成输入、插补准备、插补及位控的全部工作；第三种情况由软件负责输入、插补前的准备及插补，硬件仅完成位置的控制。如图 4-24 所示为三种典型的软硬件界面关系。

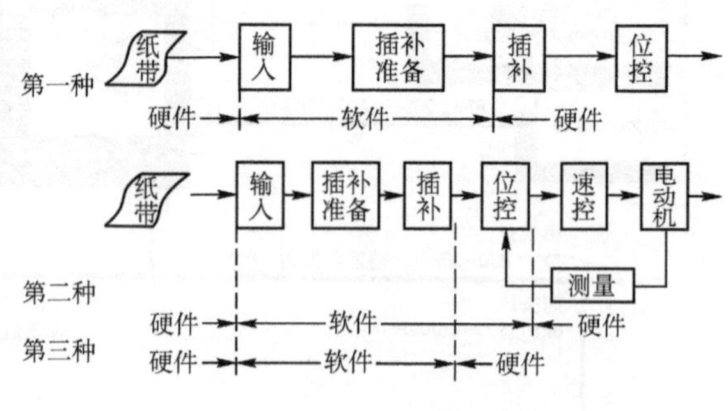

图 4-24　三种典型软硬件界面

二、CNC 系统控制软件的结构特点

CNC 系统是一个专用的实时多任务计算机控制系统，在它的控制软件中融合了当今计算机软件许多先进技术，其中最突出的是多任务并行处理和多重实时中断。

1. 多任务并行处理

（1）CNC 系统的多任务性　CNC 系统通常作为一个独立的过程控制单元用于工业自动化生产中，因此它的系统软件必须完成管理和控制两大任务。系统的管理部分包括输入、I/O 处理、显示和诊断；系统的控制部分包括译码、刀具补偿、速度处理、插补和位置控制。在许多情况下，管理和控制的某些工作必须同时进行，例如，当 CNC 系统工作在加工控制状态时，为了使操作人员能及时地了解 CNC 系统的工作状态，管理软件中的显示模块必须与控制软件同时运行；当 CNC 系统工作在 NC 加工方式时，管理软件中的零件程序输入模块必须与控制软件同时运行；而当控制软件运行时，其本身的一些处理模块也必须同时运行。例如，为了保证加工过程的连续性，即刀具在各程序段之间不停刀，译码、刀具补偿和速度处理模块必须与插补模块同时运行，而插补又必须与位置控制同时进行。

下面给出 CNC 系统的软件组成图（见图 4-25）和多任务并行处理关系图（见图 4-26）。在图 4-26 中，双向箭头表示两个模块之间有并行处理关系。

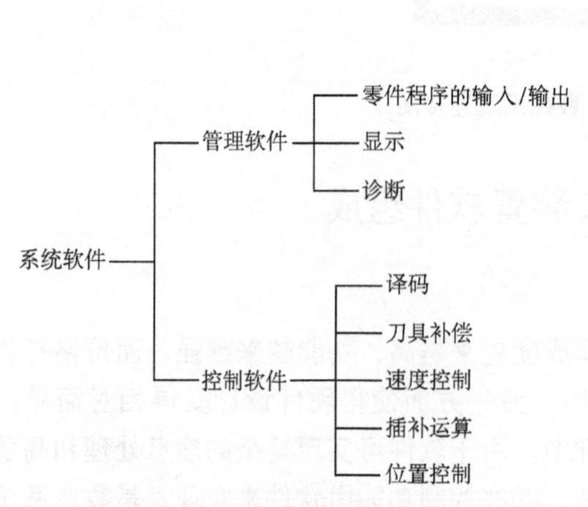

图 4-25　CNC 系统的软件组成图

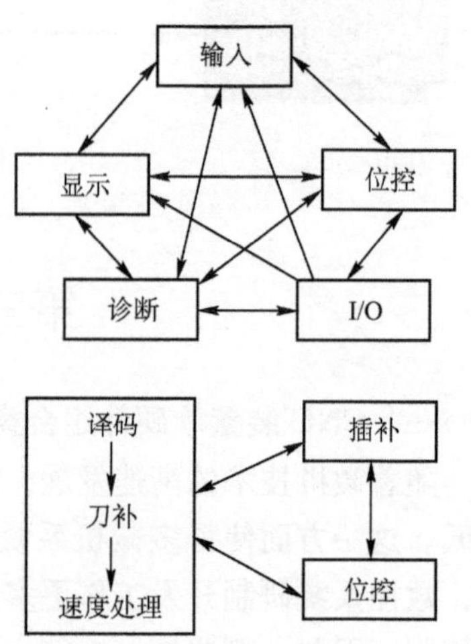

图 4-26　多任务并行处理关系图

（2）并行处理的概念　并行处理是指计算机在同一时刻或同一时间间隔内完成两种或两种以上性质相同或不相同的工作。并行处理最显著的优点是提高了运算速度。拿 n 位串行运算和 n 位并行运算来比较，在元件处理速度相同的情况下，后者运算速度几乎提高为前者的 n 倍。这是一种资源重复的并行处理方法，是根据“以数量取胜”的原则大幅度提高运算速度的。并行处理的作用不局限于设备的简单重复，它还具有更多的含义，如时间重叠和资源共享。所谓时间重叠是根据流水线处理技术，使多个处理过程在时间上相互错开，轮流使用同一套设备的几个部分。而资源共享则是根据“分时共享”的原则，使多个用户按时间顺序使用同一套设备，大大提高了设备资源的利用率。

目前在 CNC 系统的硬件设计中，已广泛使用资源重复的并行处理方法，如采用多 CPU 的系统体系结构来提高系统的速度。而在 CNC 系统的软件设计中，则主要采用资源分时共享和资源重叠的流水线处理技术。

（3）资源分时共享　在单 CPU 的 CNC 系统中，主要采用 CPU 分时共享的原则来解决多任务的同时运行，使多个用户按时间顺序使用同一套设备。一般来说，在使用分时共享并行处理的计算机系统中，首先要解决的问题是各任务占用 CPU 时间的分配原则，这里面有两方面的含义：其一是各任务何时占用 CPU；其二是允许各任务占用 CPU 的时间长短。

在 CNC 系统中，对各任务使用 CPU 的问题是用循环轮流和中断优先相结合的方法来解决的。如图 4-27 所示为一个典型 CNC 系统多任务分时共享 CPU 的时间分配图。

系统在完成初始化以后自动进入时间分配环中，在环中依次轮流处理各任务。而对于系统中一些实时性很强的任务，则按优先级排队，分别放在不同中断优先级上，环外的任务可以随时中断环内各任务的执行。

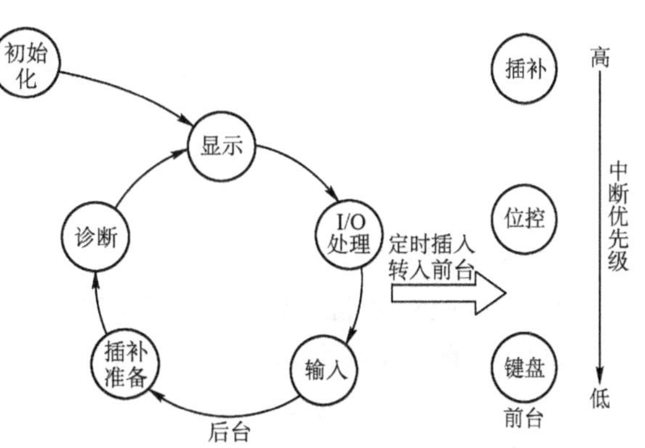

图 4-27　CPU 分时共享图

每个任务允许占有 CPU 的时间受到一定限制，通常是这样处理的，对于某些占有 CPU 时间比较多的任务，如插补准备，可以在其中的某些地方设置断点，当程序运行到断点处时，自动让出 CPU，待到下一个运行时间里自动跳到断点处继续执行。

（4）资源重叠流水处理　当 CNC 系统处在 NC 工作方式时，其数据的转换过程将由零件程序输入、插补准备(包括译码、刀具补偿和速度处理)、插补、位置控制 4 个子过程组成。如果每个子过程的处理时间分别为 Δt_1、Δt_2、Δt_3、Δt_4，那么一个程序段的数据转换时间将是

$$T = \Delta t_1 + \Delta t_2 + \Delta t_3 + \Delta t_4$$

如果以顺序方式处理每个零件程序段，即第一个程序段处理完以后再处理第二个程序段，依此类推，这种顺序处理方式的时间空间关系如图 4-28a 所示。从图中可以看出，如果等到第一个程序段处理完之后才开始对第二个程序段进行处理，那么在两个程序段的输出之间将有一个时间长度为 T 的间隔。同样，在第二个程序段与第三个程序段的输出之间也会有时间间隔，依此类推。这种时间间隔反映在电动机上就是电动机的时转时停，反映在刀具

上就是刀具的时走时停。不管这种时间间隔多么小，这种时走时停在加工工艺上都是不允许的。消除这种间隔是用流水处理技术。采用流水处理后的时间空间关系如图4-28b所示。

流水处理的关键是时间重叠，即在一段时间间隔内不是处理一个子过程，而是处理两个或更多的子过程。从图4-28b可以看出，经过流水处理后从时间 t_4 开始，每个程序段的输出之间不再有间隔，从而保证了电动机转动和刀具移动的连续性。

从图4-28b中可以看出，流水处理要求每个处理子过程的运算时间相等，而实际上在CNC系统中每个子过程所需的处理时间都是不同的，解决的办法是取最长的子过程处理时间为流水处理间隔。这样，当处理时间较短的子过程时，处理完成之后就进入等待状态。

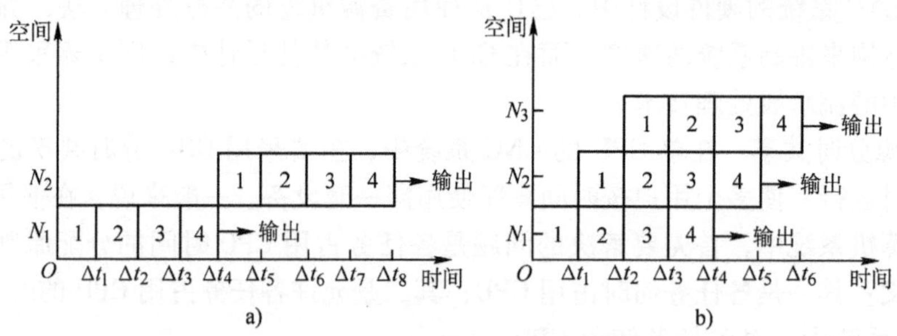

图4-28 资源重叠流水处理

a）顺序处理 b）流水处理

在单CPU的CNC装置中，流水处理的时间重叠只有宏观的意义，即在一段时间内，CPU处理多个子过程，但从微观上看，各子过程是分时占用CPU时间的。

2. 实时中断处理

CNC系统控制软件的另一个重要特征是实时中断处理。数控机床在加工零件的过程中，有些控制任务具有较强的实时性要求。CNC系统的中断管理主要靠硬件完成，而系统的中断结构决定了系统软件的结构。其中断类型有外部中断、内部定时中断、硬件故障中断以及程序性中断等。

（1）外部中断 主要有纸带光电阅读机读孔中断、外部监控中断（如急停、量仪到位等）和键盘操作面板输入中断。前两种中断的实时性要很高，通常把它们放在较高的优先级上，而键盘和操作面板输入中断则放在较低的中断优先级上。

（2）内部定时中断 主要有插补周期定时中断和位置采样定时中断。在有些系统中，这两种定时中断合二为一，但在处理时，总是先处理位置控制，然后处理插补运算。

（3）硬件故障中断 它是各种硬件故障检测装置发出的中断，如存储器出错、定时器出错、插补运算超时等。

（4）程序性中断 它是程序中出现的各种异常情况的报警中断，如各种溢出、除零等。

3. CNC系统中断结构模式

在CNC系统中，中断处理是重点，工作量较大，就其采用的结构而言主要有前、后台型软件结构的中断模式与中断型软件结构的中断模式。

（1）前、后台型软件结构中的中断模式 在此种软件结构中，整个控制软件分为前台程序和后台程序。前台程序是一个实时中断服务程序，它完成全部的实时功能，如插补、位置控制等；而后台程序即背景程序实质是一个循环运行程序，它完成管理及插补准备等功能。在背景程序的运行过程中，前台实时中断程序不断插入，与背景程序相配合，共同完成零件的加工任务，二者之间的关系如图4-29所示。

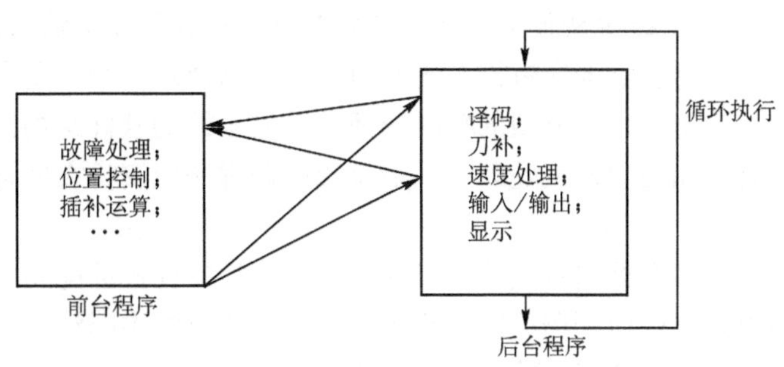

图4-29 前、后台型软件结构的中断模式

（2）中断型软件结构中的中断模式 中断型结构的特点是除了初始化程序之外，系统软件中所有任务模块均被安排在不同级别的中断服务程序中，整个软件就是一个大的中断系统，其管理的功能主要通过各级中断服务程序之间的相互通信来完成。表4-1所示为某CNC系统各级中断的主要功能，该中断优先级共7级，其中0级为最低优先级，实际上是初始化程序；1级为主控程序，当没有其他中断时，该程序循环执行；7级为最高级。除了第4级为硬件中断（完成报警功能）之外，其余均为软件中断。

表4-1 各级中断的主要功能

优先级	主要功能	中断源	优先级	主要功能	中断源
0	初始化	开机进入	4	报警	硬件
1	CRT显示ROM奇偶校验	硬件，主控程序	5	插补运算	8ms
2	各种工作方式，插补准备	16ms	6	软件定时	2ms
3	键盘、I/O及M、S、T处理	16ms	7	纸带阅读机	硬件随机

1）0级中断程序。0级中断程序是初始化程序，是为整个系统的正常工作做准备的，主要完成：①清除RAM工作区；②设置有关参数和偏移数据；③初始化有关电路芯片。

2）1级中断程序。1级中断程序是主控程序，即背景程序。当没有其他中断时，1级程序始终循环运行，主要完成：①CRT显示控制；②ROM奇偶校验。

3）2级中断服务程序。2级中断服务程序的主要工作是对系统所处的各种工作方式进行处理，包括：①自动方式；②MDI方式；③点动增量方式；④手动连续进给或手轮方式；⑤示教方式；⑥编辑方式。

4）3级中断服务程序。3级中断服务程序主要完成：①I/O映像处理，用于PLC开关量信号的控制；②键盘扫描和处理；③M、S、T处理，将辅助功能，如主轴正、反转（M03、M04），切削液的开、关（M08、M09），主轴转速（S指令），换刀（M06及T指令）等控制信号输出，以控制机床动作。

5）4级中断程序。当数控系统硬件出现故障时，由系统诊断程序进行检测，并将出错信息以指示灯或CRT形式显示出来。

6）5级中断服务程序。5级中断服务程序主要完成：①插补运算；②坐标位置修正；③间隙补偿；④加减速控制。

7）6级中断服务程序。这是一种软件定时方法，通过这种定时，可以实现2级和3级的16ms定时中断，并使其相隔8ms。当2级或3级中断还没有返回时，不再发出中断请求信号。

8）7 级中断服务程序。当纸带通过光电阅读机输入时，光电阅读机每读到纸带上一排孔的信息，立即向数控系统发出一个中断请求信号，要求处理所读到的一个字符。

以上是一个典型的单微处理器数控系统的软件结构，该系统的位置控制由硬件处理。当位置控制用软件来处理时，则位置控制程序应安排在插补程序同一级或更高级的中断服务程序中。

在多微处理器系统中，软件将以上控制任务分配到各个处理器，流水作业并行处理。处理器之间的协调仍可用中断的方式，只是有的中断源变为由其他处理器申请的外部中断。

三、CNC 系统软件的工作过程

CNC 系统软件是使 CNC 系统完成各项功能而编制的专用软件。不同的 CNC 系统，其软件结构与规模有所不同，但就其共性来说，一个 CNC 系统的软件总是由输入、译码、数据处理（预计算）、插补运算、速度控制、输出控制、管理程序及诊断程序等部分组成。

（1）输入　CNC 系统中的零件加工程序，一般是通过键盘、磁盘或可移动磁盘、DNC 等方式输入的。在软件设计中，这些输入方式大都采用中断方式来完成，且每一种输入法均有一个相对应的中断服务程序。如在键盘输入时，每按一个按键，硬件就向主机 CPU 发出一次中断申请，若 CPU 响应中断，则调用一次键盘服务程序，完成相应键盘命令的处理。键盘中断服务程序的流程图如图 4-30 所示。

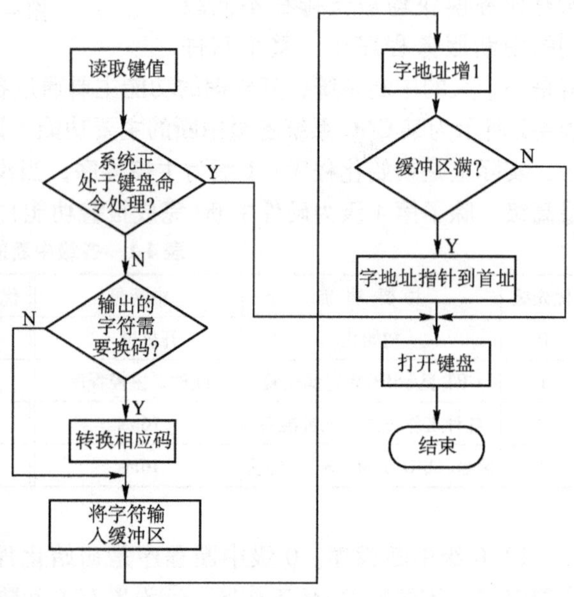

图 4-30　键盘中断服务程序流程图

在 CNC 系统，无论哪一种输入方法，其存储过程总是要经过零件程序的输入，然后将输入的零件程序先存放在缓冲器中，再经缓冲器到达零件程序存储器。零件程序的存储和读取过程如图 4-31 所示。

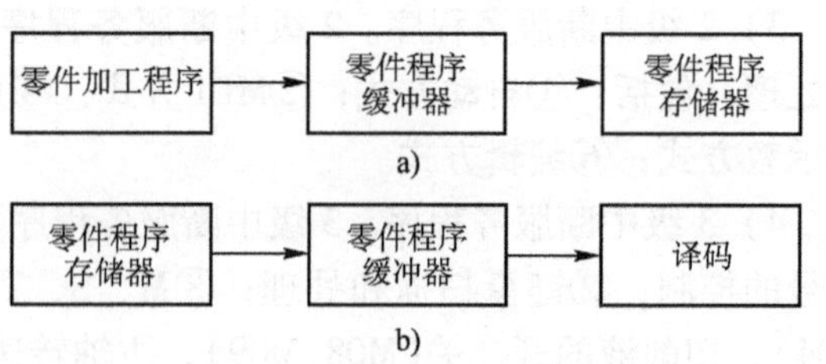

图 4-31　程序的存储和读取过程
a）零件程序存储　b）零件程序读取

（2）译码　译码就是将输入的零件程序翻译成本系统所能识别的语言。译码的结果存放在指定的存储区内，通常称为译码结果寄存器。译码程序的功能就是把程序段中各个数据根据其前后的文字地址送到相应的缓冲寄存器中，如图 4-32 所示为译码程序流程图。

译码可在正式加工前一次性将整个程序翻译完，并在译码过程中对程序进行语法检查，若有语法错误则报警，这种方式可称为编译；另一种处理方式是在加工过程中进行译码，即数控系统进行加工控制时，利用空闲时间来对后面的程序段进行译码，这种方式可称为解释。用解释方式，系统在运行用户程序之前通常也对用户程序进行扫描，进行语法检查，有错报警。用编译方法可以节省时间，使加工控制时数控系统不致太忙，并可在编译的同时进行语法检查，但需要占用较大内存。一般数控代码比较简单，用解释方式占用的时间也不多，所以 CNC 系统常用解释方式。

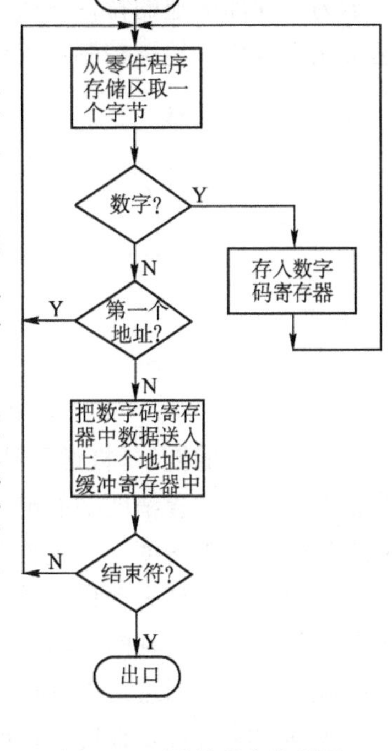

图 4-32　译码程序流程图

（3）数据处理　数据处理即预计算，通常包括刀具长度补偿、刀具半径补偿、反向间隙补偿、丝杠螺距补偿、过象限及进给方向的判断、进给速度换算、加减速控制及机床辅助功能处理等。

1）进给速度控制。在开环系统中，坐标轴运动的速度是通过控制步进电动机的进给脉冲频率来实现的。开环系统的速度计算是根据编程的 F 值来确定步进电动机进给脉冲频率。步进电动机走一步，相应的坐标轴移动一个脉冲当量 δ。进给速度 F(mm/min)与进给脉冲频率 f 的关系为

$$f=\frac{F}{60\delta}$$

两轴联动时，各坐标轴的进给速度分别为

$$F_X=60f_X\delta$$
$$F_Y=60f_Y\delta$$

式中　F_X、F_Y——X 轴、Y 轴的进给速度(mm/min)；

f_X、f_Y——X 轴、Y 轴步进电动机的进给脉冲频率。

合成的进给速度为

$$F=\sqrt{F_X^2+F_Y^2}$$

在闭环或半闭环系统中，由于采用数据采样插补法进行插补计算，所以进给速度是根据编程的 F 值，计算出每个采样周期的轮廓步长来获得的。

2）加减速控制。为了保证机床在起动或停止时不产生冲击、失步、超程或振荡，必须对传送给伺服驱动装置的进给脉冲频率或电压进行加减速控制，即在机床加速起动时，保证加在驱动电动机上的进给脉冲频率或电压逐渐增大；而当机床减速停止时，保证在驱动电动机上的进给脉冲频率或电压逐渐减小。在 CNC 系统中，加减速控制多数采用软件来实现。加减速控制可以在插补前进行，称为前加减速控制；也可以在插补后进行，称为后加减速控制，如图 4-33 所示。

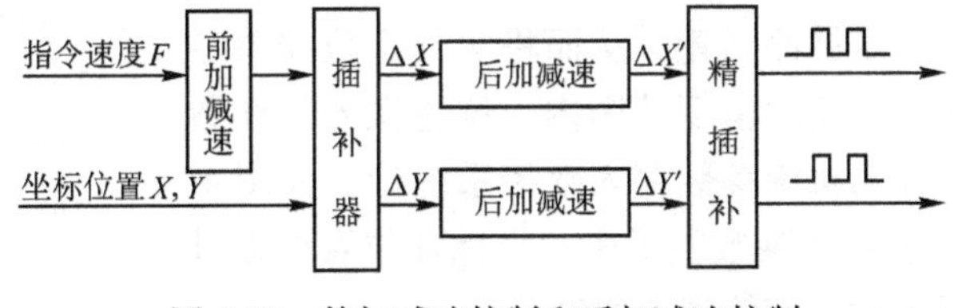

图 4-33　前加减速控制和后加减速控制

前加减速控制仅对程编指令速度 F 进行控制，其优点是不会影响实际插补输出的位置精度，缺点是需要预测减速点，而预测减速点的计算量较大；后加减速控制是对各轴分别进行加减速控制，不需要预测减速点，由于对各轴分别进行控制，实际各坐标轴的合成位置就可能不准确，但这种影响只是在加减速过程中才存在，进入匀速状态时这种影响就没有了。

加减速实现的方式有线性加减速(匀加减速)、指数加减速和 sin 曲线(S)加减速。如图 4-34 所示为三种加减速的特性曲线，其中线性加减速常用于点位控制系统中；指数和 S 曲线加减速常用于直线和轮廓控制系统中。

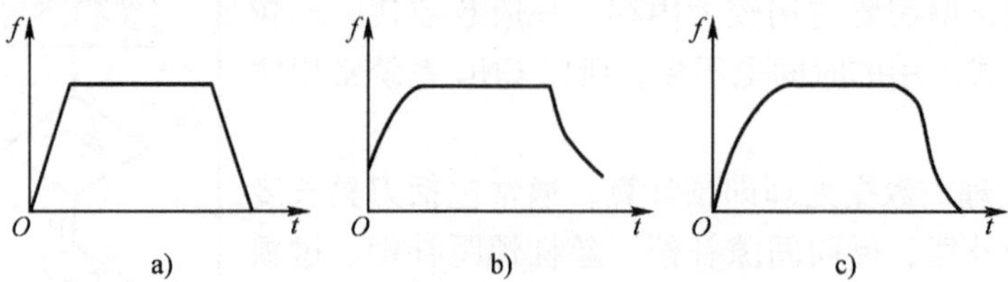

图 4-34 加减速特性曲线

a）线性加减速 b）指数加减速 c）S 曲线加减速

3）反向间隙及丝杠螺距补偿。位置精度是数控机床最重要的一项指标。在点位、直线控制系统中，位置精度中的定位精度影响工件的尺寸精度；在轮廓控制系统中，定位精度影响工件轮廓加工精度，产生轮廓失真。通过反向间隙补偿可提高数控机床的位置精度。

反向间隙又称失动量，是由进给机械传动链中的导轨副间隙、丝杠螺母副间隙及齿轮副齿隙、丝杠及传动轴的扭转、压缩变形以及其他构件的弹性变形等因素综合引起的。由于反向间隙的存在，当进给电动机转向改变时，会出现电动机空转一定角度而工作台不移动的现象。反向间隙补偿是在电动机改变转向时，让电动机多转动一个角度，消除间隙后才正式计算坐标运动的值，即空走不计入坐标运动。各轴的反向间隙值可以离线测出，如激光干涉仪等测距装置，补偿数据作为机床参数存入数控系统中，供补偿时取用。

丝杠螺距累积误差是在丝杠制造和装配过程中产生的，呈周期性的变化规律。在闭环控制系统中，由于机床工作台上安装了位置检测装置，定位精度主要取决于位置检测装置的系统误差，如分辨率、线性度及安装、调整造成的误差。位置误差补偿是通过对机床全行程的离线测量得到定位误差曲线，在误差达到一个脉冲当量的位置处设定正或负的补偿值。当机床坐标轴运动到该位置时，系统将坐标值加或减一个脉冲当量，从而将实际定位误差控制在一定的精度范围内。位置误差补偿数据作为机床参数存入数控系统中。如图 4-35 所示为某数控机床一坐标轴位置误差补偿前后的定位误差曲线。

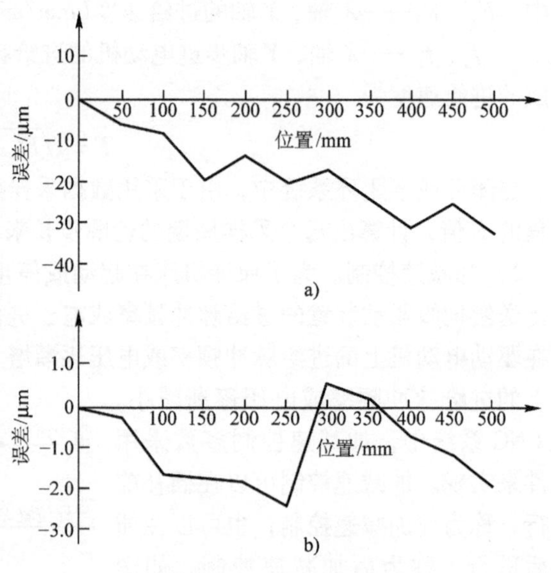

图 4-35 定位误差曲线

a）补偿前 b）补偿后

(4) 插补运算 插补运算是 CNC 系统中最重要的计算工作之一。在实际的 CNC 系统中，常采用粗、精插补相结合的方法，即把插补功能分成软件插补与硬件插补两部分。数控系统控制软件把刀具轨迹分割成若干段，而硬件电路再在各段的起点和终点之间进行数据的“密化”，使刀具轨迹在允许的误差之内，即软件实现粗插补，硬件实现精插补。

（5）输出控制　输出控制主要完成伺服控制及 M、S、T 等辅助功能。伺服控制包括数控系统向驱动装置发出模拟速度控制信号或一串脉冲指令，同时接受位置反馈信号，实现位置控制。S 功能的信息用于主轴转速控制。数控系统将译码后的 S 信息传送给主轴控制系统，由主轴控制系统对主轴进行控制。M、T 功能主要涉及开关量的逻辑控制，用可编程序控制器来处理。数控系统只需将译码后的 M、T 信息适时地传送给可编程序控制器，就可完成诸如主轴、冷却和润滑、刀库选刀及机械手换刀、工作台交换等控制。

（6）管理与诊断　CNC 系统的管理软件主要包括 CPU 管理与外设管理，如前后台型程序的合理安排与协调工作、中断服务程序之间的相互通信、控制面板与操作面板上各种信息的监控等。

诊断程序可以防止故障的发生或扩大，而且在故障出现后，可以帮助用户迅速查明故障的类型与部件，减少故障停机时间。在设计诊断程序时，应保证诊断程序既可以在系统运行过程中进行检查与诊断，也可以作为服务程序在系统运行前或发生故障停机后进行诊断。

习　题

4-1　试述 CNC 装置的工作过程。

4-2　简述单微处理器的硬件结构与特点。

4-3　简述多微处理器的硬件结构与特点。

4-4　简述大板式结构和功能模块结构的特点。

4-5　简述开放式数控系统的典型结构。

4-6　试述 CNC 装置的软件结构与特点。

第五章 伺服系统

本章着重介绍伺服系统的概念及分类；步进电动机及其驱动电路；交流电动机伺服系统的工作原理及控制方法，典型交流伺服驱动装置的介绍；直流伺服电动机的工作原理及调速特性。通过学习，重点掌握步进电动机的工作原理、主要特性及其驱动控制；初步了解步进电动机的选择方法；掌握交流电动机伺服系统的工作原理及其调速方法。

第一节 概 述

伺服系统是以机床运动部件(如工作台)的位置和速度作为控制量的自动控制系统。它能准确地执行 CNC 装置发出的位置和速度指令信号，由伺服驱动电路作一定的转换和放大后，经伺服电动机(步进电动机、交流或直流伺服电动机等)和机械传动机构驱动机床工作台等运动部件实现工作进给、快速运动以及位置控制。数控机床的进给伺服系统与普通机床的进给系统有本质上的差别，它能够根据指令信号精确地控制执行部件的位置和进给速度以及执行部件按一定规律运动所合成的轨迹，加工出所需工件的尺寸和轮廓。如果将数控装置比作数控机床的“大脑”，是发布“命令”的指挥机构，那么伺服系统就是数控机床的“四肢”，是执行“命令”的机构。伺服系统作为数控机床的重要组成部分，其性能是影响数控机床的加工精度、表面质量、可靠性和生产效率等方面的重要因素。

一、伺服系统的组成与分类

机床的伺服系统按其功能可分为：主轴伺服系统和进给伺服系统。主轴伺服系统用于控制机床主轴的运动，提供机床的切削动力。进给伺服系统通常由伺服驱动电路、伺服电动机和进给机械传动机构等部件组成。进给机械传动机构由减速齿轮、滚珠丝杠副、导轨和工作台等组成。

进给伺服系统按有无位置检测和反馈以及检测装置安装位置的不同，可分为开环控制、半闭环控制和闭环控制系统。

1. 开环伺服系统

开环伺服系统只能采用步进电动机作为驱动元件，它没有任何位置反馈和速度反馈回路，因此设备投资少，调试维修方便，但精度较低，高速转矩小，被广泛用于中、低档数控机床及普通机床的数控化改造。它由驱动电路、步进电动机和进给机械传动机构组成，如图 5-1 所示。

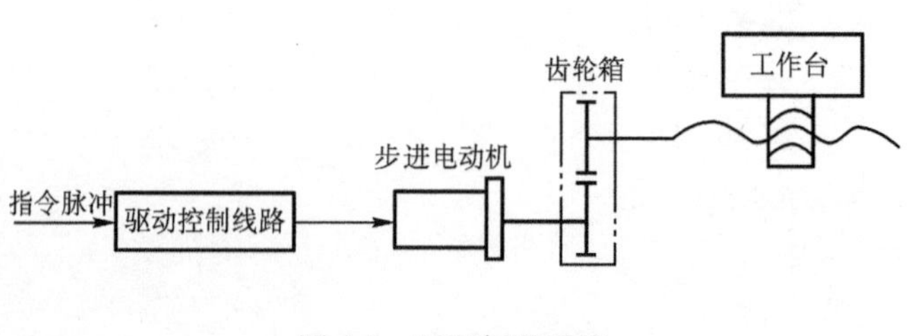

图 5-1 开环伺服系统

开环伺服系统将数字脉冲转换角位移，靠驱动装置本身定位。步进电动机转过的角度与指令脉冲个数成正比，转速与脉冲频率成正比，转向取决于电动机绕组通电顺序。

2. 半闭环伺服系统

半闭环伺服系统一般将角位移检测装置安装在电动机轴或滚珠丝杠末端，用以精确控制电动机或丝杠的角度，然后转换成工作台的位移。它可以将部分传动链的误差检测出来并得到补偿，因而它的精度比开环伺服系统高。目前，在精度要求适中的中小型数控机床上使用半闭环系统较多，如图5-2所示。

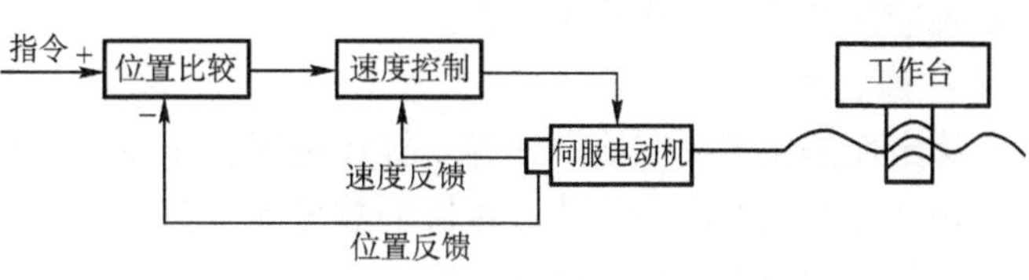

图5-2　半闭环伺服系统

3. 闭环伺服系统

闭环伺服系统将直线位移检测装置安装在机床的工作台上，将检测装置测出的实际位移量或者实际所处的位置反馈给CNC装置，并与指令值进行比较，求得差值，实现位置控制，如图5-3所示。闭环(半闭环)伺服系统均为双闭环系统，内环为速度环，外环为位置环。速度环由速度控制单元、速度检测装置等构成。速度控制单元是一个独立的单元部件，用来控制电动机的转速，是速度控制单元的核心。速度检测装置有测速发电机、脉冲编码器等。位置环由CNC装置中的位置控制模块、速度控制单元、位置检测及反馈控制等部分组成。由速度检测装置提供速度反馈值的速度环控制在进给驱动装置内完成，而装在电动机轴上(丝杠末端)或机床工作台上的位置反馈装置提供位置反馈值构成的位置环由数控装置来完成。伺服系统从外部看，是一个以位置指令为输入和位置控制为输出的位置闭环控制系统。从内部的实际工作来看，它是先将位置控制指令转换成相应的速度信号后，通过调速系统驱动电动机才实现位置控制的。

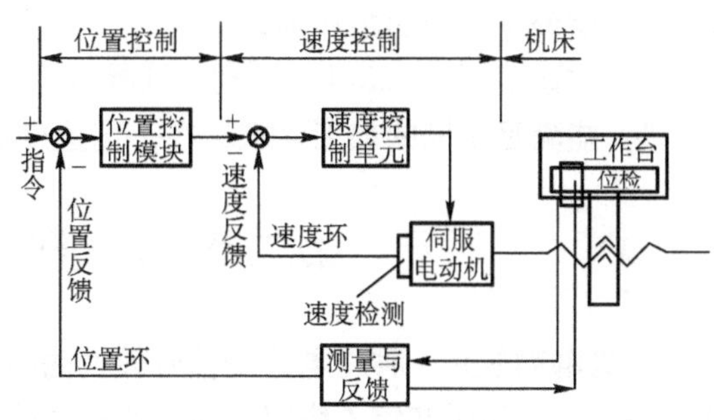

图5-3　闭环控制系统

二、伺服系统的基本要求

根据机械切削加工的特点，数控机床对进给驱动有如下要求：

1. 位移精度高

伺服系统的精度是指输出量能复现输入量的精确程度。伺服系统的位移精度是指CNC装置发出的指令脉冲要求机床工作台进给的理论位移量和该指令脉冲经伺服系统转化为机床工作台实际位移量之间的符合程度。两者误差愈小，位移精度愈高，一般为0.01~0.001mm。

2. 调速范围宽

调速范围是指数控机床要求电动机所能提供的最高转速(n_{max})与最低转速(n_{min})之比。一般要求速比($n_{max}:n_{min}$)为24000:1，低速时应保证运行平稳无爬行。在数控机床中，由于所用刀具、加工材料及零件加工要求的差异，为保证数控机床在任何情况下都能得到最佳切削速度，就要求伺服系统具有足够宽的调速范围。

3. 响应速度快

响应速度是伺服系统动态品质的重要指标，它反映了系统跟随精度。机床进给伺服系统实际上就是一种高精度的位置随动系统。为保证轮廓切削形状精度和低的表面粗糙度值，伺服系统应具有良好的快速响应性。

4. 稳定性好

稳定性是指系统在给定外界干扰作用下，能在短暂的调节过程后，达到新的或恢复到原来平衡状态的能力。稳定性直接影响数控加工精度和表面粗糙度，因此要求伺服系统应具有较强的抗干扰能力，保证进给速度均匀、平稳。

5. 低速大转矩

数控机床加工的特点是在低速时进行重切削，因此伺服系统在低速时要求有大的输出转矩，以保证低速切削正常进行。

另外，数控机床对主轴驱动也有一定要求，具体如下：

1）能提供大的切削功率；

2）调速范围达200:1，以利于选择合适的主轴转速；

3）能满足不同的加工要求，在一定速度范围内保持恒转矩或恒功率切削。

第二节　步进电动机及驱动电路

步进电动机是一种将电脉冲信号转换为机械角位移的机电执行元件。它同普通电动机一样，由转子、定子和定子绕组组成。当给步进电动机定子绕组输入一个电脉冲，转子就会转过一个相应的角度，其转子的转角与输入的电脉冲个数成正比，转速与电脉冲频率成正比，转动方向取决于步进电动机定子绕组的通电顺序。由于步进电动机伺服系统是典型的开环控制系统，没有任何反馈检测环节，其精度主要由步进电动机来确定，并具有控制简单、运行可靠、无累积误差等优点，所以已获得了广泛应用。

一、步进电动机的工作原理和主要特性

1. 步进电动机的工作原理

如图5-4所示为三相反应式步进电动机的结构图。它由转子、定子及定子绕组所组成，定子上有六个均布的磁极，直径方向相对的两个极上的线圈串联，构成电动机的一相控制绕组。

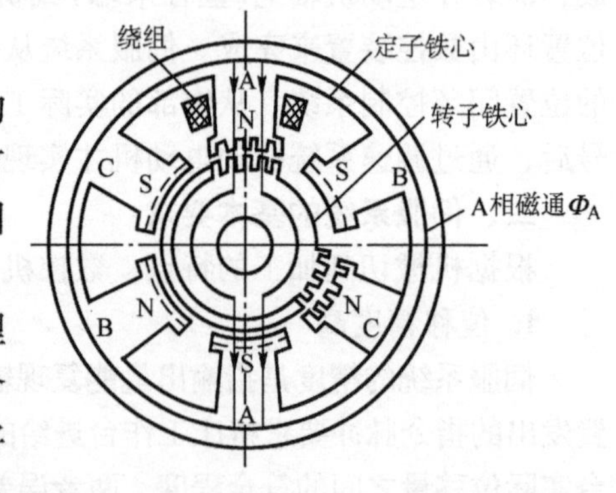

图5-4　三相反应式步进电动机的结构图

如图5-5所示为三相反应式步进电动机工作原理图，其定子上有A、B、C三对磁极，转子上有四个齿，转子上无绕组，由带齿的铁心做成。如果先将电脉冲加到A相励磁绕组，B、C相不加电脉冲，A相磁极便产生磁场，在磁场力矩作用下，转子1、3两个齿与定子A相磁极对齐；如果将电脉冲加到B相励磁绕组，A、C相不加电脉冲，B相磁极便产生磁场，这时转子2、4两个齿与定子B相磁极靠得最近，转子便沿逆时针方向转过30°，使转子2、4两个齿与定子B相对齐；如果将电脉冲加到C相励磁绕组，A、B相不加电脉冲，C相磁极便产生磁场，这时转子1、3两个齿与定子C相磁极靠得最近，转子再沿逆时针方向转过30°，使转子1、3两个齿与定子C相对齐。如果按照A→B→C→A→…的顺序通电，步进电动机就按逆时针方向转动；如果按照A→C→B→A→…的顺序通电，步进

电动机就按顺时针方向转动，且每步转 30°。如果控制电路连续地按一定方向切换定子绕组各相的通电顺序，转子便按一定方向不停地转动。

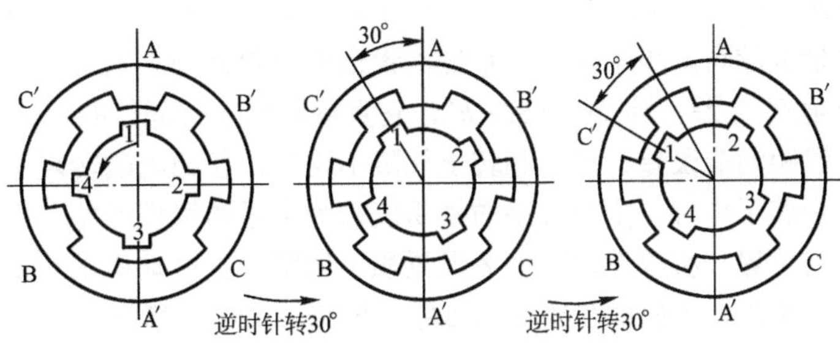

图 5-5 三相反应式步进电动机工作原理图

步进电动机定子绕组从一种通电状态换接到另一种通电状态称为一拍，每拍转子转过的角度称为步距角。上述通电方式称为三相单三拍，即三相励磁绕组依次单独通电运行，换相三次完成一个通电循环。由于每种状态只有一相绕组通电，转子容易在平衡位置附近产生振荡，并且在绕组通电切换瞬间，电动机失去自锁转矩，易产生丢步。通常采用三相双三拍控制方式，即 AB→BC→CA→AB→…或 AC→CB→BA→AC→…的顺序通电，定位精度增高且不易失步。如果步进电动机按照 A→AB→B→BC→C→CA→A→…或 A→AC→C→CB→B→BA→A→…的顺序通电，根据其原理图分析可知，其步距角比三相三拍工作方式减小一半，称这种方式为三相六拍工作方式。综上所述，步距角按式(5-1)计算

$$\theta_s = \frac{360°}{mzk} \tag{5-1}$$

式中 θ_s——步距角；

m——电动机相数；

z——转子齿数；

k——通电方式系数，k = 拍数/相数。

由式(5-1)可知，电动机相数的多少受结构限制，减小步距角的主要方法是增加转子齿数 z。如图 5-5 所示，电动机相邻两个极与极之间的夹角为 60°，图示的转子只有 4 个齿，因此齿与齿之间的夹角为 90°。经上述分析可知，当电动机以三相三拍方式工作时，步距角为 30°；以三相六拍方式工作时，步距角为 15°。在一个循环过程中，即通电从 A→…→A，转子正好转过一个齿间夹角。如果将转子齿变为 40 个，转子齿间夹角为 9°，那么当电动机以三相三拍方式工作时，步距角则为 3°；以三相六拍方式工作时，步距角则为 1.5°。通过改变定子绕组的通电顺序，就可改变电动机的旋转方向，实现机床运动部件进给方向的改变。

步进电动机转子角位移的大小取决于来自 CNC 装置发出的电脉冲个数，其转速 n 取决于电脉冲频率 f，即

$$n = \frac{60\theta_s f}{360°} = \frac{60f}{mzk} \tag{5-2}$$

式中 n——电动机转速(r/min)；

f——电脉冲频率(Hz)。

综上所述，步进电动机的角位移大小与脉冲个数成正比；转速与脉冲频率成正比；转动方向取决于定子绕组的通电顺序。

2. 步进电动机的主要特性

(1) 步距角 θ_s 和步距误差 $\Delta\theta_s$ 步进电动机的步距角 θ_s 是定子绕组的通电状态每改变

一次，如 A→B 或 A→AB，其转子转过的一个确定的角度。步距角越小，机床运动部件的位置精度越高。步距误差 $\Delta\theta_s$ 是指步进电动机运行时理论的步距角 θ_s 与转子每一步实际的步距角 θ_s' 之差，即 $\Delta\theta_s=\theta_s-\theta_s'$，它直接影响执行部件的定位精度。步距误差主要由步进电动机齿距制造误差，定子和转子气隙不均匀，各相电磁转矩不均匀等因素造成。步进电动机连续走若干步时，步距误差的累积值称为步距的累积误差。由于步进电动机每转一转又恢复到原来位置，所以误差不会无限累积。伺服步进电动机的步距误差 $\Delta\theta_s$ 一般为 $\pm(10'\sim15')$，功率步进电动机的步距误差 $\Delta\theta_s$ 一般为 $\pm(20'\sim25')$。

（2）静态转矩和矩角特性　当步进电动机定子绕组处于某种通电状态时，如果在电动机轴上外加一个负载转矩，使转子按一定方向转过一个角度 θ，此时转子所受的电磁转矩 M 称为静态转矩，角度 θ 称为失调角。当外加转矩撤销时，转子在电磁转矩作用下回到稳定平衡点位置($\theta=0$)。用来描述静态转矩 M 与 θ 之间关系的曲线称为矩角特性，如图 5-6 所示。该矩角特性曲线上的静态转矩最大值称为最大静态转矩 M_{jmax}。

（3）最大起动转矩 M_q　如图 5-7 所示为三相单三拍矩角特性曲线，图中的 A、B 分别是相邻 A 相和 B 相的静态特性曲线，它们的交点所对应的转矩 M_q 是步进电动机的最大起动转矩。如果外加负载转矩大于 M_q，电动机就不能起动。如图 5-7 所示，当 A 相通电时，若外加负载转矩 $M_a>M_q$，对应的失调角为 θ_a，当励磁电流由 A 相切换到 B 相时，对应角 θ_a，B 相的静态转矩为 M_b。从图中看出，$M_b<M_a$，电动机不能带动负载作步进运动，因而起动转矩是电动机能带动负载转动的极限转矩。

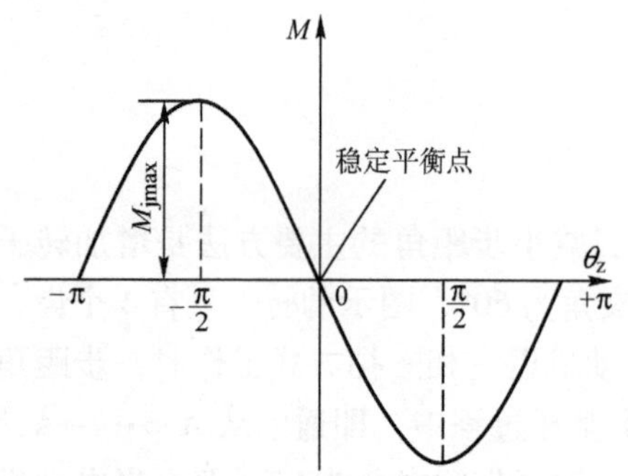

图 5-6　步进电动机的静态矩角特性

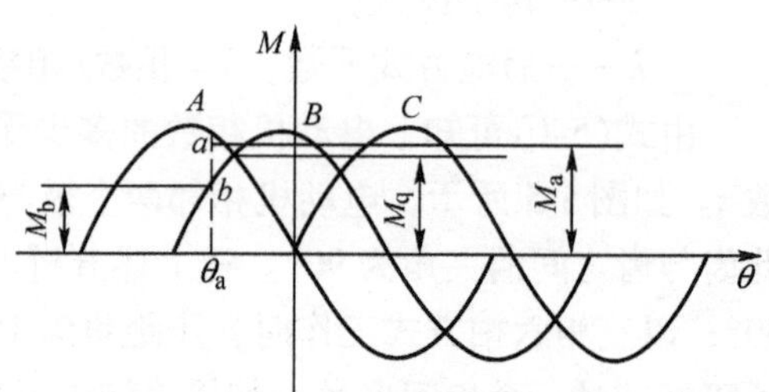

图 5-7　步进电动机的起动转矩

（4）最高起动频率 f_q　空载时，步进电动机由静止突然起动，并不失步地进入稳速运行，所允许的起动频率的最高值称为最高起动频率 f_q。步进电动机在起动时，既要克服负载转矩，又要克服惯性转矩(电动机和负载的总惯量)，所以起动频率不能过高。如果加给步进电动机的指令脉冲频率大于最高起动频率，就不能正常工作，会造成丢步，而且随着负载加大，起动频率会进一步降低。

（5）连续运行的最高工作频率 f_{max}　步进电动机连续运行时且在不丢步的情况下所能接受的最高频率称为最高工作频率 f_{max}。最高工作频率远大于起动频率，它表明步进电动机所能达到的最高速度。

（6）矩频特性　步进电动机在连续运行时，用来描述输出转矩和运行频率之间关系的特性称为矩频特性，如图 5-8 所示。当输入脉冲的频率大于临界值时，步进电动机的输出转矩加速下降，带负载能力迅速降低。

3. 步进电动机的选用

在选用步进电动机时，首先应保证步进电动机的输出转矩大于负载所需的转矩，即先计算机械系统的负载转矩，并使所选电动机的输出转矩有一定余量，以保证可靠运行。其次，应使步进电动机的步距角 θ_s 与机械系统相匹配，以得到机床所需的脉冲当量。再次，应使被选电动机能与机械系统的负载惯量及机床要求的起动频率相匹配，并有一定余量，还应使其最高工作频率能满足机床运动部件快速移动的要求。

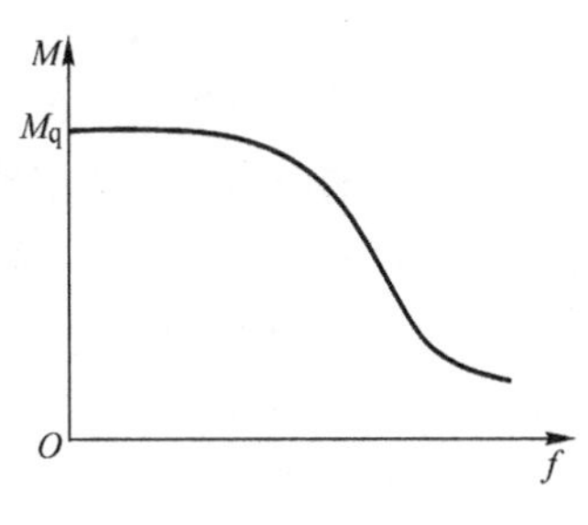

图 5-8　步进电动机的矩频特性

步进电动机技术参数见表 5-1。

表 5-1　步进电动机技术参数

型　号	相数	电压/V	电流/A	步距角/(°)	步距角误差/(′)	最大静力矩/N · m	空载起动频率/(脉冲/s)	运行频率/(脉冲/s)
70BF5—4.5	5	60/12	3.5	4.5/2.25	8	0.245	1500	16000
90BF3	3	60/12	5.0	3/1.5	14	1.47	1000	8000
90BF4	4	60/12	2.5	0.36	9	1.96	1000	8000
110BF3	3	80/12	6	1.5/0.75	18	9.8	1500	6000
130BF5	5	110/12	10	1.5/0.75	18	12.74	2000	8000
160BF5B	5	80/12	13	1.5/0.75	18	19.6	1800	8000
160BF5C	5	80/12	13	1.5/0.75	18	15.68	1800	8000

二、步进电动机的驱动控制

由步进电动机的工作原理可知，为了保证其正常运动，必须由步进电动机的驱动电路将 CNC 装量送来的弱电信号通过转换和放大变为强电信号，即将逻辑电平信号变换成电动机绕组所需的具有一定功率的电脉冲信号，并使其定子励磁绕组顺序通电，才能使其正常运行。步进电动机的驱动控制由环形脉冲分配器和功率放大器来实现。

1. 环形脉冲分配器

环形脉冲分配器是用于控制步进电动机的通电方式的，其作用是将 CNC 装置送来的一系列指令脉冲按照一定的循环规律依次分配给电动机的各相绕组，控制各相绕组的通电和断电。环形脉冲分配可采用硬件和软件两种方法实现，硬件按其电路结构不同，可分为 TTL 集成电路和 CMOS 集成电路。市场上提供的国产 TTL 脉冲分配器有三相(YB013)、四相(YB014)、五相(YB015)等，CMOS 集成脉冲分配器也有不同型号，例如 CH250 型用来驱动三相步进电动机。目前，脉冲分配大多采用软件的方法来实现。当采用三相六拍方式时，电动机正转的通电顺序为 A→AB→B→BC→C→CA→A；电动机反转的通电顺序为 A→AC→C→CB→B→BA→A。它们的环形分配见表 5-2，设某相为高电平时通电。

表 5-2　步进电动机三相六拍环形分配表

控制节拍	C B A	控制输出内容	方　向
1	0 0 1	01H	反转 ↑
2	0 1 1	03H	
3	0 1 0	02H	
4	1 1 0	06H	
5	1 0 0	04H	
6	1 0 1	05H	↓ 正转

2. 步进电动机驱动电源(功率放大器)

环形脉冲分配器输出的电流一般只有几毫安，而步进电动机的励磁绕组则需要几安培甚至几十安培的电流，所以必须经过功率放大。功率放大器的作用是将脉冲分配器发出的电平信号放大后送至步进电动机的各相绕组，驱动电动机运转，每一相绕组分别有一组功率放大电路。过去采用单电压驱动电源，后来常采用高低压驱动电路，现在则较多地采用恒流斩波和调频调压型的驱动电路。

（1）单电压驱动电路　如图 5-9 所示，L 为步进电动机励磁绕组的电感，R_a 为绕组电阻，R_c 为外接电阻，R_c 与 C 并联是为了减小回路的时间常数，以提高电动机的快速响应能力和起动性能。续流二极管 VD 和阻容吸收回路 RC，用来保护功率管 VT。

单电压驱动电路的优点是线路简单，缺点是电流上升速度慢，高频时带负载能力较差，其波形如图 5-11a 所示。

（2）高低压驱动电路　如图 5-10 所示，该电路由两种电压给步进电动机绕组供电：一种是高电压 U_1，一般为 80V 甚至更高；另一种是低电压 U_2，即步进电动机绕组额定电压，一般为几伏，不超过 20V。当相序输入脉冲信号 I_H、I_L 到来时，VT_1、VT_2 同时导通，励磁绕组 L 上加高电压 U_1，以提高绕组中电流上升速率，当电流达到规定值时，VT_1 关断、VT_2 仍然导通，绕组切换到低电压 U_2 供电，维持电动机正常运行。该电路可谓“高压建流，低压稳流”。

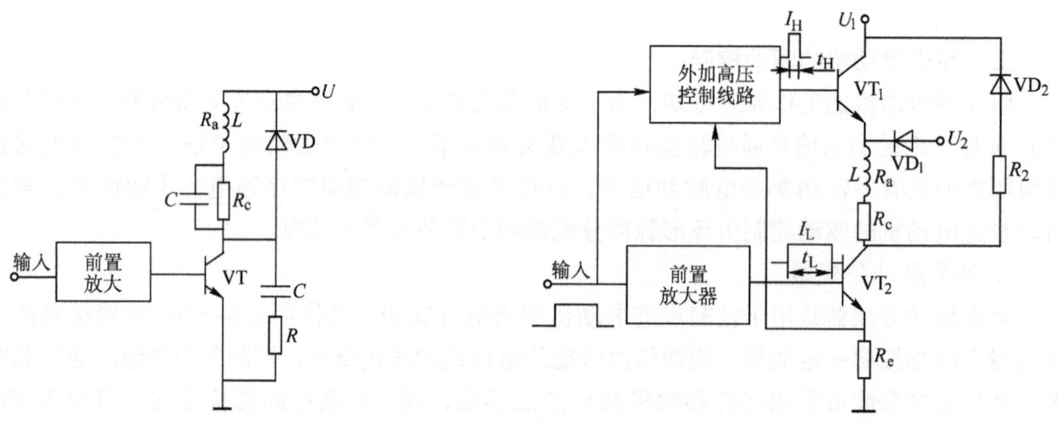

图 5-9　单电压驱动电路原理图　　图 5-10　高低压驱动电路原理图

该电路的优点是在较宽的频率范围内有较大的平均电流，能产生较大而且较稳定的电磁转矩，缺点是电流有波谷，其波形如图 5-11b 所示。

（3）恒流斩波驱动电路　高低压驱动电路的电流在高低压切换处出现了谷点，造成高频输出转矩谷点下降。为了使励磁绕组中的电流维持在额定值附近，需采用斩波驱动电路，恒流波形如图 5-11c 所示。

在如图 5-12 所示的恒流斩波驱动电路中，环形分配器输出的脉冲作为输入信号，若为正脉冲，则 VT_1、VT_2 导通，因为 U_1 为高电压，励磁绕组又没串联电阻，所以通过绕组的电流迅速上升。当绕组中的电流上升到额定值以上某个数值时，由于采样电阻 R_e 的反馈作用，经整形、放大后将信号传送至 VT_1 的基极，使 VT_1 截止。此时，励磁绕组切换成由低

电压 U_2 供电，绕组中的电流立即下降，当下降至额定值以下时，由于采样电阻 R_e 的反馈作用，使整形电路无信号输出，此时高压前置放大电路又使 VT_1 导通，绕组中电流又上升。按此规律反复进行，形成一个在额定电流值附近振幅很小的绕组电流波形，近似恒流，如图5-11c 所示。所以斩波电路亦称恒流斩波驱动电路。电流波的频率可通过采样电阻 R_e 和整形电路的电位器调整。

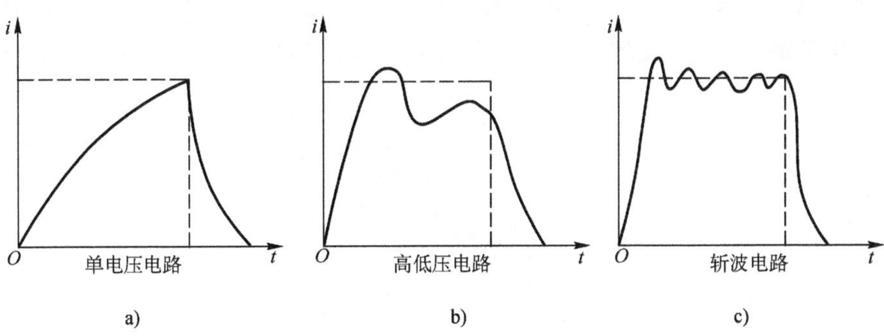

图 5-11　驱动电路波形图

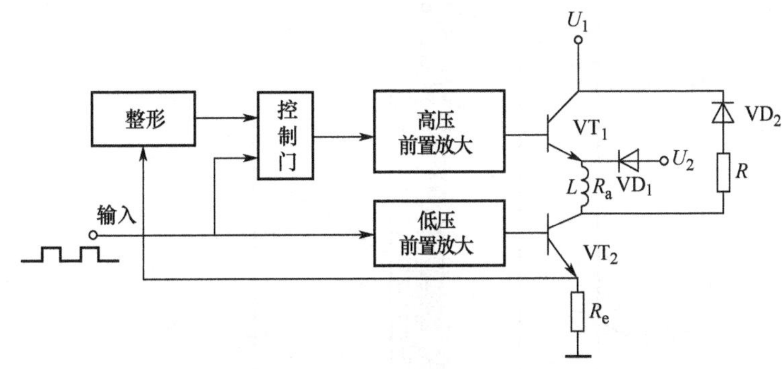

图 5-12　恒流斩波驱动电路原理图

恒流斩波驱动电路虽然较复杂，但它的优点尤为突出。

1）绕组的脉冲电流上升沿和下降沿较陡，快速响应性好。

2）该电路功耗小，效率高。因为绕组电路中无外接电阻 R_c，且电路中采样电阻 R_e 很小。

3）该电路能输出恒定转矩。由于采样电阻 R_e 的反馈作用，使绕组中的电流几乎恒定，且不随步进电动机的转速而变化，从而保证在很大的频率范围内，步进电动机都能输出恒定转矩，使进给驱动装置运行平稳。

三、开环控制步进电动机伺服系统的工作原理

1. 工作台位移量的控制

数控装置发出 N 个脉冲，经驱动电路放大后，使步进电动机定子绕组通电状态变化 N 次。如果一个脉冲使步进电动机转过的角度为 θ_s，则步进电动机转过的角位移量 $\phi = N\theta_s$，再经减速齿轮、丝杠、螺母之后转变为工作台的位移量 L，即进给脉冲数决定了工作台的直线位移量 L。

2. 工作台运动方向的控制

改变步进电动机输入脉冲信号的循环顺序，就可改变定子绕组中电流的通断循环顺序，从而使步进电动机实现正转和反转，工作台进给方向相应地被改变。

四、步进电动机驱动装置应用实例介绍

为使初学者了解和掌握步进电动机在实际使用时的接线方式及控制方法，下面以上海开通数控公司 KT350 系列五相混合式步进电动机驱动器为例，介绍步进电动机驱动器的使用方法。如图 5-13 所示为步进电动机驱动器的外形图。在实现步进电动机的控制中，用户需要掌握接线端子排、D 型连接器 CN1 及 4 位拨动开关的使用方法，其中接线端子排的意义见表 5-3。

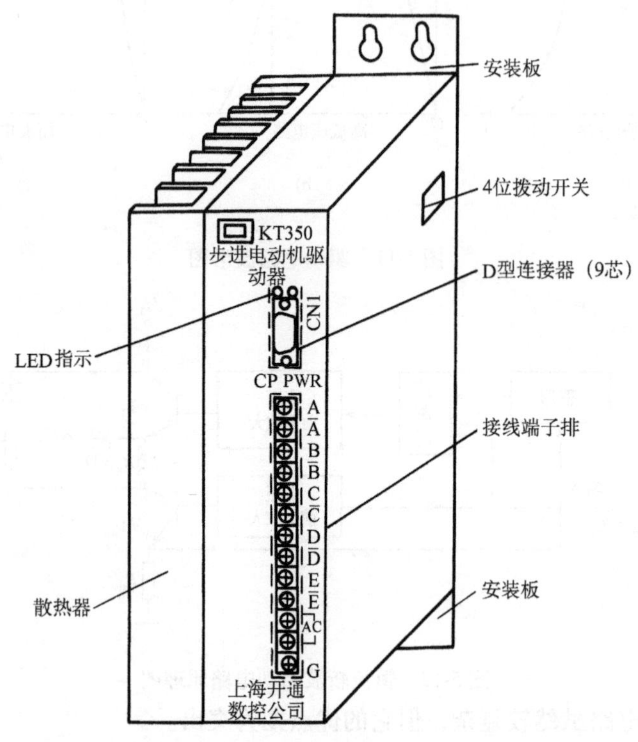

图 5-13　步进电动机驱动器的外形

表 5-3　KT350 接线端子排的意义

端子记号	名　称	意　义	线　径
A、$\overline{A}$、B、$\overline{B}$、C、$\overline{C}$、D、$\overline{D}$、E、$\overline{E}$	电动机接线端子	接至电动机 A、$\overline{A}$、B、$\overline{B}$、C、$\overline{C}$、D、$\overline{D}$、E、$\overline{E}$各相	≥1mm²
AC	电源进线	单相交流电源 80V×(1±15%)，50Hz	≥1mm²
G	接地	接大地	≥0.75mm²

在图 5-13 中，D 型连接器 CN1 为一个 9 芯连接器，其各脚号的意义见表 5-4。

图 5-13 中的拨动开关 SW 是一个四位开关，如图 5-14 所示。通过该开关可设置步进电动机的控制方式，其各位的意义如下：

表 5-4　连接器 CN1 脚号的意义

脚　号	记　号	名　称	意　义	线　径
CN1-1 CN1-2	F/H $\overline{\text{F/H}}$	整步/半步控制端（输入信号）	F/H 与$\overline{\text{F/H}}$间电压为 4～5V 时：整步，步距角 0.72°/P F/H 与$\overline{\text{F/H}}$间电压为 0～0.5V 时：半步，步距角 0.36°/P	0.15mm^2 以上
CN1-3 CN1-4	CP（CW） $\overline{\text{CP}}$（$\overline{\text{CW}}$）	正、反转运行脉冲信号（或正转脉冲信号）（输入信号）	单脉冲方式时，正、反转运行脉冲（CP、$\overline{\text{CP}}$）信号 双脉冲方式时，正转脉冲（CW、$\overline{\text{CW}}$）信号	0.15mm^2 以上
CN1-5 CN1-6	DIR（CCW） $\overline{\text{DIR}}$（$\overline{\text{CCW}}$）	正、反转运行脉冲信号（或反转脉冲信号）（输入信号）	单脉冲方式时，正、反转运行方向（DIR、$\overline{\text{DIR}}$）信号 双脉冲方式时，反转脉冲（CCW、$\overline{\text{CCW}}$）信号	0.15mm^2 以上
CN1-7	RDY	控制回路正常（输出信号）	当控制电源、回路正常时，输出低电平信号	0.15mm^2 以上
CN1-8	COM	输出信号公共点	RDY、ZERO 输出信号的公共点	0.15mm^2 以上
CN1-9	ZERO	电气循环原点（输出信号）	单步运行时，第二十拍送出一电气循环原点 整步运行时，第十拍送出一电气循环原点 原点信号为低电平信号	0.15mm^2 以上

第一位：控制方式的选择

ON 位置为双脉冲控制方式，OFF 位置为单脉冲控制方式。在双脉冲控制方式下，连接器 CN1 的 CW、$\overline{\text{CW}}$端子输入正转运行脉冲信号，CCW、$\overline{\text{CCW}}$端子则输入反转脉冲信号。在单脉冲控制方式下，连接器 CN1 的 CP、$\overline{\text{CP}}$端子输入正、反转运行脉冲信号，DIR、$\overline{\text{DIR}}$端子输入正、反转运行方向信号。

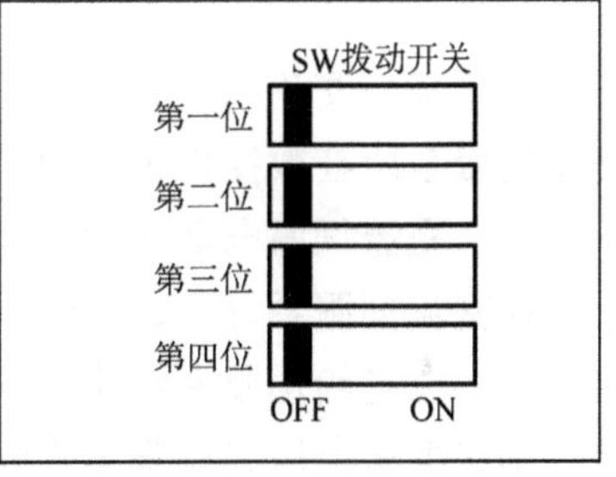

图 5-14　设定用拨动开关

第二位：运行方向的选择（仅在单脉冲方式时有效）

OFF 位置为标准设定，ON 位置为单方向转，与 OFF 状态转向相反。

第三位：整/半步运行模式选择

ON 位置时步进电动机以整步方式运行，OFF 位置时步进电动机以半步方式运行。

第四位：自动试机运行

ON 位置时自动试机运行，此时步进电动机在半步控制方式下以 50r/min 的速度自动运行，在整步控制方式下以 100r/min 速度自动运行，而不需外部脉冲输入；OFF 位置时驱动器接受外部脉冲才能运行。

此外，在驱动器的面板上还有两个 LED 指示灯。

CP—驱动器通电情况下，步进电动机运行时闪烁，其闪烁的频率等于电气循环原点信号的频率。

PWR—驱动器工作电源指示灯，驱动器通电时亮。

综上所述，步进电动机的控制信号主要通过计算机数控装置经 D 型连接器 CN1 传送给步进驱动器来实现，步进电动机的控制方式主要通过四位拨动开关SW来设置，其典型的接线如图5-15所示。

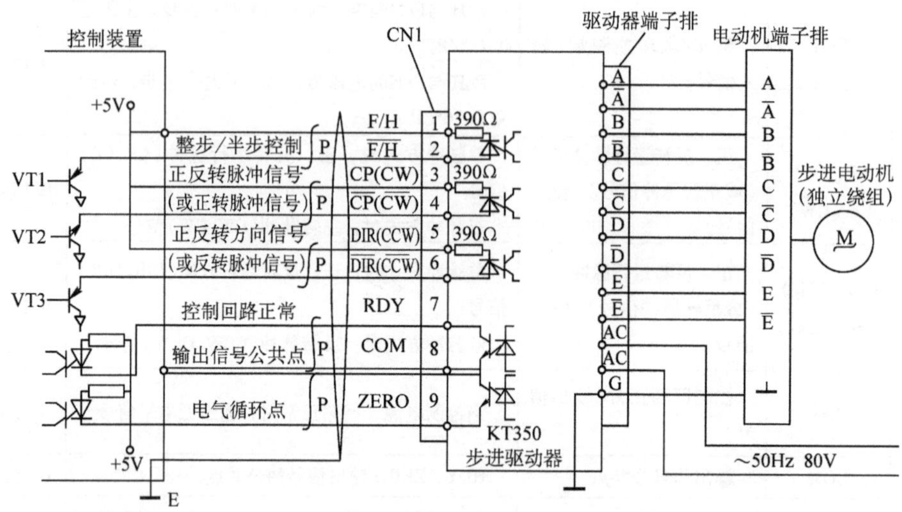

图5-15　步进电动机的典型接线图

第三节　交流电动机伺服系统

近年来，交流调速有了飞速的发展，交流电动机的调速驱动系统已发展为数字化，使得交流伺服系统在数控机床上得到了广泛的应用。

一、交流伺服电动机的类型

在交流伺服系统中，交流伺服电动机可分为同步型伺服电动机和异步型感应伺服电动机两大类。在进给伺服系统中，大多数采用同步型交流伺服电动机，它的转速由供电频率决定，即在电源电压和频率不变时，它的转速恒定不变。由变频电源供电时，能方便地获得与电源频率成正比的可变转速，可得到非常硬的机械特性及宽的调速范围。近年来，由于永磁材料的性能不断提高，价格不断降低，目前在数控机床的进给伺服系统中多采用永磁式同步型交流伺服电动机。如图5-16所示为交流伺服电动机及其驱动实形图。

永磁式同步型交流伺服电动机的主要优点有：

1）可靠性高，易维护保养；

2）转子转动惯量小，快速响应性好；

3）有宽的调速范围，可高速运转；

4）结构紧凑，在相同功率下有较小的重量和体积；

5）散热性能好。

异步型交流伺服电动机为感应式电动机，具有转子结构简单坚固、价格便宜、过载能力强等特点。交流主轴电动机多采用交流异步电动机，很少采用永磁式同步型电动机，主要因为永磁式同步型电动机的容量做得不够大，且电动机成本较高。另外，主轴驱动系统不像进给系统那样要求具有很高的性能，调速范围也不要太大。因此，采用异步型电动机完全可以

图 5-16　交流伺服电动机及其驱动实形图

满足数控机床对主轴的要求，笼型异步电动机多用在主轴驱动系统中。

二、交流伺服电动机的工作原理

如图 5-17 所示，交流伺服电动机的转子是一个具有两个极的永磁体。当同步型电动机的定子绕组接通电源时，产生旋转磁场(N_s，S_s)，以同步转速 n_s 逆时针方向旋转。根据两异性磁极相吸的原理，定子磁极 N_s(或 S_s)紧紧吸住转子，以同步速 n_s 在空间旋转，即转子和定子磁场同步旋转。

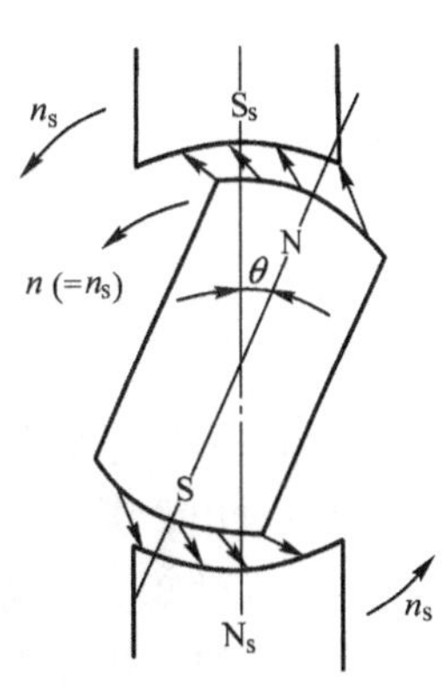

图 5-17　永磁式同步型电动机的工作原理

当转子的负载转矩增大时，定子磁极轴线与转子磁极轴线间的夹角 θ 增大；当负载转矩减小时，θ 角减小，但只要负载不超过一定的限度，转子就始终跟着定子旋转磁场同步转动。此时转子的转速只决定于电源频率和电动机的极对数，而与负载大小无关。当负载转矩超过一定的限度，电动机就会“丢步”，即不再按同步转速运行直至停转。这个最大限度的转矩称为最大同步转矩。因此，使用永磁式同步型电动机时，负载转矩不能大于最大同步转矩。

三、交流伺服系统的控制方法

1. 交流伺服电动机的调速方法

根据电动机学理论，永磁式同步型伺服电动机的转速 n(r/min)为

$$n = \frac{60f}{p} \tag{5-3}$$

式中　f——电源频率；

p——磁极对数。

同步型与异步型伺服电动机的调速方法不同，根据电动机学理论，异步型伺服电动机的转速 n(r/min)为

$$n = \frac{60f}{p}(1 - s) \tag{5-4}$$

式中　f——电源频率；

p——磁极对数；

s——转差率。

同步型交流伺服电动机不能用调节转差率 s 的方法来调速，也不能用改变磁极对数 p 来调速，只能用改变电源频率 f 的方法来调速，才能满足数控机床的要求，实现无级调速。

由上述分析可知，改变电源频率 f，可均匀地调节转速，但在实际调速过程中，只通过改变频率 f 是不够的。现在分析变频时电动机机械特性的变化情况。由电动机学原理可知

$$E = 4.44K_r fN\Phi_m \tag{5-5}$$

式中　E——感应电动势；

K_r——基波绕组系数；

f——电源频率；

N——定子每相绕组串联匝数；

Φ_m——每极气隙磁能量。

当忽略定子阻抗压降时，定子相电压 U 为

$$U \approx E = K_E f\Phi_m \tag{5-6}$$

式中　K_E——电势系数，$K_E = 4.44K_rN$。

由式(5-6)可见，定子电压 U 不变时，随着 f 的增大，气隙磁通将减小。电动机转矩公式为

$$T = C_T\Phi_m I\cos\phi \tag{5-7}$$

式中　C_T——转矩常数；

I——折算到定子上的转子电流；

$\cos\phi$——转子电路功率因数。

可以看出，Φ_m 减小会导致电动机输出转矩 T 下降，严重时可能会发生负载转矩超过电动机的最大转矩，电动机速度下降直至停转。又当电压 U 不变，减小 f 时，Φ_m 增大会造成磁路饱和，励磁电流上升，铁心过热，功率因数下降，电动机带负载能力降低。因此，在调频调速中，要求在变频的同时改变定子电压 U，维持 Φ_m 基本不变。由 U、f 不同的相互关系，可得出不同的变频调速方式、不同的机械特性。

（1）恒转矩调速　由式(5-7)可知，T 与 Φ_m、I 成正比，要保持恒转矩 T，即要求 U/f 为常数，可以近似地维持 Φ_m 恒定。此时的机械特性曲线如图 5-18 所示。由图可见，保持 U/f 为常数进行调速时，这些特性曲线的线性段基本平行，类似直流电动机的调压特性。最大转矩 T_m 随着 f 的减小而减小。因为 f 高时，E 值较大，此时定子漏阻抗压降在 U 中所占比例较小，可认为 U 近似于 E；当 f 相对较小时，E 值变小，U 也变小，此时定子漏阻抗压降在 U 中所占比例增大，E 与 U 相差很大，所以 Φ_m 减小，从而使 T_m 下降。

（2）恒功率调速　为了扩大调速范围，可以在额定频率以上进行调速。因电动机绕组是按额定电压等级设计的，超过额定电压运行将受到绝缘等级的限制，因此定子电压不可能与频率成正比地无限制提高。如果频率增大，额定电压不变，那么气隙磁通 Φ_m 将随着 f 的增大而减小。这时，相当于额定电流时的转矩也减小，特性变软，如图 5-19 所示。随着频率增大，转矩减小，而转速增大，可得到近似恒功率的调速特性。

（3）恒最大转矩调速　在低速时，为了保持最大转矩 T_m 不变，就必须采取协调控制使

E/f 为常数，显然，这是一种理想的保持磁通恒定的控制方法，如图 5-20 所示。对应于同一转矩，转速降基本不变，即直线部分斜率不变，机械特性平行地移动。

交流伺服电动机调速种类很多，应用最多的是变频调速。为实现同步型交流伺服电动机的调速控制，其主要环节是能为交流伺服电动机提供变频电源的变频器。变频器的功用是，将 50Hz 的交流电变换成频率连续可调（如 0～400Hz）的交流电。因此变频器是永磁式同步型交流伺服电动机调速的关键部件。

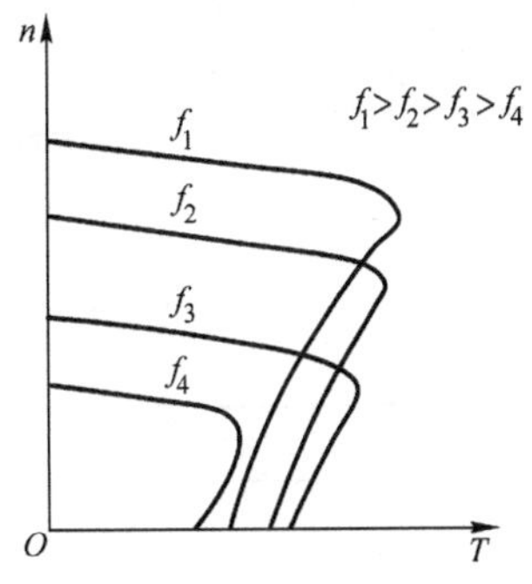

图 5-18　恒转矩调速特性曲线

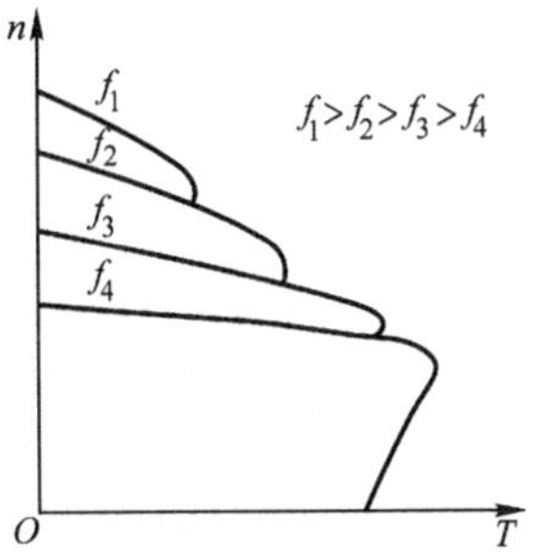

图 5-19　恒功率调速特性曲线

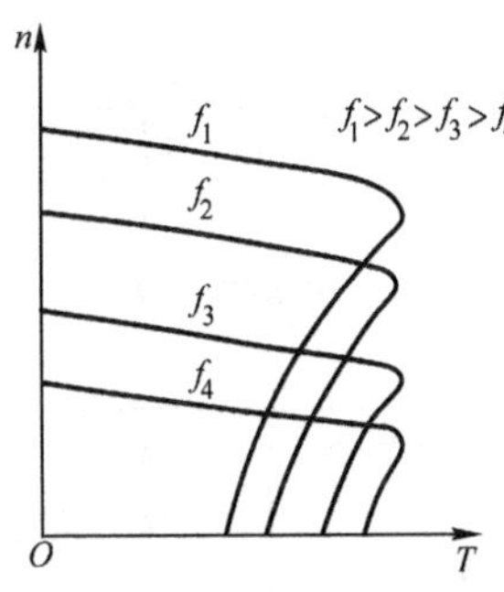

图 5-20　恒 T_m 调速特性曲线

2. 变频器的类型

变频器可分为“交—交”型和“交—直—交”型两类。前者又称直接式变频器，后者又称带直流环节的间接式变频器。

（1）交—交变频器　交—交变频器的原理如图 5-21 所示，它由两组反并联的变流器 P 和变流器 N 组成，如果 P 组和 N 组轮流向负载 R 供电，则负载上可获得交流输出电压 U_0，U_0 的幅值由各组变流器的控制角 α 决定，U_0 的频率由两组变流器的切换频率决定。它不经过中间环节，把频率固定的交流电直接变换为频率连续可调的交流电，效率高、工作可靠，但频率的变化范围有限。交—交变频器根据其输出电压的波形，可分为正弦波及方波两种类型，常用于低频大容量调速。

（2）交—直—交变频器　它由顺变器、中间环节和逆变器三部分组成。顺变器的作用是将交流转换为可调直流，作为逆变器的直流供电电源，而逆变器是将可调直流电变为调频调压的交流电，采用脉冲宽度调制（PWM）逆变器来完成。逆变器有晶闸管和晶体管之分。目前，数控机床上的交流伺服系统较多地采用晶体管逆变器。脉冲宽度调制（PWM）的方法很多，其中正弦波调制（SPWM）方法应用最广泛。

3. SPWM 变频控制器

SPWM 逆变器产生正弦脉宽调制波即 SPWM 波形。它将一个正弦半波分成 N 等分，然后把每一等分的正弦曲线与横坐标轴所包围的面积都用一个与此面积相等的一系列等高矩形脉冲来代替，这样可得到 N 个等高而不等宽的脉冲序列。这就是与正弦波等效的正弦脉宽调制波，如图 5-22 所示。

四、交流伺服电动机驱动系统应用实例

下面以上海开通数控公司 KT270 系列全数字交流伺服驱动系统为例，介绍交流伺服电动机驱动装置的使用方法。为了解交流伺服电动机及其驱动装置的功能及性能指标，表 5-5 和表 5-6 分别给出了交流伺服电动机部分驱动模块及电动机的规格。

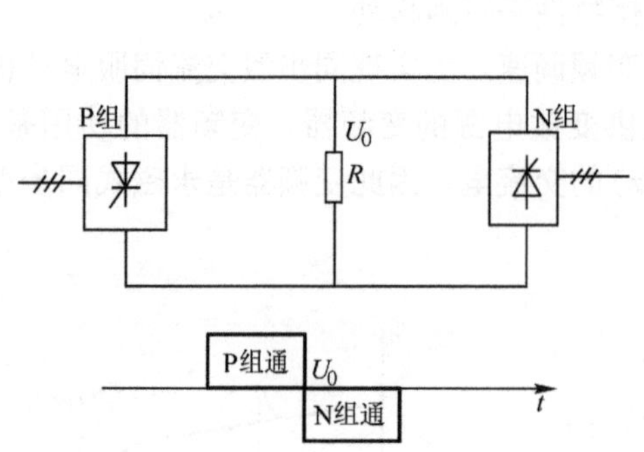

图 5-21　交—交变频器

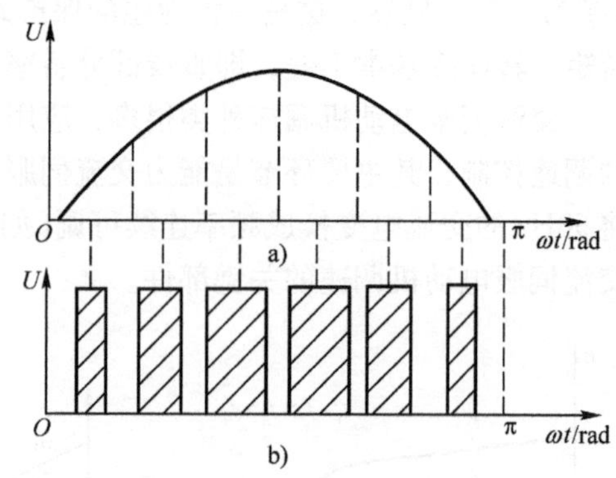

图 5-22　与正弦波等效的 SPWM 波形

表 5-5　交流伺服电动机驱动模块的规格

驱动器型号	KT270—20	KT270—30	KT270—50	KT270—75
输入电源	单相或三相	三相		
	AC220V（-15% ~ +10%）　50 ~ 60Hz			
控制方式	采用数字化交流正弦波控制方式及应用最优 PID 算法完成 PWM 控制			
调速比	1∶5000			
反馈信号	增量式编码器 2500P/R 带 U. V. W 位置信号（标准）			
位置输出信号	可设置输出脉冲倍率的电子齿轮输出，外加 Z 相集电极开路输出方式			
转矩限制	0 ~ 300% 额定转矩			
速度控制	外部指令/4 种内部速度			
控制模式	①位置控制 ②速度控制 ③试运行 ④JOG 运行			
监视功能	转速，当前位置，位置指令，位置偏差，电动机转矩，电动机电流，直线速度，位置指令，脉冲频率，转子绝对位置，输入输出端子信号，运行状态等			
报警功能	过流，短路，过载，过速，过压，欠压，制动异常，编码器异常，位置超差等			

表 5-6　交流伺服电动机的规格（登奇 GK 系列）

电动机型号	功率 /kW	零速转矩 /N·m	额定转速 /rpm	额定电流 /A	转子惯量/ ($kgm^2 \times 10^{-3}$)	重量/ kg	适配驱动器型号	过载倍数
GK6032—6AC31	0.22	1.1	2000	0.85	0.063	2.9	KT270—20	2.5
GK6040—6AC31	0.32	1.6	2000	1.5	0.187	3.7	KT270—20	2.5
GK6060—6AC31	0.6	3	2000	2.5	0.44	8.5	KT270—20	2.5
GK6061—6AC31	1.2	6	2000	5.5	0.87	10.6	KT270—20	1.8
GK6061—6AF31	1.8	6	3000	8.3			KT270—30	1.7
GK6062—6AC31	1.5	7.5	2000	6.2	1.29	12.8	KT270—30	2.3
GK6062—6AF31	2.25	7.5	3000	9.3			KT270—30	1.5
GK6063—6AC31	2.2	11	2000	9	1.7	14.5	KT270—30	1.6
GK6063—6AF31	3.3	11	3000	13.5			KT270—50	1.8

（续）

电动机型号	功率/kW	零速转矩/N·m	额定转速/rpm	额定电流/A	转子惯量/($kgm^2 \times 10^{-3}$)	重量/kg	适配驱动器型号	过载倍数
GK6080—6AC31	3.2	16	2000	16	2.67	16.5	KT270—50	1.5
GK6080—6AF31	4.8	16	3000	24			KT270—75	1.3
GK6081—6AA31	2.52	21	1200	12.2	3.57	19.5	KT270—75	2.5
GK6081—6AC31	4.2	21	2000	20			KT270—75	1.5
GK6083—6AA31	3.24	27	1200	16.2	4.46	22.5	KT270—75	1.9
GK6083—6AC31	5.4	27	2000	26.5			KT270—75	1.2
GK6085—6AA31	3.96	33	1200	19.8	5.35	25.5	KT270—75	1.6

由表5-5可知，交流伺服电动机本身已附装了增量式光电编码器，用于电动机速度及位置的反馈控制。目前，许多数控机床均采用这种半闭环的控制方式，而无需在机床导轨上安装检测装置。若采用全闭环控制方式，则需在机床上安装光栅或其他位移检测装置。

全数字交流伺服电动机驱动器的外形如图5-23所示，其面板由四部分组成，即数码显示与按键、接线端子排、CN连接器、状态指示灯。作为用户，应重点掌握这几部分的接线方法及其与电动机的连接方式。表5-7给出了外部接线端子及线径。

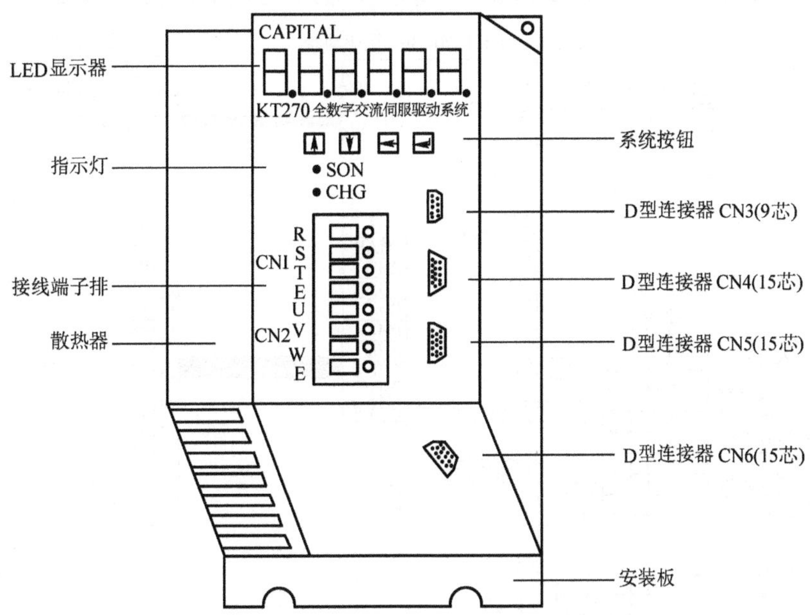

图5-23　全数字交流伺服电动机驱动器外形图

表5-7　KT270接线端子及线径

外部接线端子			使用电线横截面积/mm^2			
名　称		型号/标号	KT270—20	KT270—30	KT270—50	KT270—75
CN1 CN2	主回路电源端子	R、S、T	1.5	2	2.5	4
	电动机接线端子	U、V、W				
	接地端子	E				
	外部再生放电电阻端子	C、P、B	2（长度在1m以内）			2.5
	控制电源端子	L11、L21	0.5以上			

（续）

外部接线端子			使用电线横截面积/mm²			
名　称		型号 标号	KT270—20	KT270—30	KT270—50	KT270—75
CN3	位置脉冲输入信号	3、4、8、9	4 芯双绞屏蔽线 0.3 以上			
CN4	控制输入输出信号	1～14	屏蔽线 0.2 以上(长度在 10m 以内)			
CN5	编码器信号输入	1～14	双绞屏蔽线 0.2 以上(长度在 30m 以内)			
CN6	编码器信号输出	2～4、7～9	双绞屏蔽线 0.2 以上(长度在 5m 以内)			
	Z 信号集电极开路输出	1、6				
	辅助伺服开启信号输入	14、15				
	速度模拟指令信号	12、13	2 芯双绞屏蔽线 0.3 以上(长度在 5m 以内)			

表 5-7 中再生放电电阻的作用是通过泄放能量来达到限制电压的目的的。KT270—20、KT270—30 伺服驱动器需外接再生放电电阻。KT270—50、KT270—75 伺服驱动器必须采用外部再生放电电阻(38Ω/220V)。机械负载惯量折算到电动机轴端为电动机惯量的 4 倍以下时，一般都能正常运行。当惯量太大时或降速时间过小时，在电动机减速或制动过程中将出现主电路过电压报警。

如图 5-24 所示为 KT270—20、KT270—30 标准接线图，各端子脚号的含义见表 5-8～表 5-12。

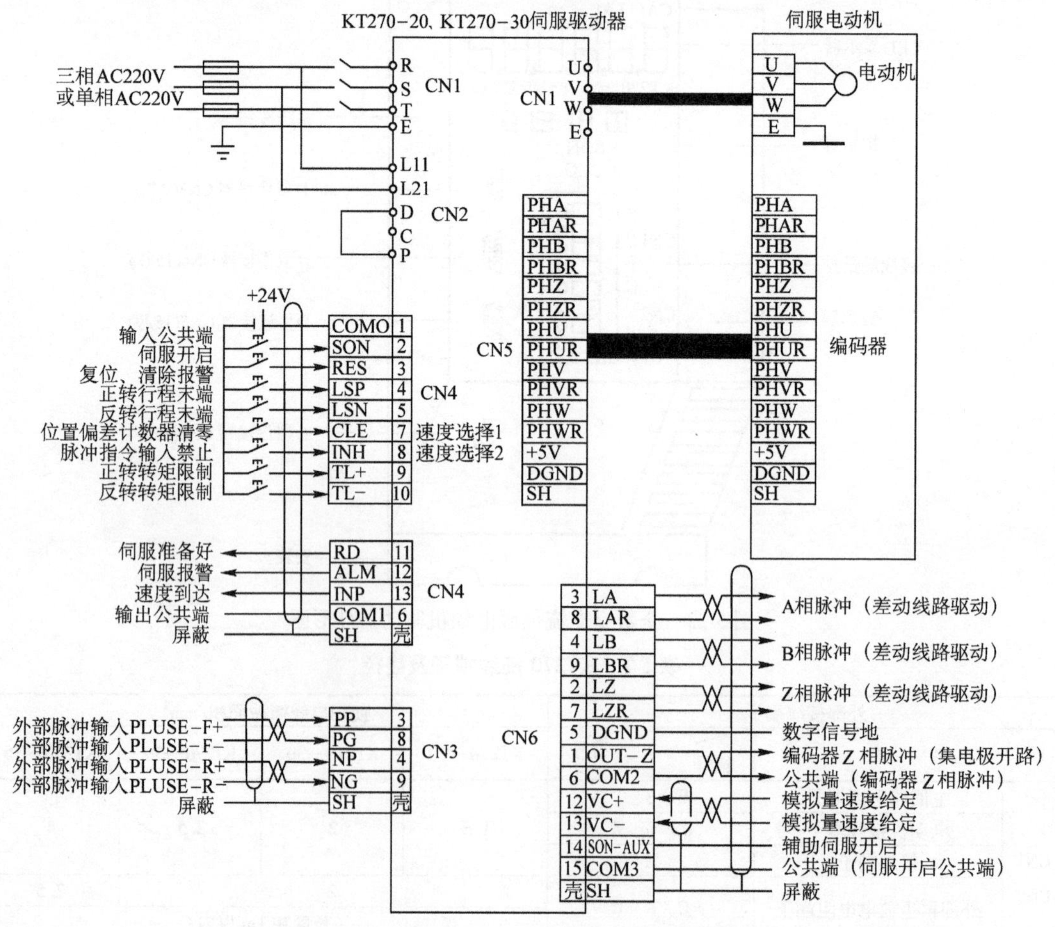

图 5-24　KT270—20、KT270—30 标准接线图

表 5-8 CN1、CN2 各端子脚号的含义

	KT270—20，KT270—30	KT270—50，KT270—70	含 义	
R	CN1-1	CN1-3	三相 220V 交流输入端	输入
S	CN1-2	CN1-4	三相 220V 交流输入端	输入
T	CN1-3	CN1-5	三相 220V 交流输入端	输入
E	CN1-4	CN1-8	接地	接地
U	CN1-5	CN2-1	三相交流输出端，接电动机	输出
V	CN1-6	CN2-2	三相交流输出端，接电动机	输出
W	CN1-7	CN2-3	三相交流输出端，接电动机	输出
E	CN1-8	CN2-4	接地，接电动机	接地
L11	CN2-1	CN1-1	单相 220V 交流输入端	输入
L21	CN2-2	CN1-2	单相 220V 交流输入端	输入
D	CN2-3		已接内部再生放电电阻	
C	CN2-4		接外部再生放电电阻	
P	CN2-5	CN1-6	接外部再生放电电阻	
B		CN1-7	接外部再生放电电阻	

表 5-9 CN3（9PIN）外部位置指令的含义

CN3-3	PP	外部脉冲输入 PULSE _ F +（P 模式）	输入
CN3-8	PG	外部脉冲输入 PULSE _ F -（P 模式）	输入
CN3-4	NP	外部脉冲输入 PULSE _ R +（P 模式）	输入
CN3-9	NG	外部脉冲输入 PULSE _ R -（P 模式）	输入
金属壳	SH	屏蔽	

表 5-10 CN4（15PIN）输入/输出信号的含义

CN4-2	SON	伺服开启	输入
CN4-4	LSP	正转行程末端	输入
CN4-5	LSN	反转行程末端	输入
CN4-3	RES	复位清除报警（仅对某些报警有效）	输入
CN4-7	CLE	位置偏差计数器清零（P 模式）	输入
	SC1	速度选择 1（S 模式）	
CN4-8	INH	脉冲指令输入禁止（P 模式）	输入
	SC2	速度选择 2（S 模式）	
CN4-9	TL +	正转转矩限制	输入
CN4-10	TL -	反转转矩限制	输入
CN4-1	COMO	速度信号输入公共端	
CN4-12	ALM	伺服报警	输出
CN4-11	RD	伺服准备好	输出
CN4-13	INP	位置到达（P 模式）	输出
	SA	速度到达（S 模式）	
CN4-6	COM1	输出公共端	
金属壳	SH	屏蔽	

表 5-11　CN5（15PIN）编码器（电动机侧）各脚号的含义

CN5-1	PHA	编码器 A 相脉冲	输入	CN5-5	PHV	位置检测 V 相信号	输入
CN5-6	PHAR		输入	CN5-10	PHVR		输入
CN5-2	PHB	编码器 B 相脉冲	输入	CN5-11	PHW	位置检测 W 相信号	输入
CN5-7	PHBR		输入	CN5-12	PHWR		输入
CN5-3	PHZ	编码器 Z 相脉冲	输入	CN5-13	+5V	电源	
CN5-8	PHZR		输入	CN5-14	DGND	数字信号地	
CN5-4	PHU	位置检测 U 相信号	输入				
CN5-9	PHUR		输入	金属壳	SH	屏蔽	

表 5-12　CN6（15PIN）数字齿轮（编码器信号输出）各脚号的含义

CN6-3	LA	A 相脉冲（差动线路驱动）	输出
CN6-8	LAR		输出
CN6-4	LB	B 相脉冲（差动线路驱动）	输出
CN6-9	LBR		输出
CN6-2	LZ	Z 相脉冲（差动线路驱动）	输出
CN6-7	LZR		输出
CN6-5	DGND	数字信号地	输出
CN6-10			
CN6-1	OUT _ Z	编码器 Z 相脉冲（集电极开路）	输出
CN6-6	COM2	公共端[编码器 Z 相脉冲（集电极开路）]	
CN6-12	VC +	速度指令（S 模式，仅 KT270—XXA 型提供）	输入
CN6-13	VC -	速度指令（S 模式，仅 KT270—XXA 型提供）	输入
CN6-14	SON _ AUX	伺服开启	输入
CN6-15	COM3	公共端（伺服开启公共端）	
金属壳	SH	屏蔽	

图 5-23 中部分功能说明如下：

1）6 个 LED 显示和系统按键。KT270 交流伺服电动机驱动系统面板由 6 个 LED 数码管显示器和 4 个按键[↑] [↓] [←] [↵]组成，用来显示系统各种状态、设置参数等，其操作是分层操作，[←] [↵]键表示层次的后退和前进，[↵]键有进入、确定的意义，[←]键有退出、取消的意义，[↑]、[↓]键表示增加、减少序号或数值大小。如果按下[↑]、[↓]键并保持，则具有重复效果，并且保持时间越长，重复速率越高。

如果 6 个数码管或最右边数码管的小数点显示闪烁，表示发生报警。

2）SON、CHG 指示灯。SON 为伺服开启信号；CHG 为伺服系统电源指示。

3）CN3 为 D 型连接器(9 芯)，用于伺服系统接受外部脉冲输入。

4）CN4 为 D 型连接器(15 芯)，用于伺服系统接受外部控制信号和输出反馈信号。

5）CN5 为 D 型连接器(15 芯)，用于伺服系统接受电动机编码器检测信号。

6）CN6 为 D 型连接器(15 芯)，用于伺服系统接受 CNC 输入的模拟量速度信号。

如图 5-25 所示为 KT270 伺服系统与 KT590 数控系统连接图。

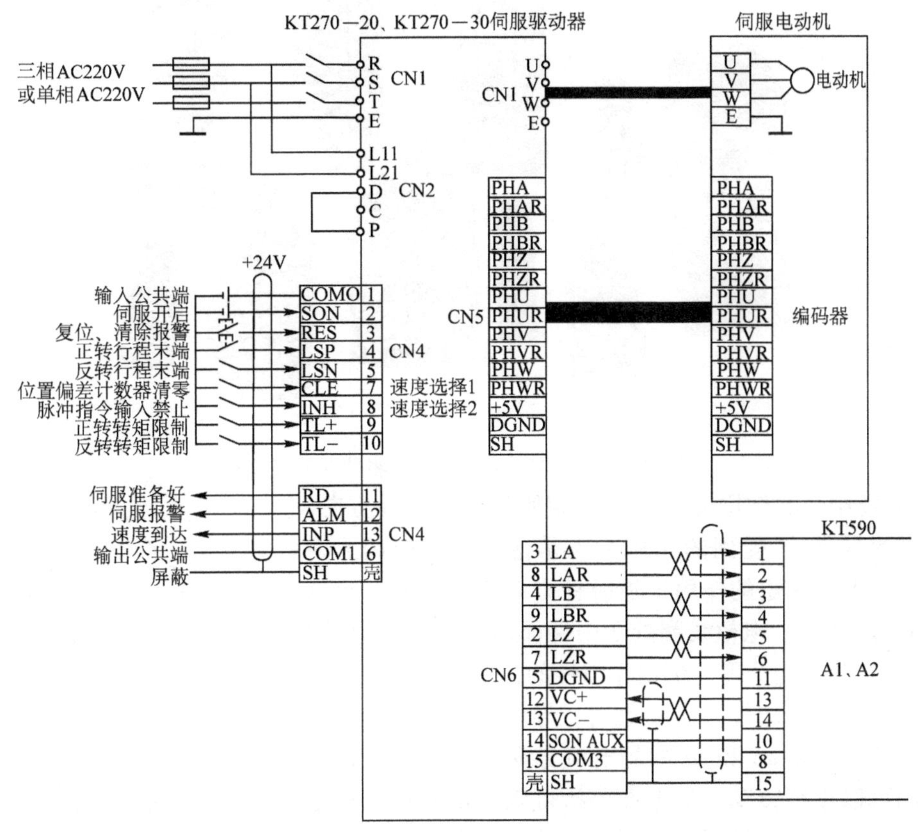

图 5-25　KT270 伺服系统与 KT590 数控系统连接图

第四节　直流伺服电动机

直流伺服系统在 20 世纪 70、80 年代的数控机床上占据主导地位，但由于直流伺服电动机的结构较复杂，电刷和换向器需经常维护，因此，它逐渐被交流伺服电动机取代。如图 5-26 所示为直流伺服电动机及其驱动器的实形图。

一、直流伺服电动机的类型

直流伺服电动机按励磁方式不同，可分为电磁式和永磁式两种。电磁式采用励磁绕组励磁，永磁式则采用永久磁铁励磁。电磁式按励磁绕组与电枢绕组的连接方式不同，又分为并励、串励和复励三种形式；按电动机转子的转动惯量的不同，又可分为小惯量和大惯量两种。

二、直流伺服电动机的结构与工作原理

直流电动机工作原理是建立在电磁力和电磁感应基础上的，带电导体在磁场中受到电磁力的作用。如图 5-27 所示为直流电动机模型，它包括三个部分：固定的磁极、电枢、换向片与电刷。当将直流电压加到 A、B 两电刷之间时，电流从 A 刷流入，从 B 刷流出，载流导

图 5-26　直流伺服电动机及其驱动器的实形图

体 ab 在磁场中受的作用力 F 按左手定则指向逆时针方向。同理，载流导体 cd 受到的作用力也是逆时针方向的。因此，转子在电磁转矩的作用下逆时针方向旋转起来。当电枢恰好转过 90°时，电枢线圈处于中性面(此时线圈不切割磁力线)，电磁转矩为零，但由于惯性的作用，电枢将继续转动，当电刷与换向片再次接触时，导体 ab 和 cd 交换了位置。因此，导体 ab 和 cd 中的电流方向改变了，这就保证了电枢可以连续转动。从上面分析可知，要电磁转矩方向不变，导体从 N 极转到 S 极时，导体中的电流方向必须相应地改变。换向片与电刷即是实现这一任务的机械式“换向装置”。

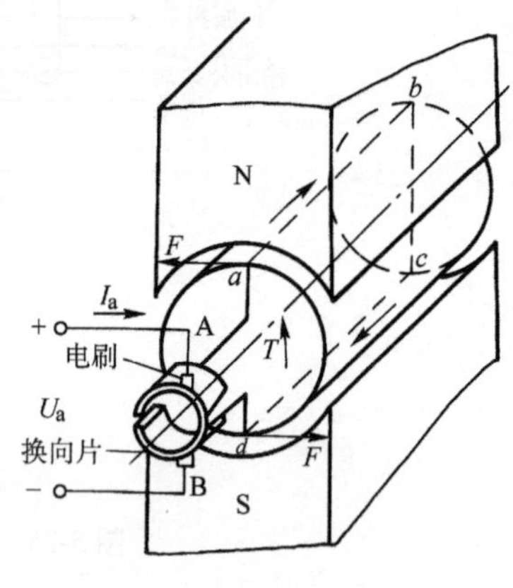

图 5-27　直流电动机模型

三、直流电动机的静态特性

当直流电动机的控制电压 U_a 和负载转矩 T_L 不变，电动机的电流 I_a 和转速 n 达到恒定的稳定值时，就称电动机处于静态(或稳态)，此时直流电动机所具有的特性称为静态特性。它一般包括机械特性(n 与 T 的关系)和调节特性(n 与 U_a 的关系)。

根据电动机学的基本知识，有

$$E = C_e \Phi n \tag{5-8}$$

$$T = C_T \Phi I_a \tag{5-9}$$

$$U_a = E + R_a I_a \tag{5-10}$$

式中　E——电枢感应电动势；

T——电磁转矩；

U_a——电枢电压；

Φ——主磁通；

I_a——电枢电流；

R_a——电枢回路总电阻；

C_e，C_T——电势常数和力矩常数；

n——电动机转速。

根据式(5-8)、式(5-9)和式(5-10)，得电动机的机械特性方程

$$n=\frac{U_a}{C_e\Phi}-\frac{R_a}{C_eC_T\Phi^2}T=n_0-\frac{R_a}{C_eC_T\Phi^2}T \tag{5-11}$$

式(5-11)表明了电动机转速与电磁力矩的关系，此关系称为机械特性。如图 5-28 所示，n 与 T 的关系是线性关系。机械特性为静态特性，是稳定运行时带负载的性能。当电动机稳定运行时，电磁转矩与所带负载转矩相等。当负载转矩为零时，电磁转矩也为零，这时可得

$$n_0=\frac{U_a}{C_e\Phi}$$

式中　n_0——理想空载转速。

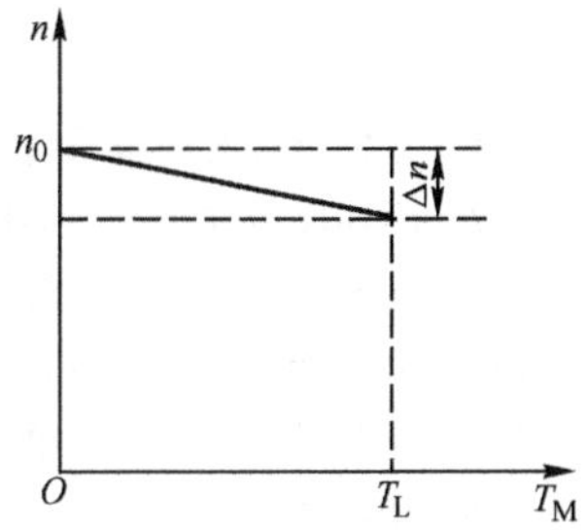

图 5-28　直流电动机的机械特性

当电动机带动某一负载 T_L 时，电动机转速与理想空载转速 n_0 会有一个差值 Δn，Δn 的值表示了机械特性的硬度。Δn 越小，机械特性越硬。Δn 为

$$\Delta n=\frac{R_a}{C_eC_T\Phi^2}T$$

四、直流电动机的调速

由式(5-11)可知，直流电动机的调速方式有：①改变电枢电压 U_a；②改变励磁电流 I_f 以改变磁通 Φ；③改变电枢回路电阻 R_a。

1. 机械特性

当电枢电压 U_a 和磁通 Φ 一定时，转速 n 是转矩 M 的函数，它表明了电动机的机械调速特性，其函数如图 5-29 所示。

如果改变电枢电压 U_a，可得到一组平行直线。在相同转矩时，电枢电压越高，静态转速越高。

2. 调节特性

调节特性是指电磁转矩(或负载转矩)一定时电动机的静态转速与电枢电压的关系。调节特性表明电枢电压 U_a 对转速 n 的调节作用。如图 5-30 所示为转速 n 和控制电压 U_a 在不同转矩值时的一族调节特性曲线。由图可知，当负载转矩为零时，电动机的起动没有死区；

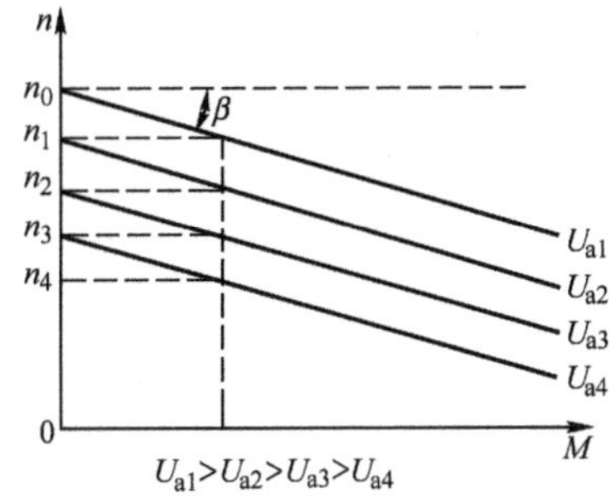

图 5-29　直流电动机的机械调速特性

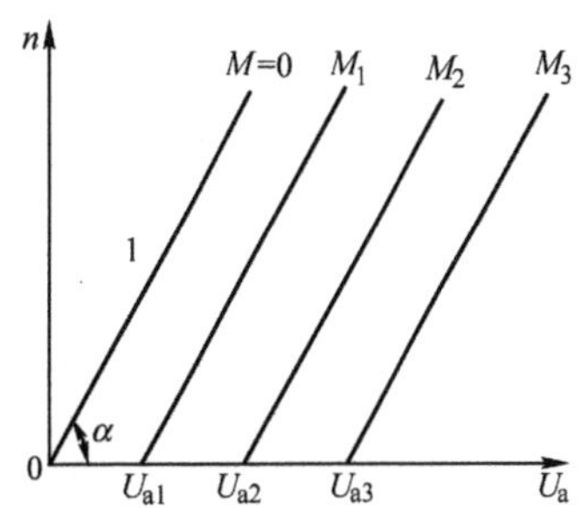

图 5-30　直流电动机的调节特性

如果负载转矩不为零，则调节特性就会出现死区。只有电枢电压 U_a 大到一定值，所产生的电磁转矩大到足以克服负载转矩，电动机才能开始转动，并随着电枢电压的提高，转速也逐渐提高。

综上所述，直流电动机通过调节电枢电压的方式控制时，其机械特性和调节特性都是直线，特性族是平行直线，控制方便。

习　题

5-1　数控机床对伺服系统有哪些要求？

5-2　简述反应式步进电动机的工作原理。

5-3　某五相步进电动机转子有 48 个齿，试计算单拍制和双拍制的步距角。

5-4　如何控制步进电动机的转速及输出转角？

5-5　什么是反应式步进电动机的起动矩频特性和运行矩频特性？

5-6　步进电动机的控制电源由哪几部分组成？各有什么作用？

5-7　试比较高低压驱动电源和恒流斩波驱动电源的特点。

5-8　交流伺服电动机的调速方法有几种？哪种应用最广泛？

第六章　位置检测装置

本章着重介绍位置检测装置的要求及位置检测的测量方式；光电编码器的结构及工作原理；光栅检测装置的结构及其工作原理；感应同步器的结构及其工作原理。通过学习，重点掌握角位移和直线位移检测装置在数控机床上的应用，能根据被测量的不同，正确选择检测装置，能对每种检测装置的结构和工作原理有较深入的理解。

第一节　概　　述

一、位置检测装置的作用与要求

位置检测装置是数控系统的重要组成部分，在闭环数控系统中，必须利用位置检测装置把机床运动部件的实际位移量随时检测出来，与给定的控制值（指令信号）进行比较，从而控制驱动元件正确运转，使工作台（或刀具）按规定的轨迹和坐标移动。数控机床加工中的位置精度主要取决于数控机床驱动元件和位置检测装置的精度，因此，位置检测装置是数控机床的关键部件之一，它对于提高数控机床的加工精度有决定性的作用。

通常位置检测装置的精度指标主要包括系统精度和系统分辨率。系统精度是指在某单位长度或角度内的最大累积测量误差，目前直线位移的测量精度可达±(0.001～0.02)mm/m，角位移的测量精度可达±10″/360°；而系统分辨率是指位置检测装置能够正确检测的最小位移量。目前直线位移的分辨率可达0.001mm，角位移的分辨率可达2″。通常检测装置能检测到的数控机床运动部件的运动速度为0～24m/min。

一般来说，数控机床上使用的位置检测装置应满足如下要求：

1）在机床工作台移动范围内，能满足精度和速度的要求。

2）工作可靠，抗干扰能力强，并能长期保持精度。

3）使用、维护简单方便，成本低。

二、位置检测装置的分类

由于工作条件和测量要求不同，数控机床常用以下几种测量方式：

（1）绝对值测量方式和增量测量方式　绝对值测量方式是任一被测量点位置都由一个固定的测量基准（即坐标原点）算起，每一测量点都有一个相对原点的绝对测量值。增量测量方式检测的是相对位移量，是终点对起点的位置坐标增量，而任何一个对中点都可作为测量起点，因而其检测装置比较简单，在轮廓控制数控机床上大都采用这种测量方式。典型的检测元件有感应同步器、光栅和磁尺等。

（2）数字式测量和模拟式测量　数字式测量是将被测量以数字形式表示。数字式测量的输出信号一般是电脉冲，可以把它直接送到数控装置（计算机）进行比较和处理，其典型的检测装置有光栅位移测量装置。数字式测量的特点是：

1）被测量量化成脉冲个数，便于显示和处理。

2）测量精度取决于测量单位，与量程基本无关（当然也有积累误差）。

3）测量装置比较简单，脉冲信号抗干扰能力强。

模拟式测量是将被测量用连续的变量(如相位变化、电压幅值变化)来表示。在数控机床上，模拟式测量主要用于小量程的测量，如感应同步器一个线距(节距)内信号相位的变化等。模拟式测量的特点是：

1）直接测量被测量，无需信号转换。

2）在小量程内可以实现高精度测量，如用旋转变压器、感应同步器测量等。

（3）直接测量和间接测量　直接测量是将检测装置直接安装在执行部件上，其优点是直接反映工作台的直线位移量，缺点是检测装置要和工作台行程等长。这对大型数控机床是一个很大的限制。

间接测量是通过对与工作台运动相关联的伺服电动机输出轴式丝杠回转运动的测量，间接反映工作台位移。其优点是可靠方便，无长度限制；缺点是测量信号加入了机械运动传动链的误差，从而影响了测量精度。

常用位置检测装置见表 6-1，本章主要介绍光电编码器、光栅、感应同步器等。

表 6-1　常用位置检测装置

	数　字　式	模　拟　式
旋转式	圆光栅、光电编码器	旋转变压器、圆形感应同步器、多极旋转变压器
直线式	直线光栅、激光干涉仪、编码尺	直线型感应同步器、磁栅、绝对值式磁尺

第二节　光电编码器

光电编码器是一种旋转式的角位移检测装置，在数控机床中得到了广泛的使用。光电编码器直接将被测角位移转换成数字(脉冲)信号表示，所以也称为脉冲编码器。这种测量方式没有累积误差。光电编码器也可用来检测转速。

一、光电编码器的种类

光电编码器也可以按测量的坐标系来分类，分为增量式光电编码器和绝对式光电编码器。以下分别介绍这两种光电编码器的工作原理。

二、增量式光电编码器

增量式光电编码器也称为光电盘，其原理如图 6-1 所示。增量式光电编码器检测装置由光源、聚光镜、光电盘、光栏板、光电管、整形放大电路和数字显示装置等组成。光电盘和光栏板用玻璃研磨抛光制成，玻璃的表面在真空中镀一层不透明的铬，然后用照相腐蚀法，在光电盘的边缘上开有间距相等的透光狭缝。在光栏板上制成两条狭缝，每条狭缝的后面对应安装一个光电管。当光电盘随被

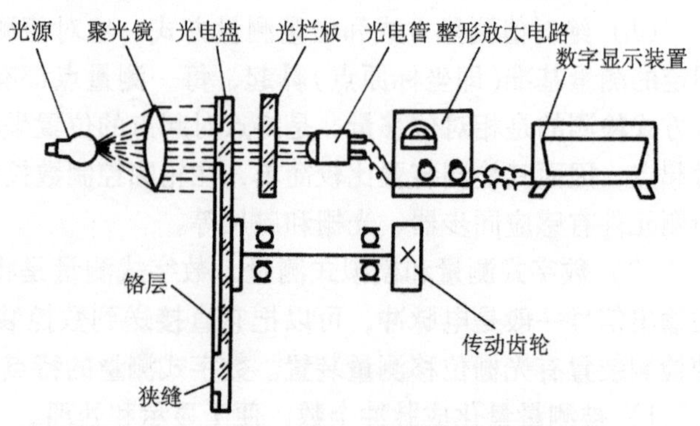

图 6-1　增量式光电编码器检测装置的原理

测工作轴一起转动时，每转过一个缝隙，光电管就会感受到一次光线的明暗变化，使光电管的电阻值改变，这样就把光线的明暗变化转变成电信号的强弱变化，而这个电信号的强弱变化近似于正弦波的信号，经过整形和放大等处理，变换成脉冲信号。通过计数器计量脉冲的数目，即可测定旋转运动的角位移；通过计量脉冲的频率，即可测定旋转运动的转速。其测量结果可以通过数字显示装置进行显示。

光电编码器的输出波形如图 6-2 所示。通过光栏板两条狭缝的光信号 A 和 B，相位角相差 90°，通过光电管转换并经过信号的放大整形后，成为两相方波信号。为了判断光电盘转动的方向，可采用如图 6-3 所示的逻辑控制电路，将光电池 A、B 信号放大整形后变成 a、b 两组方波。a 组分成两路，一路直接微分产生脉冲 d，另一组经反相后再微分得到脉冲 e。d、e 两路脉冲进入与门后分别输出正转脉冲 f 和反转脉冲 g。b 组方波作为与门的控制信号，使光电盘正转时 Y_1 有脉冲输出，反转时 Y_2 有脉冲输出，将正转脉冲和反转脉冲送入可逆计数器，经过数显便知道转角的大小和方向。

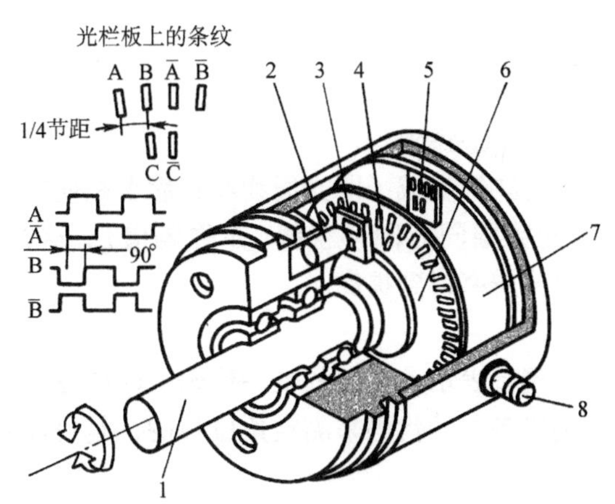

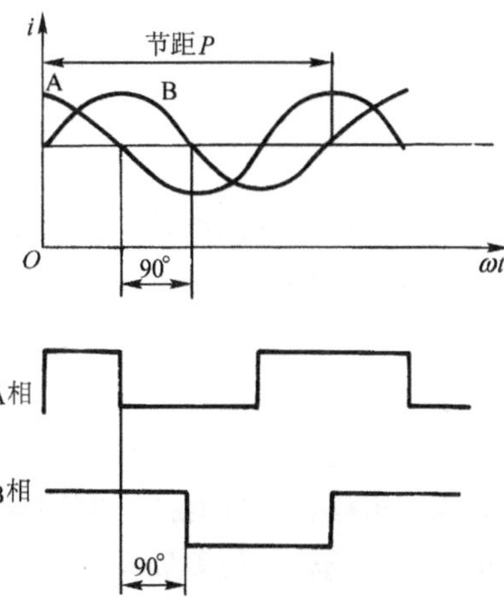

图 6-2　增量式光电编码器结构及其输出信号

1—转轴　2—LED　3—光栏板　4—零基准槽

5—光电元件　6—编码盘　7—印制电路板

8—电源及信号线连接座

光电编码器检测装置的分辨率 α 可按下式计算

$$\alpha = \frac{360°}{\text{刻线数} \times \text{细分倍数}} \tag{6-1}$$

例如，光电盘刻线数为 900 条，配合电子四等分细分电路，则其分辨率为

$$\alpha = \frac{360°}{900 \times 4} = 0.1°$$

若数控设备移动工作台丝杠螺距 $L_0 = 12\text{mm}$，则对应单位角位移的脉冲当量 δ 为

$$\delta = \frac{\alpha}{360°}L_0 = \frac{0.1°}{360°} \times 12\text{mm} = 0.003\text{mm}$$

此光电编码器每次测量的角度值都是相对于上一次读数的增量值，而不能反映工作轴旋转运动的绝对位置，所以称为增量式光电编码器。

为了提高光电编码器的分辨率，可以采用提高光电盘上狭缝密度的办法，也可以采用增

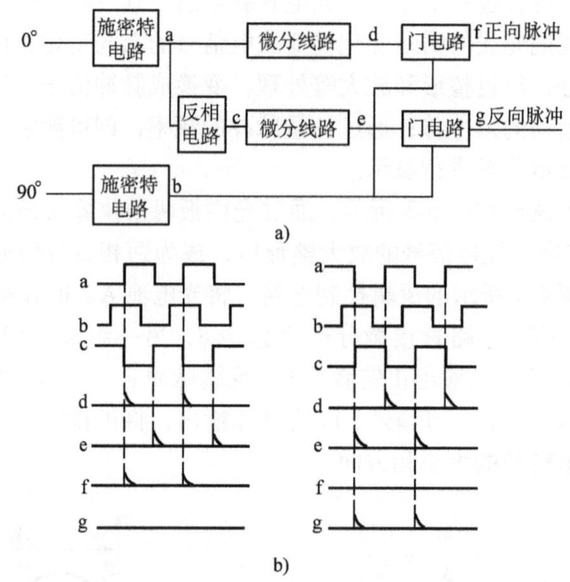

图 6-3　光电盘辨向环节逻辑图及波形

加光电盘发讯通道的办法。前者实际上是使光电盘的狭缝变成了圆光栅线纹；后者是使圆盘上不仅有一圈透光狭缝，而且还有直径大小不等的数圈同心圆环狭缝（亦称码道）。这样，光电盘旋转一周时发出的脉冲信号数目增多，因而分辨率得到提高。

三、绝对式光电编码器

绝对式光电编码器就是在码盘的每一转角位置刻有表示该位置的唯一代码，因此称为绝对码盘或编码盘。绝对式光电编码器是通过读取编码盘上的代码来测定角位移的，是目前使用最广泛的角位移检测装置。

绝对式光电编码器的码盘采用绝对值编码。码盘按照其所有码制可以分为二进制码、循环码、十进制码、十六进制码等。如图 6-4 所示是四位二进制码盘，码盘上有四条码道，所谓码道就是码盘上的同心圆环。每条码道以二进制的分布规律，被加工成透明的亮区和不透明的暗区。

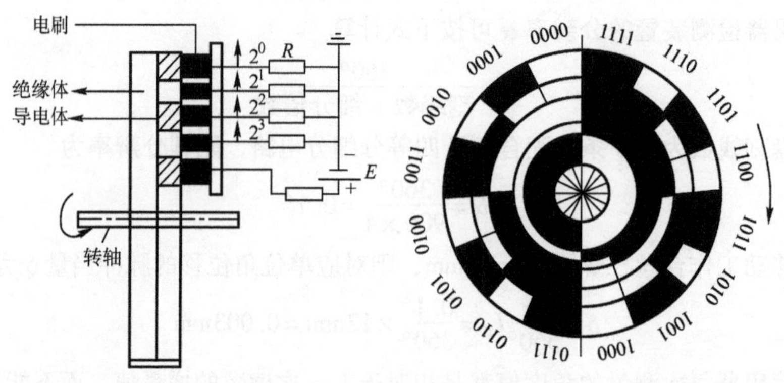

图 6-4　四位二进制编码盘

编码盘的一侧安装光源，另一侧安装一排径向排列的光电管，每个光电管对准一条码道。当光源产生的光线经透镜变成一束平行光线，照射在码盘上时，如果是亮区，通过亮区的光线被光电元件接收，并转变成电信号，输出电信号为“1”；如果是暗区，光线不能被光电元件接收，输出电信号为“0”。由于光电元件呈径向排列，数量与码道相对应，则根据四条码道沿码盘径向分布的明暗区状态，即可读取四位二进制数代码。一个四位码盘在360°范围内可编码 $2^4=16$ 个，输出信号再经过整形、放大、锁存及译码等电路进行信号处理。输出的二进制代码，既代表了码盘轴的对应位置，也实现了角位移的绝对值测量。

由于光电元件安装误差的影响，当码盘回转在两段码交替过程中时，就会有一些光电元件越过分界线，而另一些尚未越过，于是便会产生读数误差。例如图 6-4 中，当码盘顺时针方向旋转时，由位置“0111”变为“1000”时，这四位数同时都有变化，可能将数码误读成为 16 种代码中的任意一种(与光电元件偏离位置有关)，如读成“1111”、“1011”、“1101”等，这种误差称为非单值性误差。为了消除这种误差，绝对式光电编码器的码盘大多采用循环码盘(或格雷码盘)，如图 6-5 所示。格雷码参见表 6-2，其特点是任意相邻的两个代码之间只改变一位二进制数，这样即使制作和安装不很准确，也只能读成相邻两个数中的一个，产生的误差最多不超过“1”。所以，这种编码是消除非单值性误差的有效方法。

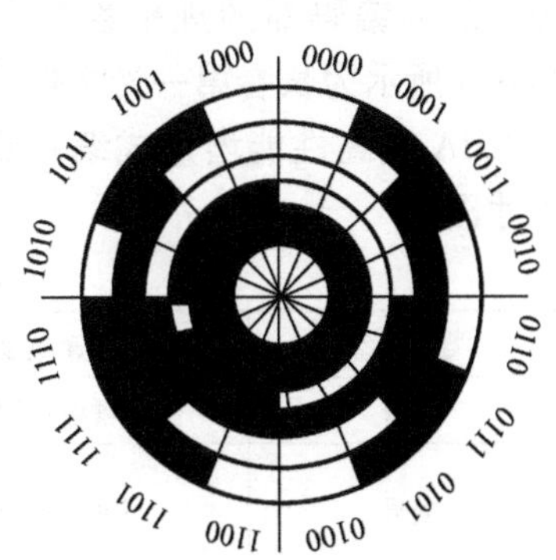

图 6-5 四位二进制格雷码盘

表 6-2 编码盘数码

角 度	二进制数码	格 雷 码	十进制数	角 度	二进制数码	格 雷 码	十进制数
0	0000	0000	0	8α	1000	1100	8
α	0001	0001	1	9α	1001	1101	9
2α	0010	0011	2	10α	1010	1111	10
3α	0011	0010	3	11α	1011	1110	11
4α	0100	0110	4	12α	1100	1010	12
5α	0101	0111	5	13α	1101	1011	13
6α	0110	0101	6	14α	1110	1001	14
7α	0111	0100	7	15α	1111	1000	15

绝对式光电编码器可以直接读出角位移的绝对值，因此数控机床开机后不必回零。这种测量方法没有累积误差，电源切断后位置信号不会丢失，允许的最高转速较高。

码盘的分辨率与码道数 n 的多少有关，其分辨率 α 为

$$\alpha=\frac{360°}{2^n} \tag{6-2}$$

四位二进制码盘能分辨的最小角度为

$$\alpha=\frac{360°}{2^4}=22.5°$$

码道的数目越多，能分辨的最小角度越小。目前，码盘码道可做到十八条，能分辨的最小角度为

$$\alpha = \frac{360°}{2^{18}} \approx 0.0014°$$

当然码道的数目越多，结构就越复杂，因而价格也就越高。

除接触式和光电式编码器外，还有混合式和电磁式等编码器。非接触式编码器不易磨损，允许较高的转动速度。国产部分编码器的规格参数见表 6-3。图 6-6 所示为长春第一光学仪器厂生产的 CHA 型高性能增量式编码器的外形尺寸图。

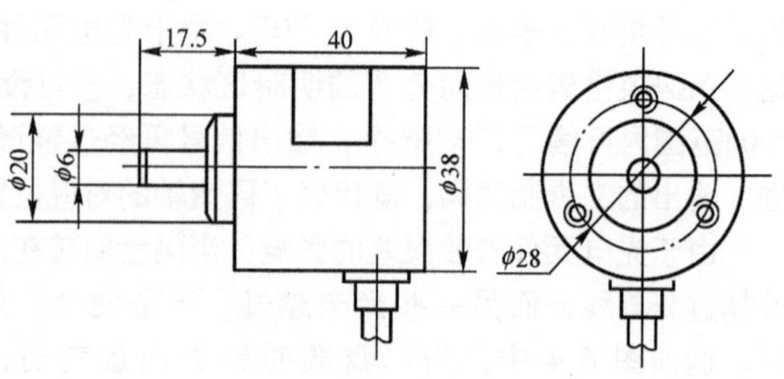

图 6-6　CHA 型编码器的外形及安装尺寸

表 6-3　部分国产编码器的规格参数

类　型	脉冲测速电动机式	金属光栅盘式	玻璃光栅盘式	
厂家	西安微电机研究所	台州无线电厂	长春第一光学仪器厂	南京 3304 厂
型号	130Cym600	SSJ-2	Lec LF	MB1270 MB1200
每转脉冲数	600	1200	LFc：1000 LF：1200	1270 1200
电源电压/V		12	5	12
外形尺寸： 直径/mm×长度/mm	$\phi130\times72$	$\phi60\times90$	LFc：$\phi60\times53$ LF：$\phi60$	$\phi80\times90$
轴径尺寸： 直径/mm×长度/mm	$\phi14\times72$	$\phi8\times15$	LFc：$\phi5\times15$ LF：$\phi50$	$\phi6$

四、编码器在数控机床中的应用

1. 位移测量

由于增量式光电编码器每转过一个分辨角对应一个脉冲信号，因此根据脉冲的数量、传动比及滚珠丝杠螺距即可得出移动部件的直线位移量。如某带光电编码器的伺服电动机与滚珠丝杠直联(传动比 1∶1)，光电编码器为 1200 脉冲/转，丝杠螺距为 6mm，在数控系统位置控制中断时间内计数 1200 个脉冲，则在该时间段里，工作台移动距离为 6mm。

2. 螺纹加工控制

为便于数控机床加工螺纹，在其主轴上安装光电编码器。光电编码器通常与主轴直联（传动比 1∶1）。为保证切削螺纹的螺距准确，要求主轴转一周工作台移动一个导程，必须有固定的起刀点和退刀点。安装在主轴上的光电编码器在切削螺纹时就可解决主轴旋转与坐标轴进给的同步控制问题，保证主轴每转一周，刀具准确地移动一个导程。此外，螺纹加工要经过几次切削才能完成，每次重复切削时，开始进刀的位置必须相同。为了保证重复切削不乱牙，数控系统在接收到光电编码器中的一转脉冲后才开始螺纹切削的计算。

3. 编码器在永磁式交流伺服电动机中的应用

永磁式交流伺服电动机是当代电器伺服控制中最新的技术之一，是利用控制理论的新成果——矢量控制技术，结合电子技术中的新成就实现的。永磁式交流伺服电动机的定子是三相绕组，转子是永久磁铁构成的永磁体，同轴连着位置传感器，其结构如图 6-7a 所示。位置检测装置采用光电编码器，其作用有三个：①提供电动机定、转子之间的相互角度位置和电子电路配合，使得三相绕组中流过的电流和转子位置转角成正弦函数关系，彼此相差 120°电角度，三相电流合成的磁动势在空间的方向总是和转子的磁场成 90°电角度(超前)，产生最大可能的转矩，实现矢量控制；②通过频率/电压转换电路，提供电动机转速反馈信号；③提供数控系统的位置反馈信号。由于绝对式编码器价格昂贵，采用绝对式编码器一般情况下是不适宜的。因为如果位数少，控制精度不高；如果位数多，则编码器很难制造，速度无法提高，价格也很高。实用的方案是采用两套编码器：用绝对式编码器对定、转子之间的相对位置进行初定位，然后用增量式编码器对位置进行精确定位。编码器共有 12 路信号输出，它们是 A、$\overline{A}$、B、$\overline{B}$、Z、$\overline{Z}$ 以及 U、$\overline{U}$、V、$\overline{V}$、W、$\overline{W}$，如图 6-7b所示。其中 A、$\overline{A}$、B、$\overline{B}$ 是作精确定位的增量式编码器信号，Z、$\overline{Z}$ 为每转一个脉冲零位信号。信号 U、$\overline{U}$、V、$\overline{V}$、W、$\overline{W}$ 每转的脉冲数与电动机的极对数一致。信号 A、B 之间相差 90°电角度，U、V、W 彼此相差 120°。

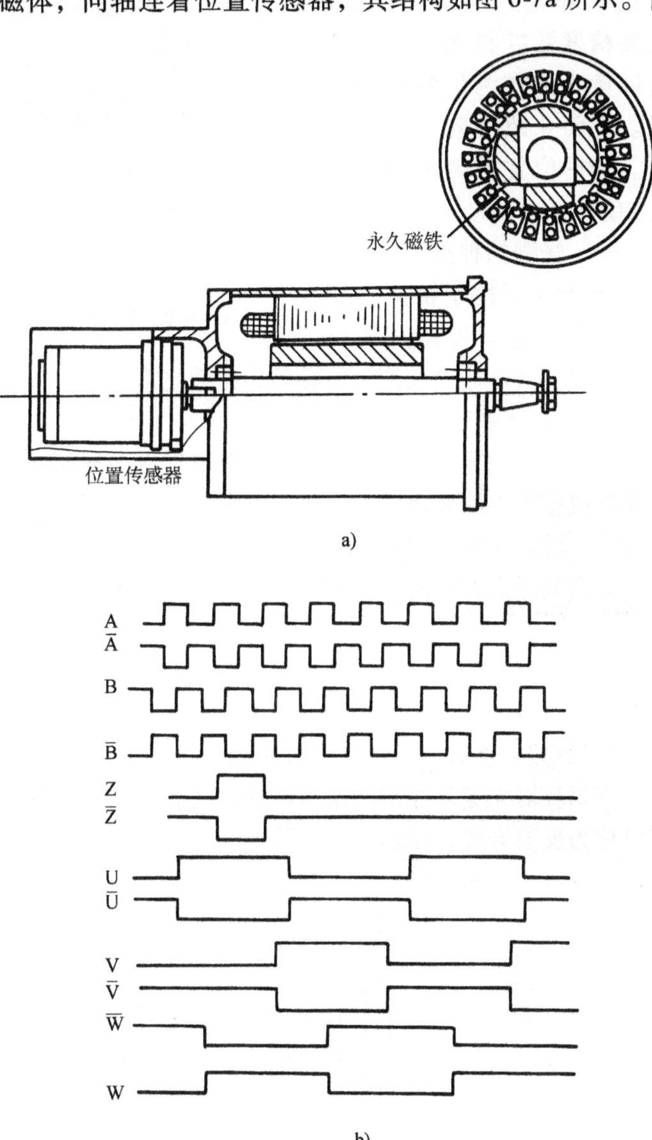

图 6-7 永磁式交流伺服电动机的结构及其编码器输出的波形
a) 永磁式交流伺服电动机的结构 b) 编码器输出的波形

第三节 光 栅

光栅主要有两大类，即物理光栅和计量光栅。物理光栅的测量精度非常高(栅距为 0.002～0.005mm)，通常用于光谱分析和光波波长测定等。计量光栅相对而言刻度线粗一些，栅距大一些（0.004～0.25mm），通常用于检测直线位移和角位移等。目前，在高精度数控机床上大量使用计量光栅作为位置检测装置。下面介绍的就是计量光栅。光栅位置检测装置的构成如图6-8所示。

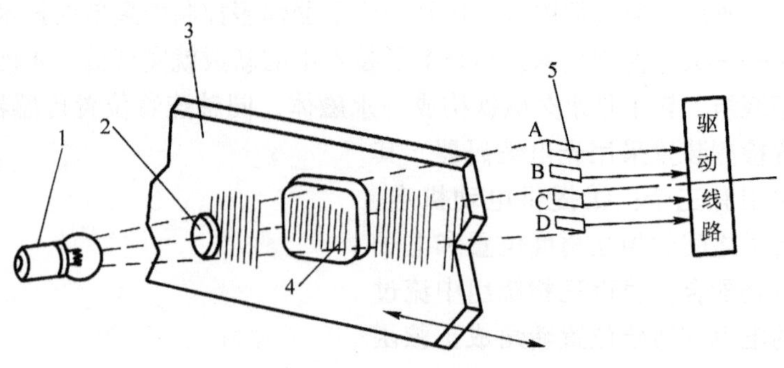

图6-8　光栅位置检测装置的构成

1—光源　2—透镜　3—标尺光栅　4—指示光栅　5—光电池

一、光栅的种类

光栅主要用于检测直线位移和角位移。检测直线位移的称为直线光栅，检测角位移的称为圆光栅。

1. 直线光栅

直线光栅主要有玻璃透射光栅和金属反射光栅两种。玻璃透射光栅是在透明的光学玻璃表面制成感光涂层或金属镀膜，经过涂敷、蚀刻等工艺制成间隔相等的透明与不透明线纹，所以称为透射光栅，如图6-9所示。

常用的透射光栅的线纹密度有25条/mm、50条/mm、100条/mm和250条/mm，其主要特点是：

1）光源可以垂直射入，光敏元件可以直接接受光信号，因此信号幅度大，读数头结构比较简单。

2）刻线密度较大，再经过电路细分，可达到微米级的分辨率。

金属反射光栅是在钢尺或不锈钢带的镜面上经过腐蚀或直接刻划等工艺制成光栅线纹，所以称为反射光栅，如图6-10所示。

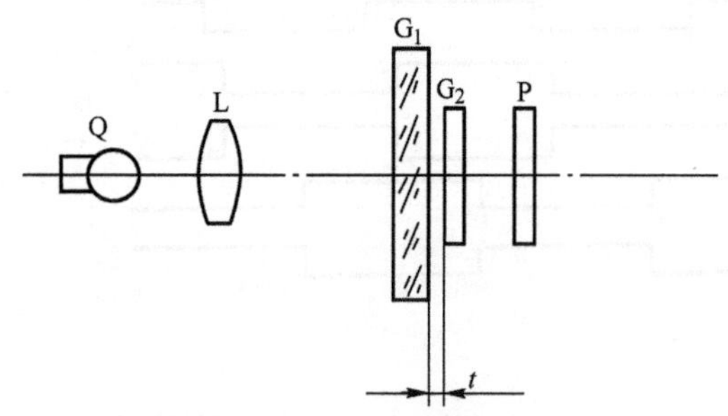

图6-9　透射光栅检测装置

Q—光源　L—透镜　G_1—标尺光栅

G_2—指示光栅　P—光敏元件　t—两光栅距离

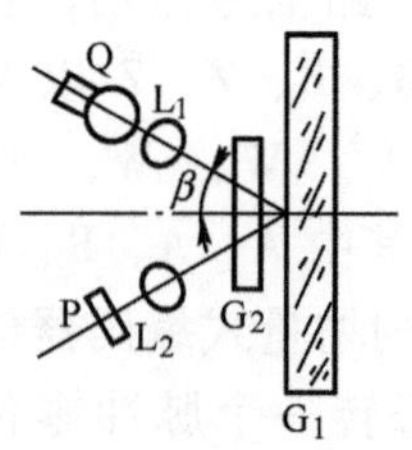

图6-10　反射光栅检测装置

Q—光源　L_1、L_2—透镜　G_1—标尺光栅

G_2—指示光栅　P—光敏元件　β—入射角

常用的反射光栅的线纹密度有4条/mm、10条/mm、25条/mm、40条/mm和50条/mm，其主要特点是：

1）光栅材料与机床材料的线胀系数相近。

2）坚固耐用，安装与调整比较方便。

3）分辨率低于透射光栅。

2. 圆光栅

圆光栅用于测量角位移。它是在玻璃圆盘的圆环端面上，制成黑白相间的条纹，条纹呈辐射状，相互间的夹角相等。

二、直线透射光栅的工作原理

1. 直线透射光栅的构造

直线透射光栅由标尺光栅、指示光栅、光源、透镜、光敏元件及检测电路等组成，如图6-8所示。标尺光栅和指示光栅也可分别称为长光栅和短光栅，它们的线纹密度相等。长光栅可安装在机床的固定部件上(如机床床身)，其长度选定为机床工作台的全行程。短光栅则安装在机床的运动部件上(如工作台)。当工作台移动时，指示光栅与标尺光栅产生相对移动。两光栅尺面相互平行地重叠在一起，并保持一定的间隙，且两平面相对转过一个很小的角度。在实际应用中，总是把光源、指示光栅和光敏元件等组合在一起，称为读数头。因此，光栅位置检测装置可以看成是由读数头和标尺光栅两部分组成的。

2. 直线透射光栅的工作原理

如图6-11所示为莫尔条纹形成的原理图。将长光栅和短光栅重叠在一起，中间保持0.01～0.1mm的间隙，并使两光栅的线纹相对转过一个很小的夹角 θ。当光线平行照射光栅时，由于光的透射及衍射效应，在与线纹垂直的方向上，准确地说，是在与两光栅线纹夹角 θ 的平分线相垂直的方向上，会出现明暗交替、间隔相等的粗条纹，这就是“莫尔干涉条纹”，简称莫尔条纹。

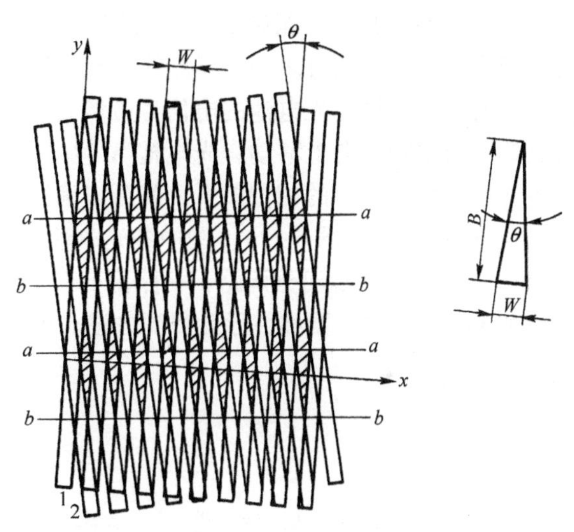

图6-11　莫尔条纹形成原理

两条明带或两条暗带之间的距离称为莫尔条纹的间距 B，若光栅的栅距为 W，两光栅线纹的夹角为 θ，则它们之间存在以下几何关系

$$B=\frac{W}{2\sin\frac{\theta}{2}}$$

因为 θ 很小，所以 $\sin\frac{\theta}{2}\approx\frac{\theta}{2}$，则

$$B\approx\frac{W}{\theta} \tag{6-3}$$

由此可见，莫尔条纹的间距与光栅栅距呈正比关系。莫尔条纹具有如下特点：

(1) 起放大作用　由式(6-3)可知，减小 θ 可增大 B，相当于把栅距 W 扩大了 $1/\theta$ 倍后，转化为莫尔条纹。例如，栅距为 $W=0.01\text{mm}$ 的线纹，人的肉眼是无法分辨的；而当

$\theta=0.001$rad时，莫尔条纹的间距 $B=10$mm，这就清晰可见了。说明莫尔条纹可以把光栅的栅距放大 1000 倍，从而大大提高了光栅的分辨率。

（2）起均化误差作用　莫尔条纹是由若干条光栅线纹形成的，若光敏元件接收长度为 10mm，当 $W=0.01$mm 时，则 10mm 长的一根莫尔条纹就是由 1000 条线纹组成的，因此，制造上的缺陷例如间断地少了几条线，只会影响千分之几的光电效果。所以，用莫尔条纹测量长度时，决定其精度的不是一两条线纹，而是一组线纹的平均效应。

（3）莫尔条纹移动与光栅栅距移动之间的关系　当光栅移动一个栅距 W 时，莫尔条纹也相应移动一莫尔条纹的间距 B，即光栅某一固定点的光强按明→暗→明规律交替变化一次。因此，光敏元件只要读出移动的莫尔条纹数目，就知道光栅移动了多少栅距，从而也就知道了运动部件的准确位移量。

在移动过程中，经过光栅的光线，其光强呈正弦波形变化。莫尔条纹的移动通过光敏元件转换成检测的电信号。

3. 光栅的辨向与信号处理

为了既能计数，又能判别工作台移动的方向，如图 6-12 所示的光栅用了 4 个光电池。每个光电池相距为四分之一光栅刻线间距（$W/4$）。当标尺光栅移动时，莫尔条纹通过各个光电池的时间不一样，光电池的电信号虽然波形一样，但相位差 1/4 周期。当标尺光栅 3 向右移动时，莫尔条纹向上移动，光电池 A 输出的信号滞后光电池 B 的输出信号 1/4 周期。根据各光电池输出信号的相位关系，就可以确定标尺光栅移动的方向。据此，可设计出光栅的检测逻辑线路图（见图 6-12），图中各光电池之间的电信号波形相差 90°，1、3 及 2、4 间相差 180°。将光电池输出分两路，一路由 1 和 3 经差动放大器和整形电路后形成方波，另一路由 2 和 4 经差动放大器和整形后得到方波。为了得到四个相差 $\pi/2$ 的脉冲，整形后的方波一

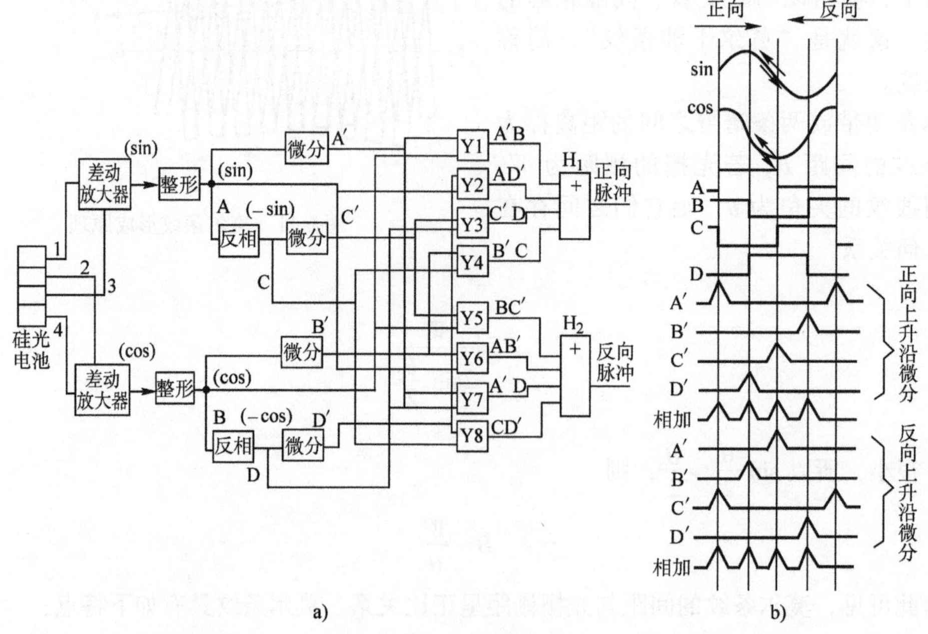

图 6-12　光栅的检测电路图

a）电路图　b）波形图

路直接微分产生脉冲，另一路经反相后再微分产生脉冲。将微分后的脉冲用 8 个与门和两个或门进行逻辑组合，从而实现辨别移动部件方向的目的。

（1）正向运行脉冲　由 Y1→Y4 输出。此时，莫尔条纹按 1→2→3→4 顺序对光电池进行扫描。

$$Y1 = A'B,\ Y2 = AD',\ Y3 = C'D,\ Y4 = B'C$$

$$H1 = Y1 + Y2 + Y3 + Y4$$

从而得到脉冲顺序为：A′→D′→C′→B′→A′。

（2）反向运行脉冲　由 Y5→Y8 输出。此时，莫尔条纹按 4→3→2→1 顺序对光电池进行扫描。

$$Y5 = BC',\ Y6 = AB',\ Y7 = A'D,\ Y8 = CD'$$

$$H2 = Y5 + Y6 + Y7 + Y8$$

从而得到反向脉冲顺序为：D′→A′→B′→C′→D′。

正向脉冲和反向脉冲的输出波形如图 6-12b 所示。由此可见，光栅每移过一个栅距，光栅检测电路便输出四个脉冲，实现了细分的目的。光栅检测系统的分辨率与栅距 W 和细分倍数 n 有关，见式(6-4)，即

$$\text{分辨率} = \frac{W}{n} \tag{6-4}$$

光栅检测装置结构比较简单，但使用时极易受外界气温的影响，也容易被切屑、油污等污染。此外，由于标尺光栅较长，当室温变化 ±10℃时，可引起 0.02mm 的测量误差，这些在使用时应加以注意。

反映光栅移动的正弦波光信号由光敏元件转换为正弦波电信号，再经过放大、整形、微分等处理后，变换成相应的测量脉冲，即由电脉冲来标定直线位移，一个脉冲表示一个栅距大小的位移量。

三、光栅的特点

光栅的主要特点如下：

1）具有很高的检测精度。直线光栅的精度可达 3μm，分辨率可达 0.1μm；圆光栅的精度可达 0.15″，分辨率可达 0.1″。

2）响应速度较快，可实现动态测量，易于实现检测及数据处理的自动化。

3）对使用环境要求较高，怕油污、灰尘及振动。

4）由于标尺光栅一般比较长，安装、维护困难，成本较高。

四、光栅的应用

光栅装置是数控设备、坐标镗床、工具显微镜 *X-Y* 工作台及某些坐标测量仪器上广泛使用的位置检测装置。光栅主要用于测量运动位移、确定工作台运动方向及确定工作台运动的速度。下面以 JENIX 系列光栅数显装置为例介绍其结构和使用。

JENIX 光栅数显装置由光栅尺和数字显示器组成，光栅尺包括主尺与分度尺，主尺固定在导轨上，分度尺（即扫描头）安装在移动部件上。其工作原理如图 6-13 所示，由红外线发光管产生光源经两光栅尺形成莫尔条纹后，由发光晶体感光并将光信号变换成电流信号，再经 4 倍电子细分电路产生高分辨的信号，并通过扫描头输入数字显示器显示。JENIX 光栅尺主要型号为 JSS 和 JSM 两种。如图 6-14 所示为其输出的波形信号，当扫描头正方向移动时，

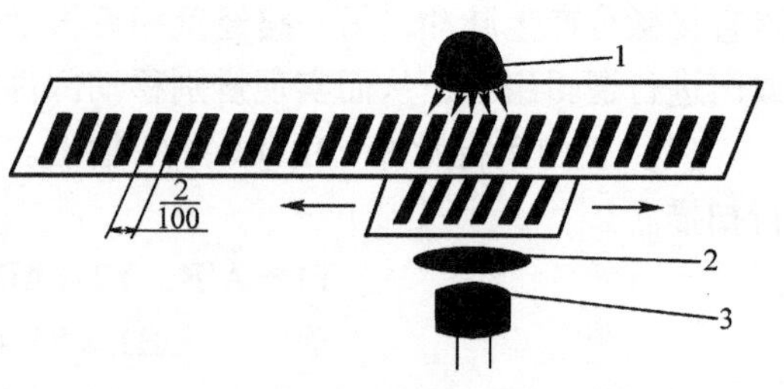

图 6-13 JENIX 光栅尺工作原理
1—红外线发射真空管 2—光源接收镜 3—光电晶体

A 相滞后 B 相 90°，输出为下波计数脉冲。如图 6-15 所示为 JSS 型光栅尺的外形及安装尺寸，表 6-4 为其技术参数。光栅主尺要求对导轨安装面的平行度允差为 0.3mm，扫描头安装面对导轨的平行度应控制在 0.01mm 内。扫描头装上后，高速扫描头与主尺的间距应使其保持测量全长的值为 1.5 ± 0.3mm 之内。当导轨直线误差较大时，应对光栅尺进行长度校正。校正的方法是，首先将扫描头输出接头与数字显示器相连，把扫描头移至测量起点，将激光干涉仪置于工作台上并将其清零，然后将扫描头全程移动，转动校正螺钉，使其在任意位置上数字显示器上读数与激光干涉仪上读数相符。如图 6-16 所示为某光栅尺与导轨连接的一种方案。光栅尺外观（见图 6-17a）及其在车床上的安装示意图（见图 6-17b）如图 6-17 所示。各种直线式光栅的规格见表 6-5。

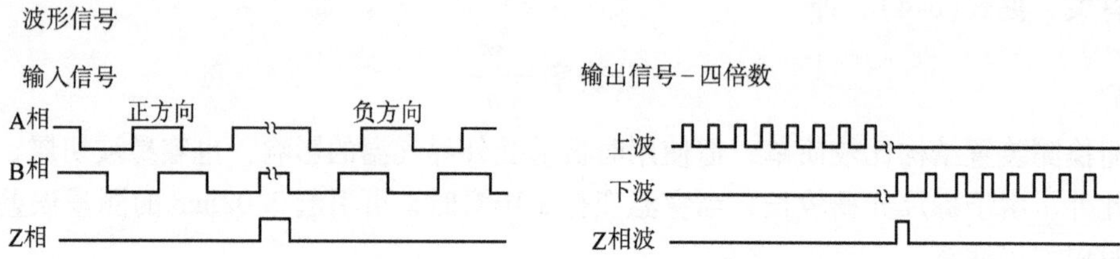

图 6-14 JENIX 型光栅尺波形

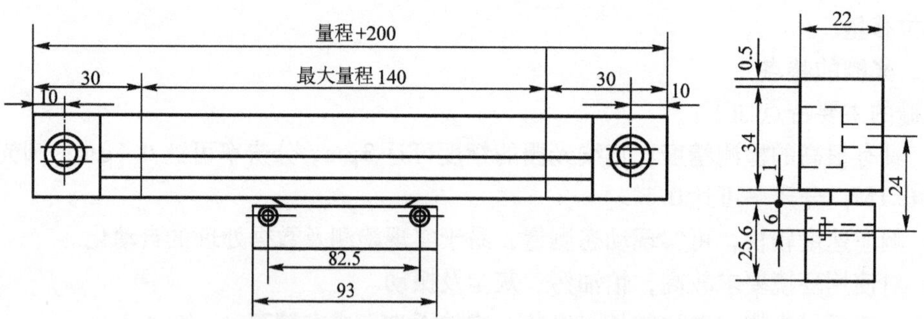

图 6-15 JSS 型光栅尺的外形及安装尺寸

表 6-4 JSS 型光栅尺的技术参数

型 号	JSM		JSS	
	5L	1L	5L	1L
分辨率	0.005	0.001	0.001	0.001
光栅节距	0.02	0.02	0.02	0.02
测定长度	0 ~ 2000	0 ~ 2000	0 ~ 2000	0 ~ 2000
输出波形	方波	方波、正弦波	方波	方波、正弦波
测定方式				
直流电源	+5V			

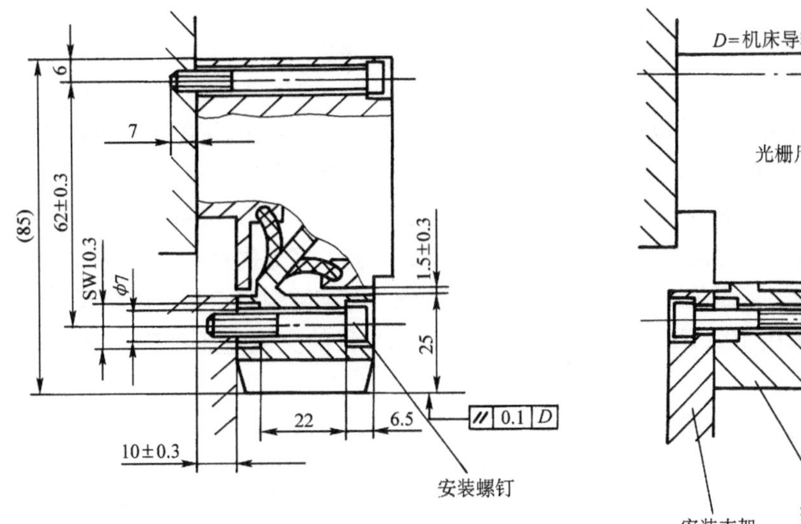

图 6-16　光栅尺与导轨连接

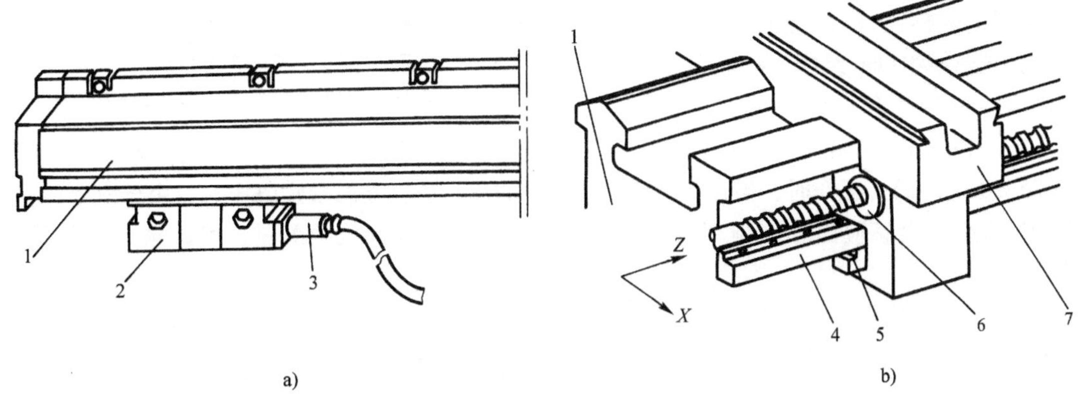

图 6-17　光栅尺外观及其在车床上的安装示意图

a) 光栅尺外观　b) 安装示意图(卸掉防护罩后)

1、4—光栅尺　2、5—扫描头　3—电缆　6—滚珠丝杠螺母副　7—床鞍

表 6-5　直线式光栅的主要规格

直线式光栅	光栅长度/mm	线纹数/mm	精度/mm
玻璃透射式	100	100	10
	110	100	10
	500	100	5
金属反射式	1220	40	7
	1000	50	7.5
	300	250	约 1.5

第四节　感应同步器

感应同步器是一种电磁式位置检测元件，按其结构特点一般分为直线式和旋转式两种。直线式感应同步器由定尺和滑尺组成；旋转式感应同步器由转子和定子组成。前者用于直线位移测量，后者用于角位移测量。它们的工作原理都与旋转变压器相似。感应同步器具有检测精度比较高、抗干扰性强、寿命长、维护方便、成本低、工艺性好等优点，广泛应用于数控机床及各类机床数控改造。下面仅以直线式感应同步器为例，对其结构特点和工作原理进行介绍。

感应同步器一般由1000Hz到10000Hz、几伏到几十伏的交流电压励磁，输出电压一般不超过几毫伏。

一、感应同步器的工作原理

以直线式感应同步器为例，感应同步器由定尺和滑尺两部分组成，如图6-18所示。定尺和滑尺的基板由与机床线胀系数相近的钢板制成，钢板上用绝缘粘结剂贴以铜箔，并利用照像腐蚀的办法制成如图6-18所示的印刷绕组。定尺表面制有连续平面绕组，滑尺上制有两组分段绕组，分别称为正弦绕组(sin绕组)和余弦绕组(cos绕组)，这两段绕组相对于定尺绕组在空间错开1/4的节距。定尺和滑尺绕组节距相等，均为2τ。定尺与滑尺平行安装，且保持一定间隙(0.25±0.05mm)。工作时，当在滑尺两个绕组中的任一绕组上加激励电压时，由于电磁感应，在定尺绕组中会感应出相同频率的感应电压，通过对感应电压的测量，可以精确地测量出位移量。

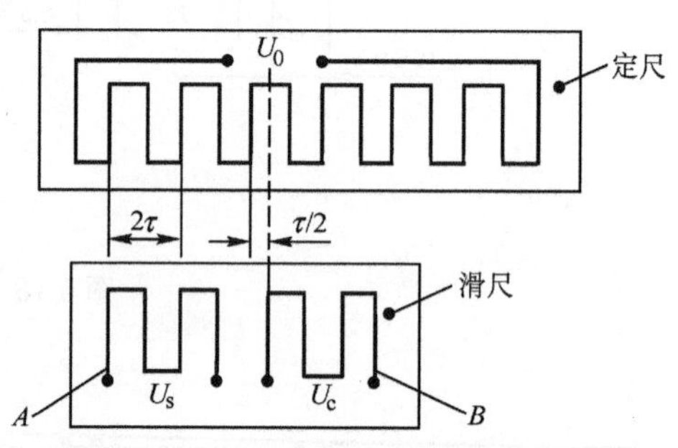

图6-18　直线式感应同步器的定尺与滑尺

如图6-19所示为滑尺在不同位置时定尺上的感应电压。在a点时，定尺与滑尺绕组重合，这时感应电压最大；当滑尺相对于定尺平行移动后，感应电压逐渐减小，在错开1/4节距的b点时，感应电压为零；再继续移至1/2节距的c点时，得到的电压值与a点相同，但极性相反；在3/4节距时到达d点，又变为零；再移动1/4节距到e点，电压幅值与a点相同。这样，滑尺在移动一个节距的过程中，感应电压变化了一个余弦波形。由此可

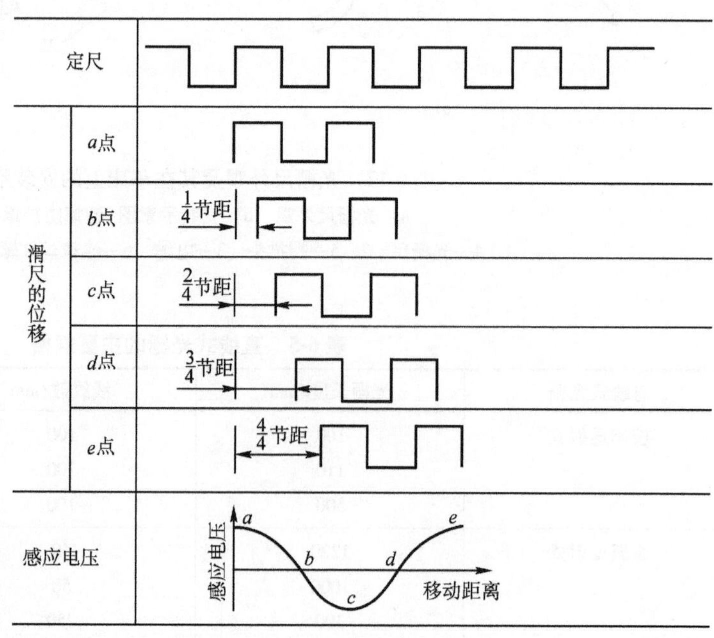

图6-19　定尺绕组感应电动势产生原理

见，在励磁绕组中加上一定的交变励磁电压，感应绕组中会感应出相同频率的感应电压，其幅值大小随着滑尺移动作余弦规律变化。滑尺移动一个节距，感应电压变化一个周期。感应同步器就是利用感应电压的变化进行位置检测的。

二、感应同步器的应用

感应同步器作为位置测量装置在数控机床上有两种工作方式：鉴相式和鉴幅式。

（1）鉴相式　在此种工作方式下，给滑尺的正弦绕组和余弦绕组分别通上幅值、频率相同，而相位差为90°的交流电压

$$U_s = U_m \sin\omega t$$

$$U_c = U_m \cos\omega t$$

激磁信号将在空间产生一个以 ω 为频率移动的电磁波。磁场切割定尺导线，并在其中感应出电动势，该电动势随着定尺与滑尺位置的不同而产生超前或滞后的相位差 θ。根据滑尺在定尺上的感应电压关系，分别在定尺绕组上得到感应电势为

$$U_{0S} = KU_m \sin\omega t \cos\theta$$

$$U_{0C} = -KU_m \cos\omega t \sin\theta$$

根据叠加原理可以直接求出感应电动势

$$\begin{aligned} U_0 &= KU_m \sin\omega t \cos\theta - KU_m \cos\omega t \sin\theta \\ &= KU_m \sin(\omega t - \theta) \end{aligned}$$

式中　U_m——励磁电压幅值(V)；

ω——励磁电压角频率(rad/s)；

K——比例常数，其值与绕组间最大互感系数有关；

θ——滑尺相对定尺在空间的相位角。

设感应同步器的节距为 2τ，测量滑尺直线位移量 x 和相位差 θ 之间的关系为

$$\theta = \frac{2\pi}{2\tau}x = \frac{\pi}{\tau}x$$

由此可知，在一个节距内 θ 与 x 是一一对应的，通过测量定尺感应电动势的相位 θ，即可测量出滑尺相对于定尺的位移 x。例如，定尺感应电动势与滑尺励磁电动势之间的相位角 $\theta=18°$，在节距 $2\tau=2\text{mm}$ 的情况下，表明滑尺移动了 0.1mm。

数控机床闭环系统采用鉴相式系统时，其工作方式如图 6-20 所示。误差信号 $\Delta\theta$ 用来控

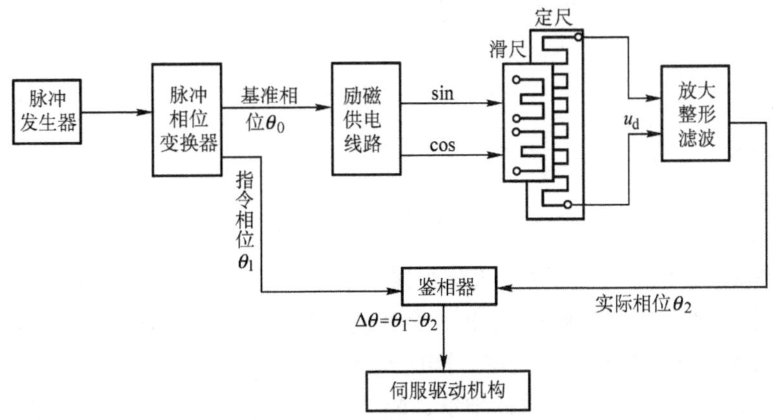

图 6-20　感应同步器相位工作方式

制数控机床的伺服驱动机构，使机床向清除误差的方向运动，构成位置反馈。指令相位 θ_1 由数控装置发出。机床工作时，由于定尺和滑尺之间产生了相对运动，则定尺上感应电压的相位发生了变化，其值为 θ_2。当 $\theta_1 \neq \theta_2$ 时，即感应同步器的实际位移与 CNC 装置给定指令位置不相同，利用相位差作为伺服驱动机构的控制信号，控制执行机构带动工作台向减小误差的方向移动，直至 $\Delta\theta = 0$ 才停止。

（2）鉴幅式　在此种工作方式下，给滑尺的正弦绕组和余弦绕组分别通上相位、频率相同，但幅值不同的交流电压，并根据定尺上感应电压的幅值变化来测定滑尺和定尺之间的相对位移量。

加在滑尺正、余弦绕组上励磁电压幅值的大小，应分别与要求工作台移动的 x_1（与位移相应的电角度为 θ_1）成正、余弦关系，即

$$U_s = U_m \sin\theta_1 \sin\omega t$$

$$U_c = U_m \cos\theta_1 \sin\omega t$$

正弦绕组单独供电时

$$U_s = U_m \sin\theta_1 \sin\omega t$$

$$U_c = 0$$

当滑尺移动时，定尺上的感应电压 U_0 随滑尺移动距离 x（相应的角位移 θ）而变化。设滑尺正弦绕组与定尺绕组重合时 $x = 0$（即 $\theta = 0$），若滑尺从 $x = 0$ 开始移动，则在定尺上的感应电压为

$$U'_0 = KU_m \sin\theta_1 \sin\omega t \cos\theta$$

余弦绕组单独供电时

$$U_c = U_m \cos\theta_1 \sin\omega t$$

$$U_s = 0$$

若滑尺从 $x = 0$ 开始移动，则在定尺上的感应电压为

$$U''_0 = -KU_m \cos\theta_1 \sin\omega t \sin\theta$$

当正弦与余弦同时供电时，根据叠加原理

$$\begin{aligned} U_0 &= U'_0 + U''_0 \\ &= KU_m \sin\theta_1 \sin\omega t \cos\theta - KU_m \cos\theta_1 \sin\omega t \sin\theta \\ &= KU_m \sin\omega t \sin(\theta_1 - \theta) \end{aligned}$$

令 $\theta_1 = \theta + \Delta\theta$，当 $\Delta\theta$ 极小时，U_0 可近似表示为

$$U_0 = KU_m \sin\omega t \sin\Delta\theta$$

因为 $\theta = \frac{\pi}{\tau}x$　即 $\Delta\theta = \frac{\pi}{\tau}\Delta x$

所以

$$U_0 = KU_m \Delta x \frac{\pi}{\tau} \sin\omega t \tag{6-5}$$

式(6-5)表示，定尺感应电压 U_0（也称为误差电压）的幅值近似与 Δx 的大小成正比。幅值测量系统的基本原理是通过改变滑尺上正、余弦绕组的激励电压幅值，使定、滑尺有任意相对位移时定尺绕组输出的感应电压均为零，即使 θ_1 跟随 θ 变化（$\theta_1 = \theta, x_1 = x$）。在幅值工作方式中，测出的 Δx 为滑尺相对定尺位移的增量，Δx 与 U_0 对应，当 U_0 超过事先设定的门槛电平，就产生一个脉冲信号，同时对励磁信号 U_s、U_c 进行修正，通过对脉冲计数就可实现对位移的

测量。如图 6-21 所示为感应同步器在幅值工作方式的检测原理图。定尺感应电压 U_0 经放大后进入误差变换器输出一路为方向控制信号，另一路为实际脉冲值。输出脉冲一方面作为实际位移值被送到脉冲混合器，同时被送至正/余弦信号发生器，修正励磁信号。误差变换器环节还包含有门槛电路，门槛电平确定与系统的脉冲当量 δ 有关。当 $\delta = 0.01$mm 时，门槛电压应定在 0.007mm，也就是使滑尺位移 0.007mm 后，产生的误差电压刚好达到门槛电压。一旦定尺上输出感应电压越过门槛时，便有脉冲输出，该环节输出脉冲一方面作为实际位移值送脉冲混合器，另一方面作用于正、余弦绕组的指令脉冲与反馈脉冲进行比较，得出系统的位置误差，经信号变换后，控制伺服机构向减少误差的方向运动。

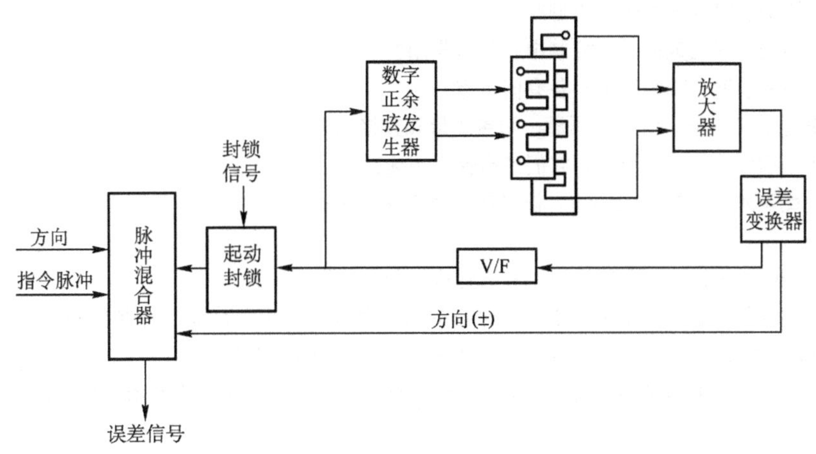

图 6-21　感应同步器在幅值工作方式的检测原理

三、安装与使用

将感应同步器的输出与数字位移显示器相连，便可方便地将滑尺相对定尺的机械位移准确地显示出来。根据感应同步器的工作方式不同，数字位移显示器也有相位型和幅值型两种。为了提高定尺输出电信号的强度，定尺上输出电压首先应经前置放大器放大后再进入到数字显示器中。此外，在感应同步器滑尺绕组与激励电源之间要设置匹配变压器，以保证滑尺绕组有较低的输入阻抗。感应同步器的安装总图如图 6-22 所示，图中定尺和滑尺组件分

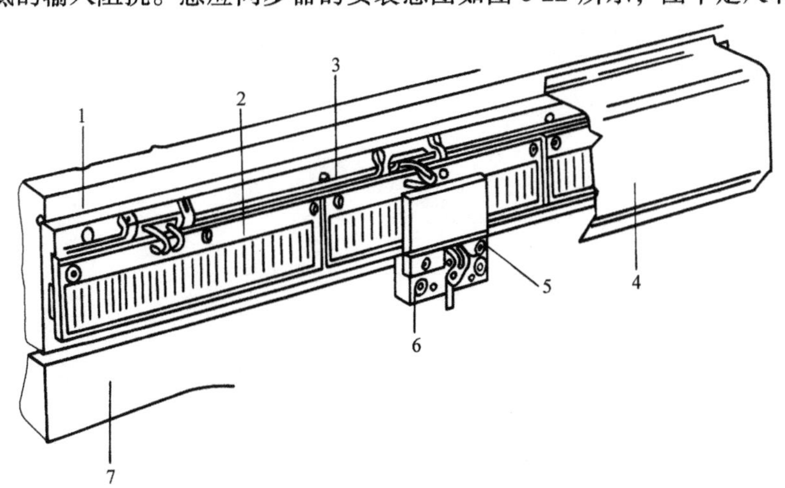

图 6-22　直线感应同步器安装图

1—机床不动部件　2—定尺　3—定尺座　4—防护罩　5—滑尺　6—滑尺座　7—机床可动部件

别由尺子尺座组成。防护罩的功能是防止灰尘、油污以及铁屑进入。通常将定尺尺座与固定导轨连接，滑尺座与移动部件连接。为了保证检测精度，要求定尺侧母线与机床导轨基准面的平行度允差在全长内为0.1mm，滑尺测母线与机床导轨基准面的平行度允差在全长内为0.02mm，定尺与滑尺接触的四角间隙一般不大于0.05mm(可用塞规尺测量)。当量程超过250mm时，需将多个定尺连接起来，此时应使接长后的定尺组件在全行程上的累积误差控制在允许范围内。

习　题

6-1　位置检测装置的基本要求有哪些?

6-2　位置检测装置在数控机床控制中起什么作用?

6-3　位置检测装置有哪些种类？各有何特点?

6-4　何谓绝对式测量、增量式测量，间接测量和直接测量?

6-5　什么是细分？什么是辨向？它们各有什么用途?

6-6　试说明莫尔条纹的放大作用。设光栅栅距为0.02mm，两光栅尺夹角为0.057°，莫尔条纹的间距为多少?

6-7　光电编码器是如何对它的输出信号进行辨向和细分的?

6-8　设一绝对编码盘有8个道，求其能分辨的最小角度是多少。普通二进制数码10110101对应的角度是多少？若要检测出0.005°的角位移，应选用多少条码道的编码盘?

6-9　感应同步器各由哪些部件组成？判别相位工作方式和幅值工作方式的依据是什么?

第七章　数控系统中的 PLC 控制

本章着重介绍数控系统中 PLC 的组成、分类及工作过程；数控系统中 PLC 与 CNC、MT 之间的信息交换；数控系统中 PLC 控制功能(M、S、T)的实现方法；数控系统中的 PLC 在数控机床主轴运动、润滑系统、自动换刀以及零件计数等方面的具体应用。通过本章学习，对数控系统中的 PLC 控制过程有一个较全面的了解，对辅助功能控制与实现有较深刻的认识。

第一节　概　　述

数控系统除了对机床各坐标轴的位置进行连续控制外，还需要对机床主轴正反转与起停、工件的夹紧与松开、切削液开关、刀具更换、工件及工作台交换、液动与气动以及润滑等辅助功能进行顺序控制。顺序控制的信息主要是 I/O 控制，如控制开关、行程开关、压力开关和温度开关等输入元件；控制继电器、接触器和电磁阀等输出元件；同时还包括主轴驱动和进给伺服驱动的使能控制以及机床报警处理等。可编程序控制器 PLC 则是一种新型的工业控制器，由计算机实现顺序控制，能满足上述控制的要求。所谓顺序控制是按生产工艺要求，根据事先编好的程序，在输入信号的作用下，控制系统的各个执行机构按一定规律自动地实现顺序动作的控制。这些功能的控制优劣将直接影响数控机床的生产效率、加工精度及加工质量的稳定性。

可编程序控制器 PC (Programmable Controller)是一种数字运算电子系统，专为工业环境下运行而设计。它采用可编程序的存储，用于存储执行逻辑运算、顺序控制、定时、计数和算术运算等特定功能的用户指令，并通过数字式或模拟式的输入或输出，控制各种类型的机械或生产过程。这是国际电工委员会(IEC)对可编程序控制器的定义。为了与个人计算机 PC(Personal Computer)相区别，可编程序控制器仍采用旧称 PLC(Programmable Logic Controller)。

数控系统内部信息流大致分为两类，一类是控制机床坐标轴运动的连续数字信息；另一类是通过 PLC 控制的辅助功能(M、S、T 等)信息，如图 7-1 所示。

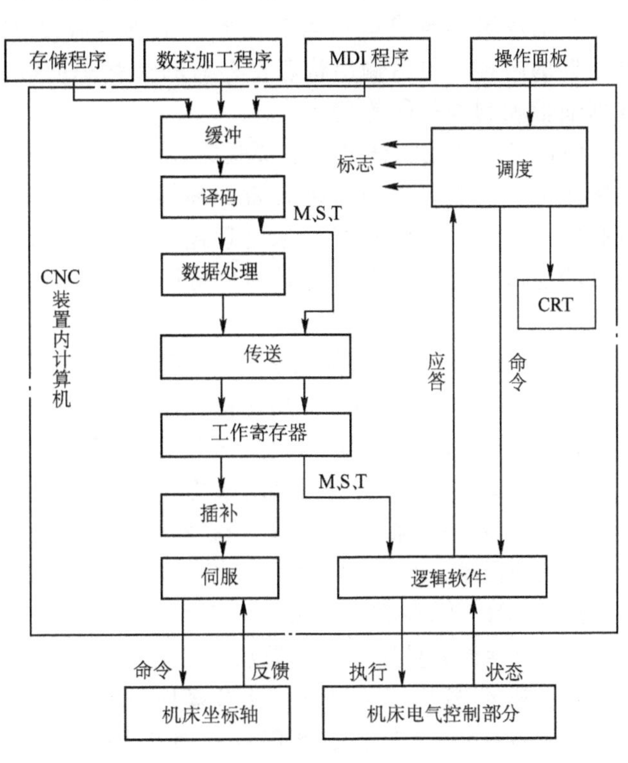

图 7-1　数控系统内部信息流

第二节　数控系统中的PLC

一、PLC的结构、特点及其工作过程

1. PLC的基本结构

PLC的种类型号很多，大、中、小型PLC的功能不尽相同，其结构也各不相同，但它们的基本结构形式大体上是相同的，都是由中央处理单元(CPU)、存储器(RAM/ROM)、输入/输出单元(I/O)、编程器、电源模块和外部设备等组成的，并且内部采用总线结构，如图7-2所示。

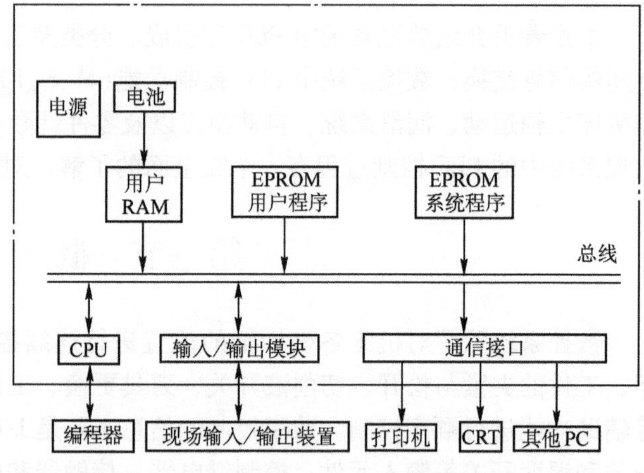

图7-2　PLC控制系统的组成

(1) 中央处理单元CPU　PLC中的CPU与通用计算机中的CPU一样，是PLC的核心。CPU按照系统程序赋予的功能，接收、存储从编程器输入的用户程序和数据，用扫描方式查询现场输入状态以及各种信号状态或数据，并将其存入输入状态寄存器中。在诊断了PLC内部电路、编程语句和电源都正常后，PLC进入运行状态。在PLC进入运行状态后，从存储器逐条读取用户程序，完成用户程序中的逻辑运算或算术运算任务。根据运算结果，更新有标志位的状态和输出状态寄存器的内容，再由输出状态寄存器的位状态或数据寄存器的有关内容实现输出控制、数据通信和制表打印等功能。

PLC实现的控制任务，主要是完成一些动作和速度要求不特别快的顺序控制，在一般情况下，不需要使用高速的微处理器。为了提高PLC的控制功能，通常采用多CPU控制方式，如用一个CPU用来管理逻辑运算及专用功能指令；另一个CPU用来管理I/O接口和通信等功能。中、小型PLC常用8位或16位微处理器，大型PLC则采用高速单片机。

(2) 存储器　PLC存储器主要包括随机存储器RAM和只读存储器ROM，用于存放用户程序、工作数据和系统程序。用户程序是指用户根据现场的生产过程和工艺要求而编写的应用程序，在修改调试完成后可由用户固化在EPROM中或存储在磁盘中。工作数据是PLC运行过程中需要经常存取，并且随时改变的一些中间数据。为了适应随机存取的要求，它们一般存放在RAM中。系统程序是指控制和完成PLC各种功能的程序，包括监控程序、模块化应用功能子程序、指令译码程序、故障诊断和各种管理程序等，这些程序出厂时由制造厂家固化在PROM型存储器中。可见PLC所用存储器基本上由EPROM、RAM和PROM三种形式组成，其存储容量随着PLC类别或规模的不同而改变。

(3) 输入/输出(I/O)模块　I/O模块是PLC与现场I/O装置或其他外部设备之间进行信息交换的桥梁，其任务是将CPU处理产生的控制信号输出传送到被控设备或生产现场，驱动各种执行机构动作，实现实时控制，同时将被控对象或被控生产过程的各种变量转换成

标准的逻辑电平信号，送入 CPU 处理。

（4）编程器　编程器是用于用户程序的编制、编辑、调试、监视以及运行应用程序的特殊工具，一般由键盘、显示屏、智能处理器、外部设备（如硬盘/软盘驱动器等）组成，它通过通信接口与 PLC 相连，完成人机对话功能。

编程器分为简易型和智能型两种。简易型编程器只能在线编程，它通过一个专用接口与 PLC 连接；智能型编程器既可以在线编程也可以离线编程，还可与微型计算机接口或与打印机接口实现程序的存储、打印、通信等功能。

（5）电源　电源单元的作用是将外部提供的交流电转换为 PLC 内部所需的直流电源。一般电源单元有三路输出，一路供给 CPU 模块使用；另一路供给编程器接口使用；还有一路供给各种接口模板使用。由于 PLC 直接用于工业现场，因此对电源单元的技术要求较高，不但要求它具有较好的电磁兼容性能，而且还要求工作电源稳定，以适应电网波动和温度变化的影响，并且还要有过电流和过电压的保护功能，以防止在电压突变时损坏 CPU。

图 7-3 所示为西门子 SIMATIC S7-300型可编程序控制器结构图。

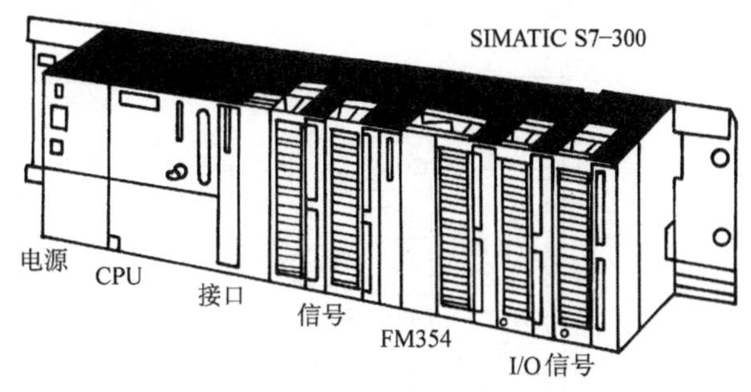

图 7-3　西门子 SIMATIC S7-300 可编程序控制器结构图

2. PLC 的特点

（1）可靠性高　由于 PLC 针对恶劣的工业环境设计，在其硬件和软件方面均采取了很多有效措施来提高其可靠性。在硬件方面采取了滤波、光电隔离、屏蔽等措施；在软件方面采取了故障自诊断、信息保护与恢复等，从而可以直接应用于工业现场。

（2）与现场信号直接连接　针对不同的现场信号（如直流或交流、开关量或模拟量、电压或电流、脉冲或电位、弱电或强电等），有相应的输入和输出模块可与现场的工业器件（如按钮、行程开关、传感器、电磁阀、控制阀、电动机起动装置）直接相连，并通过数据总线与微处理器模块相连接。

（3）编程简单　PLC 沿用了梯形图编程简单的优点，易于现场操作人员理解和掌握。

（4）灵活性好　PLC 通常采用积木式结构，便于将 PLC 与数据总线连接，产品具有系列化、通用化的特点，稍作修改就可应用于不同的控制对象。

（5）安装简单维修方便　PLC 对环境的要求不高，使用时只需将检测器件及执行设备与 PLC 的 I/O 端子连接无误，系统即可工作。80% 以上的 PLC 故障均出现在外围的输入/输出设备上，能快速准确地诊断故障。目前，已能达到 15min 内排除故障，恢复生产。

（6）网络通信　利用 PLC 的网络通信功能可实现计算机网络控制。

3. 工作过程

PLC 的工作过程是在硬件的支持下运行软件的过程，如图 7-4 和图 7-5 所示。

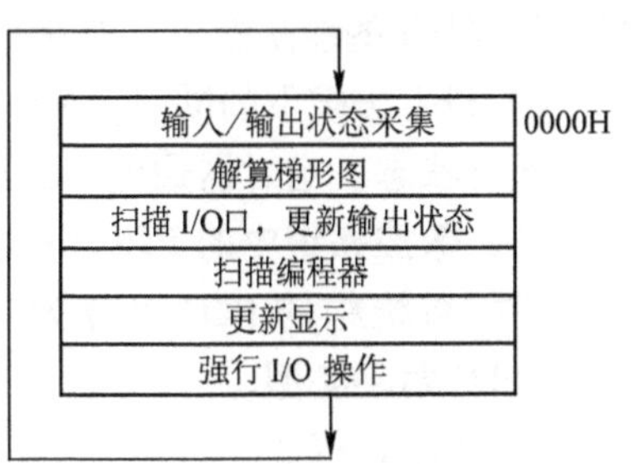

图 7-4　PLC 的扫描过程

用户程序通过编程器顺序输入到用户存储器内，CPU 对用户程序循环扫描并顺序执行，这是 PLC 的基本工作方式。图 7-4 给出了 GE 系列 PLC 的 CPU 扫描过程，只要 PLC 接通电源，CPU 就对用户存储器的程序进行扫描。扫描从 0000H 地址所存储的第一条用户程序开始，顺序进行，直到存储器结尾或用户程序的最后一个地址为止，形成一个扫描循环，周而复始。每扫描一次，CPU 进行输入点的状态采集、用户程序的逻辑运算、相应输出状态的更新和 I/O 执行。接入编程器时，也对编程器的输入产生响应，并更新其显示，然后 CPU 对自身的硬件进行快速自检，并对监视扫描用定时器进行复位。完成自检后，CPU 又从存储器的 0000H 地址重新开始扫描运行。图 7-5 所示为一个行程开关被压下时 PLC 的控制过程。

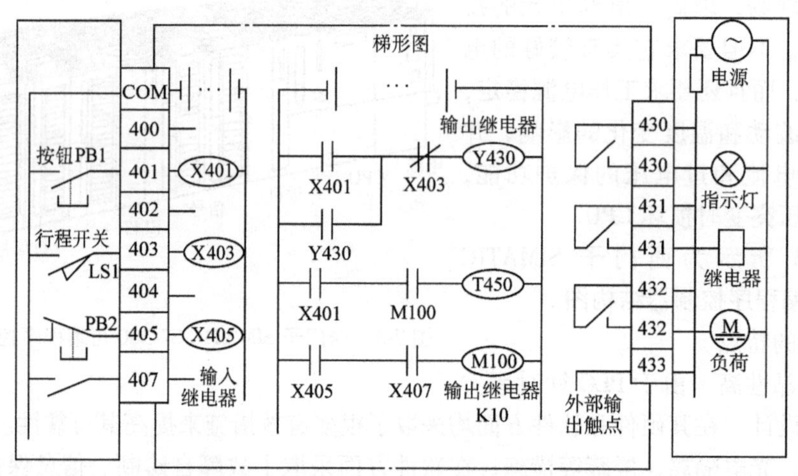

图 7-5　PLC 的工作过程

1）当按钮 PB1 压下时，输入继电器 X401 的线圈接通。

2）X401 常开触点闭合，输出继电器 Y430 通电。

3）外部输出点 Y430 闭合，指示灯亮。

4）当 PB1 被放开时，输入继电器 X401 的线圈不再工作，其对应的触点 X401 断开，这时输出继电器 Y430 仍保持接通，这是因为 Y430 的触点接通后，其中的一个触点起到了自锁作用。

5）当行程开关 LS1 被压下时，继电器 X403 的线圈接通，X403 的常闭触点断开，使得继电器 Y430 的线圈断电，指示灯灭，输出继电器 Y430 的自锁功能复位。

6）PB1 被按下的同时，X401 的另一个常开触点接通另一个梯级，这时若触点 M100 也处于闭合状态，定时器通电，到达定时器设定的时间后，定时器断开。

二、数控系统中的 PLC 分类

数控系统中的 PLC 可分为“内装型”（Built-in-Type）PLC 和“独立型”（Stand-alone-Type）PLC 两种类型。

1. 内装型 PLC

内装型 PLC 是指 PLC 内置于 CNC 装置内，从属于 CNC 装置，与 CNC 装置集于一体，如图 7-6 所示。

内装型 PLC 的性能指标(如输入/输出点数、程序最大步数、每步执行时间、程序扫描时间、功能指令数目等)是根据所从属的 CNC 系统的规格、性能、适用机床的类型等确定的，其硬件和软件都被作为 CNC 系统的基本功能与 CNC 系统统一设计制造，因此系统结构十分紧凑。

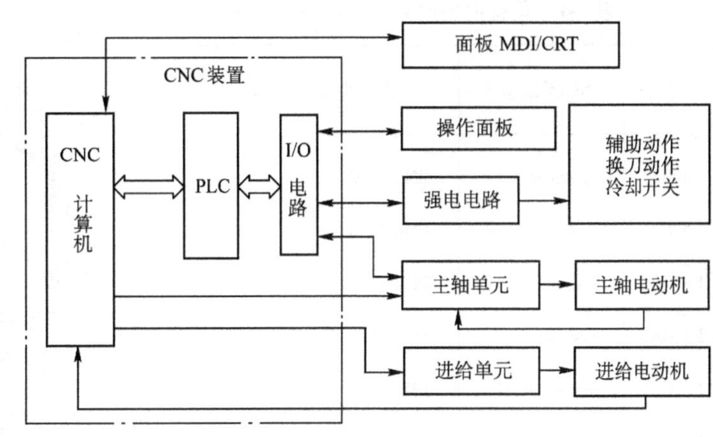

图 7-6　内装型 PLC 的 CNC 系统框图

在系统的结构上，内装型 PLC 可与 CNC 共用一个 CPU，如图 7-7a 所示，也可单独使用一个 CPU，如图 7-7b 所示。内装型 PLC 一般单独制成一电路板，插装到 CNC 主板的插座上，PLC 与所从属 CNC 装置之间的信号传送均在其内部进行，不单独配置 I/O 接口，而是使用 CNC 装置本身的 I/O 接口，PLC 控制部分及部分 I/O 电路所用电源由 CNC 装置提供。

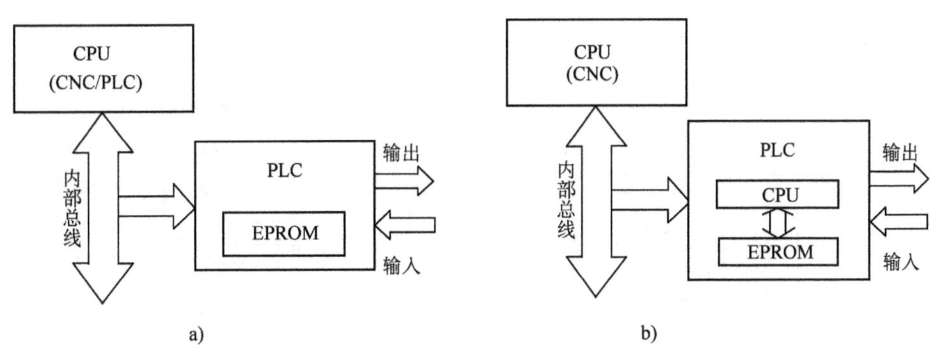

图 7-7　内装型 PLC 中的 CPU

a) PLC 和 CNC 共用 CPU　b) PLC 具有专用 CPU

SINUMERIK 810 数控系统的 I/O 模块如图 7-8 所示。它采用内装型 PLC 结构，扩大了 CNC 内部直接处理数据的能力，可以使用梯形图编辑，传送复杂的控制功能，提高了 CNC 的性能/价格比。

世界上著名的数控系统生产厂家均在其 CNC 系统中开发了内装型 PLC 功能，如日本的 FANUC 公司、德国的 SIEMENS 公司等，见表 7-1。

表 7-1 具有内装型 PLC 的 CNC 系统

序号	公司名称	CNC 系统型号	内装型 PLC 型号
1	FANUC	System 0	PMC-L/M
2	FANUC	System 0 Mate	PMC-L/M
3	FANUC	System 3	PC-D
4	FANUC	System 6	PC-A/B
5	FANUC	System 10/11	PMC-I
6	FANUC	System 15/16/18	PMC-M
7	SIEMENS	SINUMERIK 820	S5-135W
8	SIEMENS	SINUMERIK 3	S5-100WB
9	SIEMENS	SINUMERIK 8	S5-130WB，S5-150A/K/S
10	SIEMENS	SINUMERIK 850	S5-130WB,S5-150U,S5-155U
11	SIEMENS	SINUMERIK 880	S5-135W

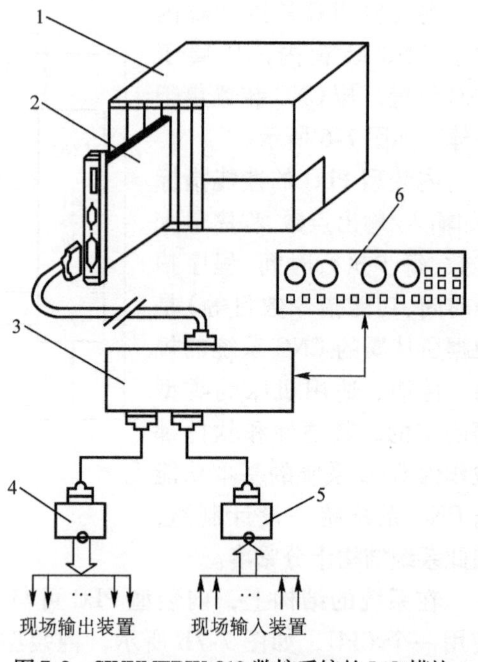

图 7-8 SINUMERIK 810 数控系统的 I/O 模块
1—CNC 系统（背面） 2—I/O 模块 3—I/O 子模块
4—输出端子板 5—输入端子板 6—机床操作面板

2. 独立型 PLC

独立型 PLC 完全独立于 CNC 装置，具有完备的硬件和软件功能，能够独立完成 CNC 系统规定的控制任务，如图 7-9 所示。

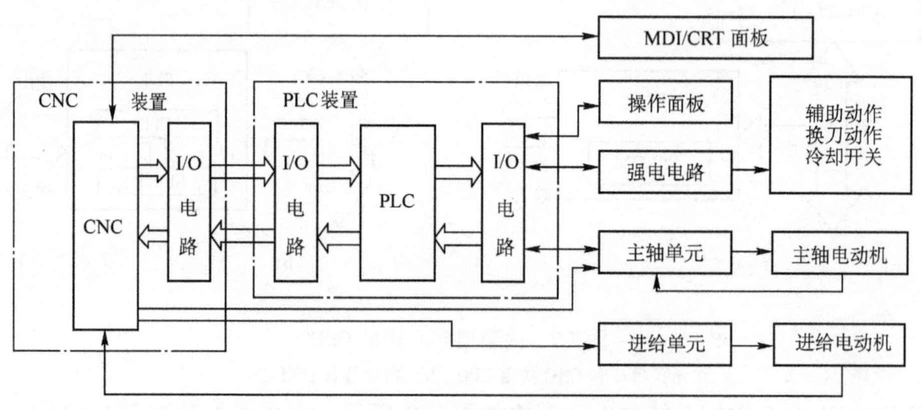

图 7-9 独立型 PLC 的 CNC 系统框图

独立型 PLC 的基本功能结构与通用型 PLC 完成相同。

由图 7-9 可见，独立型 PLC 的 CNC 系统中不但要进行机床侧的 I/O 连接，而且还要进行 CNC 装置侧的 I/O 连接，CNC 和 PLC 均具有各自的 I/O 接口电路。独立型 PLC 一般采用模块化结构，装在插板式机笼内，I/O 点数和规模可通过 I/O 模块的增减灵活配置。对于数控车床、数控铣床和加工中心等单台设备，选用微型或小型 PLC；对于 FMC、FMS、FA、

CIMS 等大型数控系统，则需要选用中型或大型 PLC。

独立型 PLC 造价较高，其性能/价格比不如内装型 PLC。

生产通用型 PLC 的厂家很多，数控系统中选用较多的产品有德国 SIEMENS 公司的 SIMATIC S5、S7 系列、日本 OMRON 公司的 OMRON—SYS—MAC 系列、日本 FANUC 公司的 PMC 系列、三菱公司 FX 系列等。西门子公司的 SIMATIC S7-300 可编程序控制器如图 7-10所示。

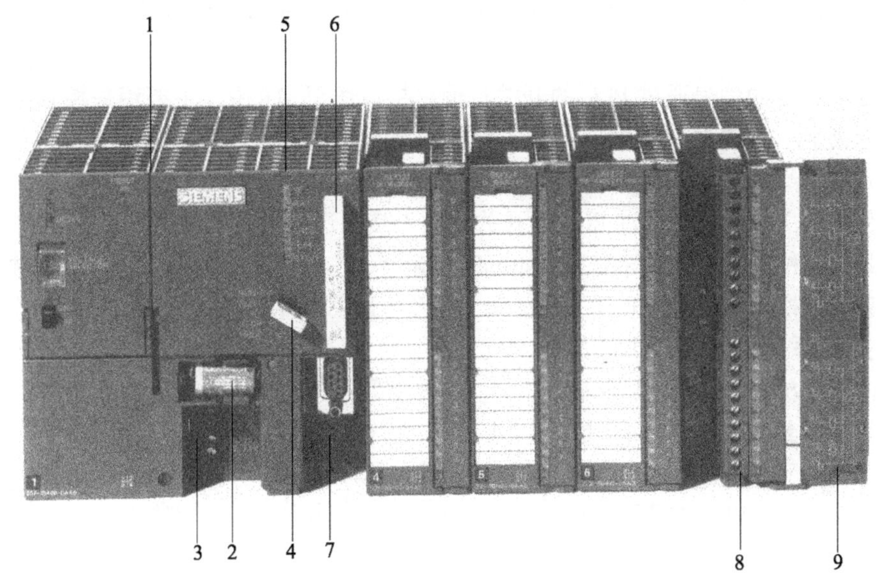

图 7-10　SIMATIC S7-300 可编程序控制器

1—负载电源(选项)　2—后备电池(CPU 313 以上)　3—24V DC 连接
4—模式开关　5—状态和故障指示灯　6—存储器卡(CPU 313 以上)
7—MPI 多点接口　8—前连接器　9—前门

总的来说，内装型 PLC 多用于单微处理器的 CNC 系统中，而独立型 PLC 主要用于多微处理器的 CNC 系统中，但它们的作用是相同的，都是配合 CNC 装置实现刀具的轨迹控制和机床顺序控制。

第三节　数控系统中 PLC 的信息交换

数控系统中 PLC 的信息交换是指以 PLC 为中心，在 PLC、CNC 和机床三者之间的信息交换。

为了讨论 PLC、CNC 和机床各机械部件、机床辅助装置、强电线路之间的关系，常把数控机床分为“NC 侧”和“MT 侧”(即机床侧)两大部分。“NC 侧”包括 CNC 系统的硬件、软件以及与 CNC 系统连接的外部设备。“MT 侧”包括机床机械部分及其液压、气压、冷却、润滑、排屑等辅助装置，机床操作面板、继电器线路和机床强电线路等。PLC 处于 CNC 和 MT 之间，对 NC 侧和 MT 侧的输入(输出)信号进行处理。

PLC、CNC 和 MT 之间的信息交换包括四个部分。

1. CNC 传送给 PLC

CNC 送至 PLC 的信息可由开关量输出信号(对 NC 侧而言)完成，也可由 CNC 直接送入 PLC 的寄存器中。这些信息主要包括各种功能代码 M、S、T 的信息，手动/自动方式信息及各种使能信息等。

2. PLC 传送给 CNC

PLC 送至 CNC 的信息由开关量输入信号(对 NC 侧而言)完成。所有 PLC 送至 CNC 的信息地址与含义由 CNC 系统生产厂家确定，PLC 编程者只可使用不可改变和增删。这些信息主要包括 M、S、T 功能的应答信息和各坐标轴对应的机床参考点信息等。

3. PLC 传送给 MT

PLC 控制机床的信号通过 PLC 的开关量输出接口送至 MT 中，主要用来控制机床的执行元件，如电磁阀、继电器、接触器以及各种状态指示和故障报警等。

4. MT 传送给 PLC

机床侧的开关量信号可通过 PLC 的开关量输入接口送入 PLC 中，主要是机床操作面板输入信息和其上各种开关、按钮等信息，如机床的起停、主轴正反转和停止、各坐标轴点动、刀架卡盘的夹紧与松开、切削液的开关、倍率选择及各运动部件的限位开关信号等信息。

不同数控系统 CNC 与 PLC 之间的信息交换方式、功能强弱差别很大，但其最基本的功能是 CNC 将所需执行的 M、S、T 功能代码送到 PLC，由 PLC 控制完成相应的动作，然后再由 PLC 送给 CNC 完成信号 FIN。

下面以 FAGOR8025/8030 车床系统中的 PLC 为例，介绍信息的交换过程，如图 7-11 所示。

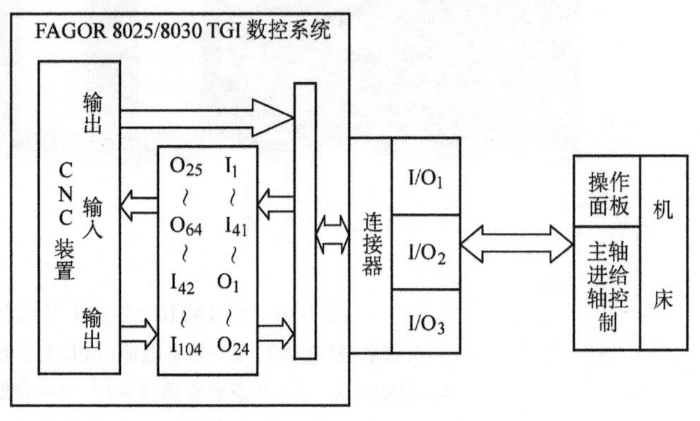

图 7-11　FAGOR 系统的信息交换

内装型 PLC 的输入信号 $I_{42}\sim I_{104}$ 借助于连接器 I/O_1 和 I/O_2 将 CNC 的输出传递给机床，同时借助于 I/O_1 和 I/O_2 将机床信息通过 PLC 的 $O_{25}\sim O_{64}$ 传送给 CNC。另外，I/O_3 为主轴和 6 个进给轴的伺服系统提供模拟输出控制电压。$I_1\sim I_{41}$ 分散与三个连接器连接，其中 I/O_1 上有 8 个输入信号，I/O_2 上有 32 个输入信号，I/O_3 上有一个输入信号，$O_1\sim O_{24}$ 与 I/O_1 连接。

(1) PLC 的输入　PLC 共有 104 个输入信号，其中 41 个外部输入信号，其编号为 $I_1\sim I_{41}$，它们主要是机床上的有关输入信号，另外 63 个内部逻辑输入信号通过内部存储器由 CNC 传送给 PLC，其编号为 $I_{42}\sim I_{104}$，每个信号对应的含义见表 7-2。

表 7-2　PLC 内部逻辑输入信号

序号	PLC 输入信号编号	CNC 逻辑输出信号含义	序号	PLC 输入信号编号	CNC 逻辑输出信号含义
1	$I_{49}\sim I_{56}$	M、S、T、1/2/4/8/10/20/40/80 位 BCD 码	5	I_{60}	螺纹切削输出信号
2	I_{57}	X 轴使能信号	6	I_{61}	T 功能选通信号
3	I_{58}	复位信号	7	I_{62}	S 功能选通信号
4	I_{59}	Z 轴使能信号	8	I_{63}	M 功能选通信号

（续）

序号	PLC 输入信号编号	CNC 逻辑输出信号含义	序号	PLC 输入信号编号	CNC 逻辑输出信号含义
9	I_{64}	急停信号	20	I_{91}	第 3 轴在运动中
10	I_{65} ~ I_{79}	M 功能代码输出 1 ~ 15	21	I_{92}	X 轴在运动中
11	I_{80}	手动方式	22	I_{93}	备用
12	I_{81}	第 4 轴使能信号	23	I_{94}	CNC 在执行中/循环启动
13	I_{82}	第 3 轴使能信号	24	I_{95}	CNC 中断
14	I_{83}	C 轴使能信号	25	I_{96}	错误信息
15	I_{84}	主轴锁住（准停）信号	26	I_{97}	备用
16	I_{85}	刀库回转方向信号	27	I_{98}	自动方式
17	I_{86} ~ I_{88}	备用	28	I_{99}	G00 方式运动
18	I_{89}	第 4 轴在运动中	29	I_{100} ~ I_{104}	备用
19	I_{90}	Z 轴在运动中			

（2）PLC 的输出　PLC 共有 64 个输出信号，其中 24 个外部输出信号通过 I/O_1 输出，其编号为 O_1 ~ O_{24}，它们主要是给机床输入各种开关信号，另外 40 个内部逻辑输出信号通过内部存储器由 PLC 传送给 CNC，其编号为 O_{25} ~ O_{64}，每个信号对应的含义见表 7-3。

表 7-3　PLC 内部逻辑输出信号

序号	PLC 输出信号编号	CNC 逻辑输入信号含义	序号	PLC 输出信号编号	CNC 逻辑输入信号含义
1	O_{33}	外部启动，可用于录返自动控制	9	O_{41}	显示方式/手动方式转换
2	O_{34}	外部停止，可选择跳到急停子程序	10	O_{42}	选择停 M01/条件程序段
3	O_{35}	FFED-HOLD（进给保持）	11	O_{49}	附加逻辑输入
4	O_{36}	EMERGENCY（急停）	12	O_{50}	附加逻辑输入
5	O_{37}	第 4 轴机床参考点脉冲信号	13	O_{25} ~ O_{32}，O_{43} ~ O_{48}，O_{51} ~ O_{64}	暂未使用
6	O_{38}	Z 轴机床参考点脉冲信号			
7	O_{39}	C 轴/第 3 轴机床参考点脉冲信号			
8	O_{40}	X 轴机床参考点脉冲信号			

第四节　数控系统中的 PLC 控制功能实现

在数控系统中，机床离散信息的控制主要是靠 M、S、T 功能代码，通过 PLC 输入/输出接口来协调刀具轨迹和机床顺序动作的控制。

1. M 功能的实现

M 功能称为辅助功能，用 M 后跟两位数字来表示。根据 M 代码的编程，可以实现机床主轴正反转及停止、数控加工程序运行停止、切削液的开关、自动换刀、卡盘的夹紧和松开等功能的控制。某数控系统的基本辅助功能见表 7-4。

表 7-4　基本辅助功能动作类型

辅助功能代码	功　能	类型	辅助功能代码	功　能	类型
M00	程序停	A	M07	液状冷却	I
M01	选择停	A	M08	雾状冷却	I
M02	程序结束	A	M09	关冷却液	A
M03	主轴顺时针旋转	I	M10	夹紧	H
M04	主轴逆时针旋转	I	M11	松开	H
M05	主轴停	A	M30	程序结束并倒带	A
M06	换刀准备	C			

表中 M 功能的执行条件不完全相同，有的辅助功能经过译码处理传送到工作寄存器后(即在程序段中的坐标轴运动之前)就立即起作用，称为段前辅助功能，记为 I，例如 M03、M04、M07 等。有些辅助功能要等到它们所在程序段中的坐标轴运动完成之后才起作用，称为段后辅助功能，记为 A，如 M02、M05、M09 等。有些辅助功能一旦被编入执行后便一直有效，直至被取代或注销为止，记为 H，如 M10、M11 等。还有一些辅助功能只在本程序段中起作用，对其他程序段不起作用，记为 C，如 M06 等。

根据上述辅助功能动作类型的不同，在译码后的处理方法也不同。如在数控加工程序被译码处理后，CNC 系统控制软件就将辅助功能的有关编码信息通过 PLC 输入接口传送到相应寄存器中，供 PLC 的逻辑处理软件扫描采样，并输出处理结果，通过输出接口来控制有关执行元件。

2. S 功能的实现

S 功能是主轴转速控制功能，以往用 S2 位代码形式指定主轴转速，现代数控系统一般用 S4 位代码来编程。

S4 位代码编程是指用 S 后跟 4 位十进制数字来直接指定主轴转速，如 S1200 表示主轴转速为 1200r/min。S4 位代码表示的转速范围为 0～9999r/min，如图 7-12 所示，数控系统控制主轴转速时，要进行限幅处理，以保证主轴转速处于一个安全范围内。如将主轴转速限制在 20～3150r/min，一旦主轴转速超过给定上下边界值时，则取相应边界值输出即可。

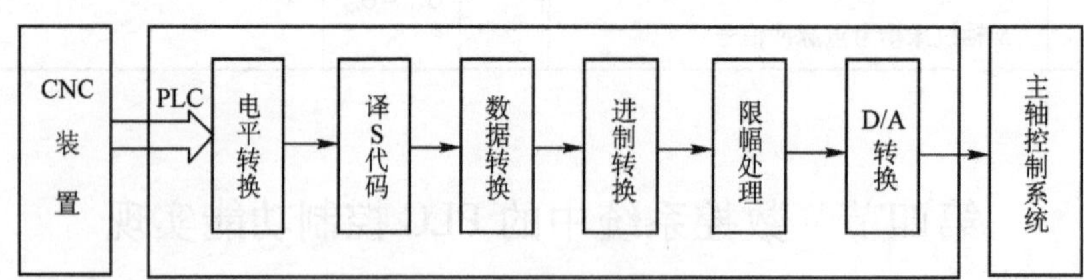

图 7-12　S 功能处理框图

为了提高主轴转速的稳定性，保证低速切削时有足够的转矩，有些数控系统以600r/min为标准，增设了一级齿轮变速，并通过辅助功能代码来进行换挡。例如，当 S＜600r/min 时，使用 M38 可将主轴转速变换成 20～600r/min 范围；当 S≥600r/min 时，使用 M39 代码可将主轴转速变换成 600～3150r/min 范围。

S2 位代码编程是指用 S 后跟两位十进制数字来指定主轴转速，共有 100 级(S00～S99)，并按等比级数递增，其公比为 $\sqrt[20]{10}=1.12$，即后一级速度比前一级速度增加 12%。这样根据主轴转速的上、下限和等比关系就可以获得S2位代码与主轴转速（BCD码）的对应表格，它用于S2位代码的译码。图7-13所示为S2位代码在PLC中的处理框图，图中译S代码和数据转换实质是从上述表格中查出S2代码相对应的主轴转速大小，并将其转换成二进制数，经限幅处理后，将得到的数字量进行D/A转换，输出一个相对应的直流控制电压（0～10V、0～5V或－10～＋10V）给主轴驱动系统或主轴变频器，使主轴按指定速度旋转。

在这里需要明确的是，D/A转换接口电路既可装在CNC单元内，也可装在PLC单元内，既可由CNC与PLC配合完成控制任务，也可由它们单独完成控制任务。如图7-14所示，图中CNC根据给定的数字量产生对应的模拟电压值，用于主轴驱动回路的控制，PLC完成传动单元变速逻辑控制和数字转速指令功能。该系统主轴转速是由CNC与PLC共同完成控制的。

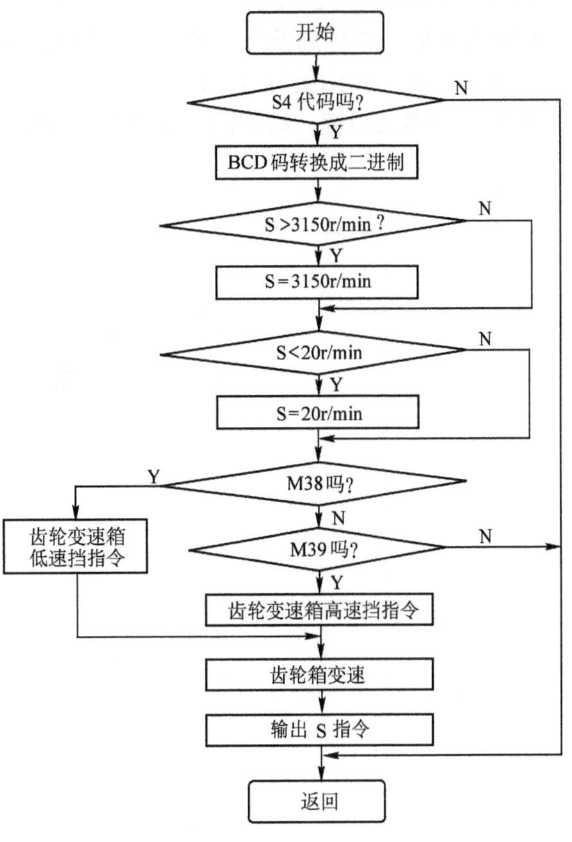

图7-13　S功能处理框图

3. T功能的实现

T功能称为刀具功能，用T代码后跟2～5位数字表示刀具号和刀具补偿号。根据T代码通过PLC可以实现数控机床的自动换刀及刀库管理，即根据刀具和刀具座的编号，可以方便可靠地进行选刀和换刀控制。

根据取刀和还刀的位置是否固定，可将换刀功能分为固定存取和随机存取换刀控制。在固定存取换刀控制中，被取刀具和被还刀具的位置都是固定的，也就是说，换下的刀具必须放回预先安排好的固定位置，这种换刀方式的换刀时间较长，但其控制较简单。在随机存取换刀控制中，取刀和还刀与刀具座编号无关，还刀位置是随机的，在执行换刀的过程中，当取出所需刀具后，刀库不需转动，由机械手将机床上换下来的刀具存到取出刀具的位置。这种换刀控制方式，其取刀、换刀和存刀一次完成，换刀时间较短，提高了生产效率，但其控制较复杂。

图7-15所示为采用固定存取换刀控制方式的T功能处理框图。

零件数控加工程序经CNC装置译码处理后，得到机床坐标轴运动的连续控制信息和机床开关量控制信息。开关量控制信息由CNC系统控制软件传送给PLC，其中T代码在PLC中进一步经过译码并在刀具数据表内检索，找到T代码所对应的刀具编号（即数据表中的地址），然后与目前使用的刀号相比较。如果相同，则说明T代码所指定的刀具就是目前正在使用的刀具，不需要进行刀具更换。如果不相同则要进行更换刀具操作，首先将主轴（或刀架）上的刀具卸下放到它的固定刀座号上，然后将刀库回转控制信号送刀库控制系统，直至T代码所指定的刀具转到换刀位置，刀库停止回转，最后取出所需刀具装到主轴（或刀架）上。至此，一把刀具的换刀过程结束。

根据以上换刀过程，编制出T功能处理的流程图，如图7-16所示。

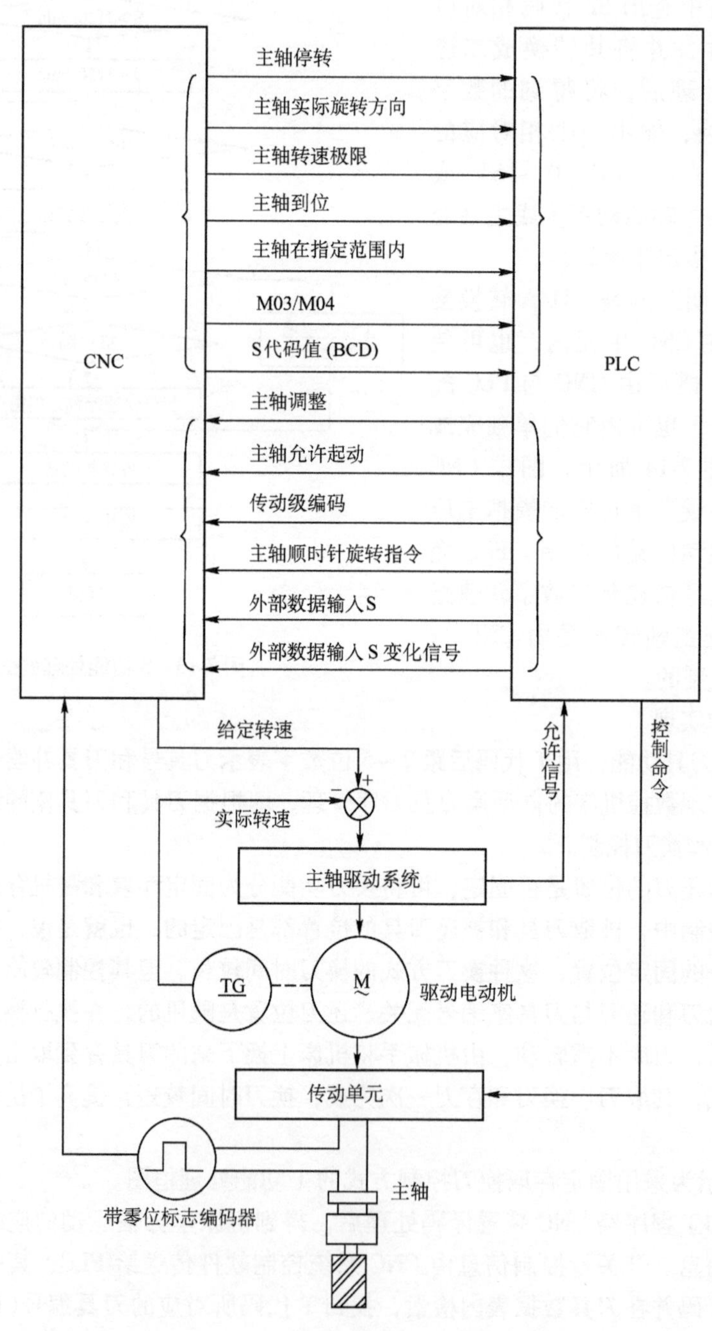

图7-14　SINUMERIK 3系统主轴控制框图

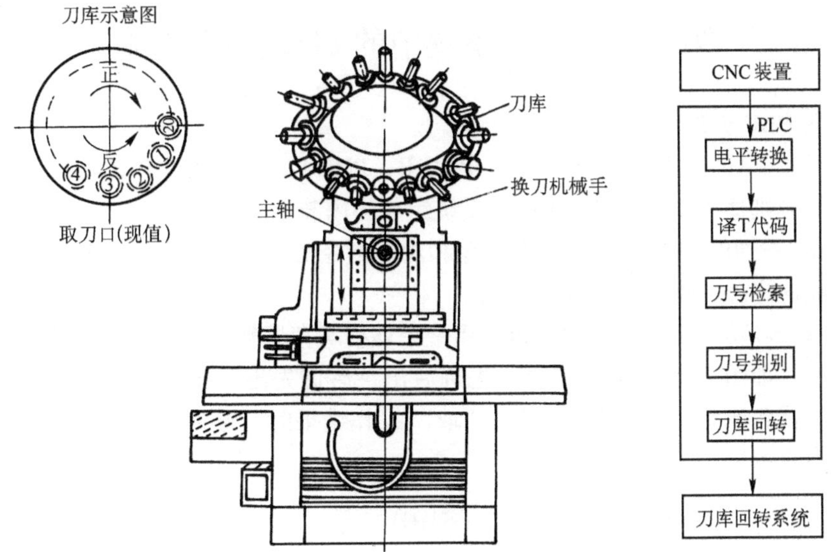

图 7-15　T 功能处理示意图

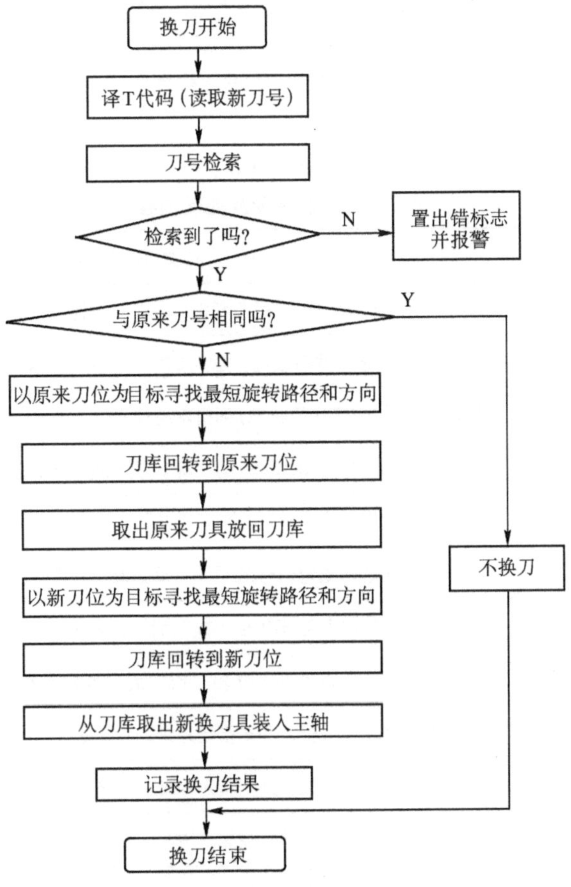

图 7-16　T 功能处理流程图

第五节　数控系统中的PLC应用实例

一、典型PLC介绍

数控机床用FANUC PLC有PMC-A、PMC-B、PMC-C、PMC-D、PMC-GT和PMC-L等多种型号，它们分别适用于不同的FANUC系统组成的内装型PLC。

在FANUC系列的PLC中，有基本指令和功能指令两种，不同型号，其功能指令的数量有所不同，除此之外，指令系统完全相同。

在基本指令和功能指令执行中，PLC用一个堆栈寄存器暂存逻辑操作的中间结果，堆栈寄存器有9位，如图7-17所示，按照“先进后出、后进先出”的原理工作。“写”操作结果压入时，堆栈各原状态全部左移一位；“取”操作结果时，堆栈全部右移一位，最后压入的信号首先恢复读出。

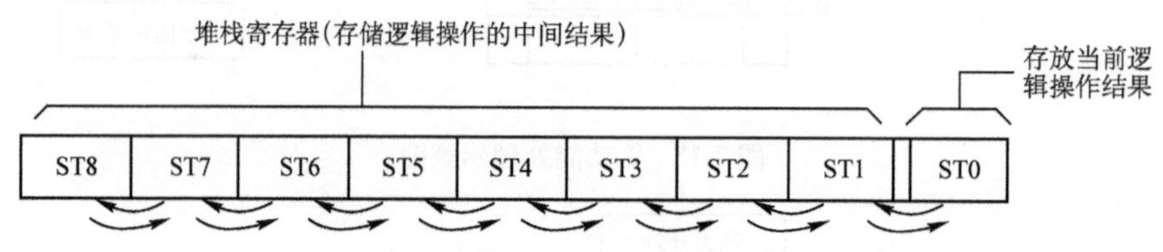

图7-17　堆栈寄存器操作顺序

1. 基本指令

基本指令共12条，其指令及处理内容见表7-5。

表7-5　基本指令及处理内容

序　号	指　令	处理内容
1	RD	读指令信号的状态，并写入ST0中，在一个梯级开始的节点是常开节点时使用
2	RD. NOT	将信号的“非”状态读出，送入ST0中，在一个梯级开始的节点是常闭点时使用
3	WRT	输出运算结果(ST0的状态)到指定地址
4	WRT. NOT	输出运算结果(ST0的状态)的“非”状态到指定地址
5	AND	将ST0的状态与指定地址的信号状态相“与”后，再置于ST0中
6	AND. NOT	将ST0的状态与指定信号的“非”状态相“与”后，再置于ST0中
7	OR	将指定地址的状态与ST0相“或”后，再置于ST0
8	OR. NOT	将地址的“非”状态与ST0相“或”后，再置于ST0
9	RD. STK	堆栈寄存器左移一位，并把指定地址的状态置于ST0
10	RD. NOT. STK	堆栈寄存器左移一位，并把指定地址的状态取“非”后再置于ST0
11	AND. STK	将ST0和ST1的内容执行逻辑“与”，结果存于ST0，堆栈寄存器右移一位
12	OR. STK	将ST0和ST1的内容执行逻辑“或”，结果存于ST0，堆栈寄存器右移一位

基本指令格式如下：

××　　　　　0000.0

指令操作码　　　　　　　　地址号　位数

操作数据

如 RD100.6，其中 RD 为操作指令码，100.6 为操作数，即指令操作对象。它实际上是 PLC 内部数据存储器某一个单元中的一位，100.6 表示第 100 号存储单元中的第 6 位。RD100.6 这一位的数据状态“1”或“0”读出并写入结果寄存器 ST0 中。图 7-18 所示为梯形图，通过编程向 PLC 输入程序的程序语句表如下：

```
RD          1.0
AND. NOT    1.1
RD. STK     1.4
AND. NOT    1.5
OR. STK
RD. STK     1.2
AND         1.3
RD. STK     1.6
AND. NOT    1.7
OR. STK
AND. STK
WRT         15.0
WRT. NOT    15.1
RD. NOT     2.0
OR          2.1
AND. NOT    2.2
WRT         15.2
```

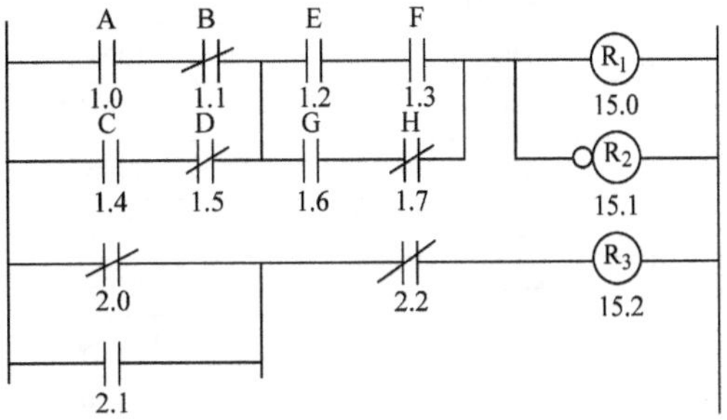

图 7-18　梯形图例

值得说明的是，本例一部分是“块”操作形式，信号 1.0、1.1 是一组，1.4、1.5 又是一组，每一组中的两信号是“与”操作，两组间又是“或”操作，组成一大块；信号 1.2、1.3、1.6、1.7 是类似的情况，组成另一大块；两大块之间再进行“与”操作。

2. 功能指令

数控机床用的 PLC 指令必须满足数控机床信息处理和动作顺序控制的特殊要求，例如 CNC 输出的 M、S、T 二进制代码信号的译码（DEC）；加工零件的计数（CTR）；机械运动状态或液压系统动作状态的延时（TMR）确认；刀库、分度工作台沿最短路径旋转和现在位置至目标位置步数的计算（ROT）；换刀时数据检索（DSCH）和数据变址传送指令（XMOV）等。对于上述的译码、计数、定时、最短路径的选择，以及比较、检索、转移、代码转换、四则运算、信息显示等控制功能，仅用一位操作的基本指令编程，实现起来将会十分困难，因此要增加一些具有专门控制功能的指令，这些专门指令就是功能指令。功能指令都是一些子程序，应用功能指令就是调用相应的子程序。FANUC PLC 的功能指令数目视型号不同而有所不同，其中 PMC-A、PMC-B、PMC-C、PMC-D 为 22 条，PMC-GT 为 23 条，PMC-L 为 35 条。PMC-L 功能指令和处理内容见表 7-6。

表 7-6 PMC-L 功能指令和处理内容

序号	指令			处理内容
	格式 1 用于梯形图	格式 2 用于纸带穿孔和程序显示	格式 3 用于程序输入	
1	END1	SUB1	S1	1 级(高级)程序结束
2	END2	SUB2	S3	2 级程序结束
3	END3	SUB48	S48	3 级程序结束
4	TMR	TMR	T	定时器处理
5	TMRB	SUB24	S24	固定定时器处理
6	DEC	DEC	D	译码
7	CTR	SUB5	S5	计数处理
8	ROT	SUB6	S6	旋转控制
9	COD	SUB7	S7	代码转换
10	MOVE	SUB8	S8	数据“与”后传输
11	COM	DSUB9	S9	公共线控制
12	COME	SUB29	S29	公共线控制结束
13	JMP	SUB10	S10	跳转
14	JMPE	SUB30	S30	跳转结束
15	PAR1	SUB11	S11	奇偶检查
16	DCNV	SUB14	S14	数据转换(二进制数 BCD 码)
17	COMP	SUB15	S15	比较
18	COIN	SUB16	S16	符号检查
19	DSCH	SUB17	S17	数据检索
20	XMOV	SUB18	S18	变址数据传输
21	ADD	SUB19	S19	加法运算
22	SUB	SUB20	S20	减法运算
23	MUL	SUB21	S21	乘法运算
24	DIV	SUB22	S22	除法运算
25	NUME	SUB23	S23	定义常数
26	PACTL	SUB25	S25	位置 Mate-A
27	CODB	SUB27	S27	二进制代码转换
28	DCNVB	SUB31	S31	扩展数据转换
29	COMPB	SUB32	S32	二进制数比较
30	ADDB	SUB36	S36	二进制数加
31	SUBB	SUB37	S37	二进制数减
32	MULB	SUB38	S38	二进制数乘
33	DIVB	SUB39	S39	二进制数除
34	NUMEB	SUB40	S40	定义二进制数
35	DISP	SUB49	S49	在 CNC 的 CRT 上显示信息

（1）功能指令的格式　功能指令不能使用继电器的符号，必须使用如图 7-19 所示格式符号。这种格式包括控制条件、指令标号、参数和输出几个部分。

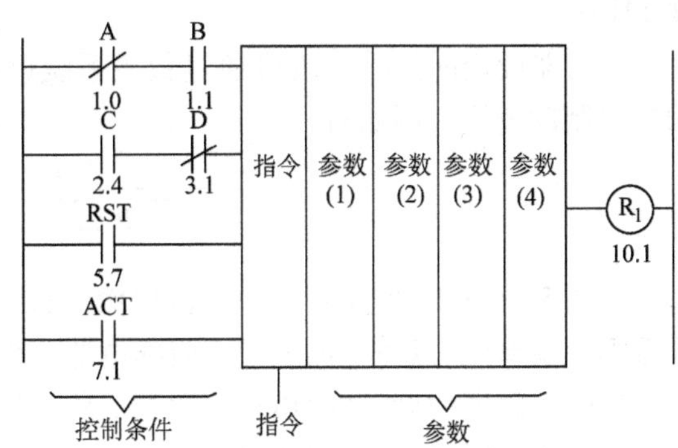

图 7-19　功能指令格式

RD. NOT	1. 0
AND	1. 1
RD	2. 4
AND. NOT	3. 1
SUBOO	（指令）
PRMOOOO	（参数 1）
PRMOOOO	（参数 2）
PRMOOOO	（参数 3）
PRMOOOO	（参数 4）
WRT	10. 1

1）控制条件。控制条件的数量和意义随功能指令的不同而变化。控制条件被存入堆栈寄存器中，其顺序是固定不变的。

2）指令。功能指令的种类见表 7-6，指令有三种格式，格式 1 用于梯形图；格式 2 用于在纸带穿孔和程序显示；格式 3 为用编程器输入程序时的简化指令。对于 TMR 和 DEC 指令在编程器上有其专用指令键，其他功能指令则用 SUB 键和其后的数字键输入。

3）参数。功能指令不同于基本指令，可以处理各种数据，数据本身或存有数据的地址可作为功能指令的参数，参数的数量和含义随指令的不同而不同。

4）输出。功能指令的执行情况可用一位“1”和“0”表示，把它输出到 R1 软继电器。R1 继电器的地址可随意确定，但有些功能指令不用 R1，如 MOVE、COM、JMP 等。

（2）部分功能指令说明

1）顺序程序结束指令（END1、END2）。END1：高级顺序程序结束指令；END2：低级顺序程序结束指令。

指令格式

ENDi

其中 i = 1 或 2，分别表示高级和低级顺序程序结束指令。

2）定时器指令（TMR、TMRB）。在数控机床梯形图编制中，定时器是不可缺少的指令，用于顺序程序中需要与时间建立逻辑关系的场合，其功能相当于一种通常的定时继电器。

① TMR 指令设定时间可更改的定时器，指令格式如图 7-20 所示，语句表如下：

RD000. 0	（条件 ACT）
TMR00	（定时器数据存储单元）
WRT000. 0	（输出地址）

ACT　000·0　TMR　00　TM 00　000·0
控制条件　指令　定时器　输出地址

图 7-20　TMR 指令格式及语句表

定时器的工作原理是：当控制 ACT = 0

时，定时继电器 TM 断开；当 ACT = 1 时，定时器开始计时，到达预定的时间后，定时继电器 TM 接通。

定时器设定时间的更改可通过数控系统(CRT/MDI)在定时器数据地址中设定，设定值用二进制数表示，例如有

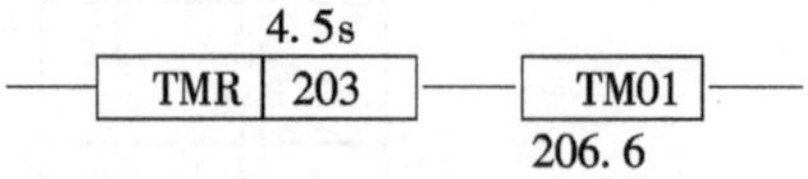

4.5s
TMR | 203 —— TM01
206.6

则 4.5s 的延时数据通过手动数据输入板(MDI)在 CRT 上预先设定，由系统存入第 203 号数据存储单元。TM01 即 1 号定时继电器，数据位为 206.6。

定时器数据的设定以 50ms 为单位。将定时时间化为 ms 数再除以 50，然后以二进制数写入选定的存储单元。本例定时 4.5s，即用 4500ms 除以 50 得 90，将 90 以二进制数表示为 01011010，存入 203 号数据单元，该二进制数只占用 16 位的 203 号数据存储单元中的低 8 位。

② TMRB 为设定时间固定的定时器。TMRB 与 TMR 的区别在于，TMRB 的设定时间编在梯形图中，在指令和定时器的后面加上一项参数的预设定时间，与顺序程序一起被写入 EPROM，所设定的时间不能用 CRT/MDI 改写。

③ 译码指令(DEC)是数控机床在执行加工程序中规定的 M、S、T 代码信号。这些信号需要经过译码才能从 BCD 状态转换成具有特定功能含义的一位逻辑状态。DEC 功能指令的格式如图 7-21 所示。

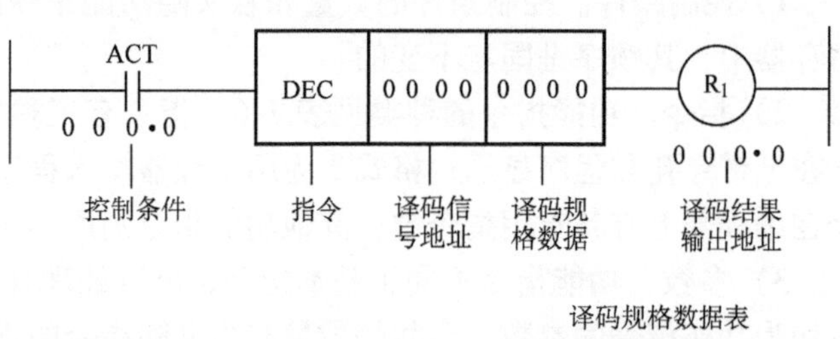

图 7-21 DEC 功能指令的格式

译码信号地址是指 CNC 至 PLC 的二字节 BCD 码的信号地址，译码规格数据由译码值和译码位数两部分组成，其中译码值只能是两位数，例如 M30 的译码值为 30。译码位数的设定有三种情况。

01：译码地址中的两位 BCD 码，高位不变，只译低位码。

10：高位译码，低位不译码。

11：两位 BCD 码均被译码。

DEC 指令的工作原理是，当控制条件 ACT = 0 时，不译码，译码结果继电器 R_1 断开；当控制条件 ACT = 1 时，执行译码，当指定译码信号地址与译码规格数据相同时，输出 $R_1 = 1$，否则 $R_1 = 0$。译码输出地址由设计人员确定。

【例 7-1】 M30 的译码梯形图如图 7-22 所示，语句表如下：

```
RD     66.0
AND    66.3
DEC    0067
PRM    3011
WRT    228.1
```

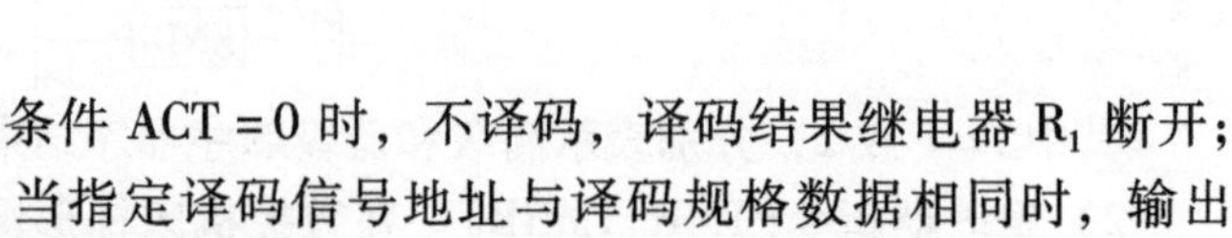

66.0 66.3 DEC | 0067 | 3011 —— R1 (228.1) M30

图 7-22 M30 LTU 译码梯形图

0067 为译码信号地址，3011 表示对译码地址 0067 中的二位 BCD 码的高低位均译码，并判断该地址中的数据是否为 30，译码后的结果存入 228.1 地址中。

二、PLC 应用实例

1. 主轴运动的控制

控制主轴运动的梯形图局部如图 7-23 所示，图中包括主轴旋转方向控制和主轴齿轮换挡控制两部分，控制方式分手动和自动两种工作方式。图中各信号的含义如下：

HS. M　　手动操作开关
AS. M　　自动操作开关
CW. M　　主轴正转按钮
CCW. M　　主轴反转按钮
OFF. M　　主轴停转按钮
SPLGEAR　　齿轮低速换挡到位行程开关
SPHGEAR　　齿轮高速换挡到位行程开关
LEGAR　　手动低速换挡到位开关
HEGAR　　手动高速换挡到位开关

程序中应用了译码和延时两个功能指令，所涉及的 M 功能是：

M03　　主轴正转
M04　　主轴反转
M05　　主轴停转
M41　　主轴齿轮换低速挡
M42　　主轴齿轮换高速挡

当机床操作面板上的工作方式开关选手动时，HS. M 为“1”。此时，自动工作方式信号 AUTO 为“0”。由于 HS. M 为“1”，软继电器 HAND 线圈接通，梯级 1 中的 HAND 常开软接点闭合，线路处于自保持状态，从而处于手动工作方式。

在主轴顺时针旋转梯级中，HAND = 1，主轴旋转方向选择旋钮置于顺时针位置，CW. M = 1,又由于主轴停止旋钮开关 OFF. M 没接通，SPOFF 常闭触点为“1”，使主轴手动控制顺时针旋转。

当方向选择旋钮置于逆时针接通状态时，HAND = 1，CCW. M = 1，SPOFF 常闭触点为“1”，使主轴手动控制逆时针旋转。

工作方式选择开关在自动位置时，AS. M = 1，使系统处于自动工作方式。由于自动方式和手动方式的常闭触点接在对方的互锁支路中，所以两者也是互锁的。

在自动方式下，通过程序给出主轴顺时针旋转指令 M03，或逆时针旋转指令 M04，或主轴停止旋转指令 M05，分别控制主轴的两个旋转方向和停止。图 7-23 中 DEC 为译码功能指令，当输入零件加工程序时，如程序中出现 M03 指令，则经过一段时间延时(约 80ms)后，MF = 1，开始执行 DEC 指令，译码确定为 M03 指令后，M03 软继电器接通，其接在主轴顺时针旋转梯级中的 M03 软常开触点闭合，继电器 SPCW 接通，主轴在自动方式下顺时针旋转。若程序中出现 M04 指令，其控制过程类似，主轴逆时针旋转。

在机床运行中，主轴齿轮需换挡时，零件加工程序中应给出换挡指令。M41 代码为主轴齿轮低速挡指令，M42 代码为主轴齿轮高速挡指令。下面以执行 M41 指令为例，说明自

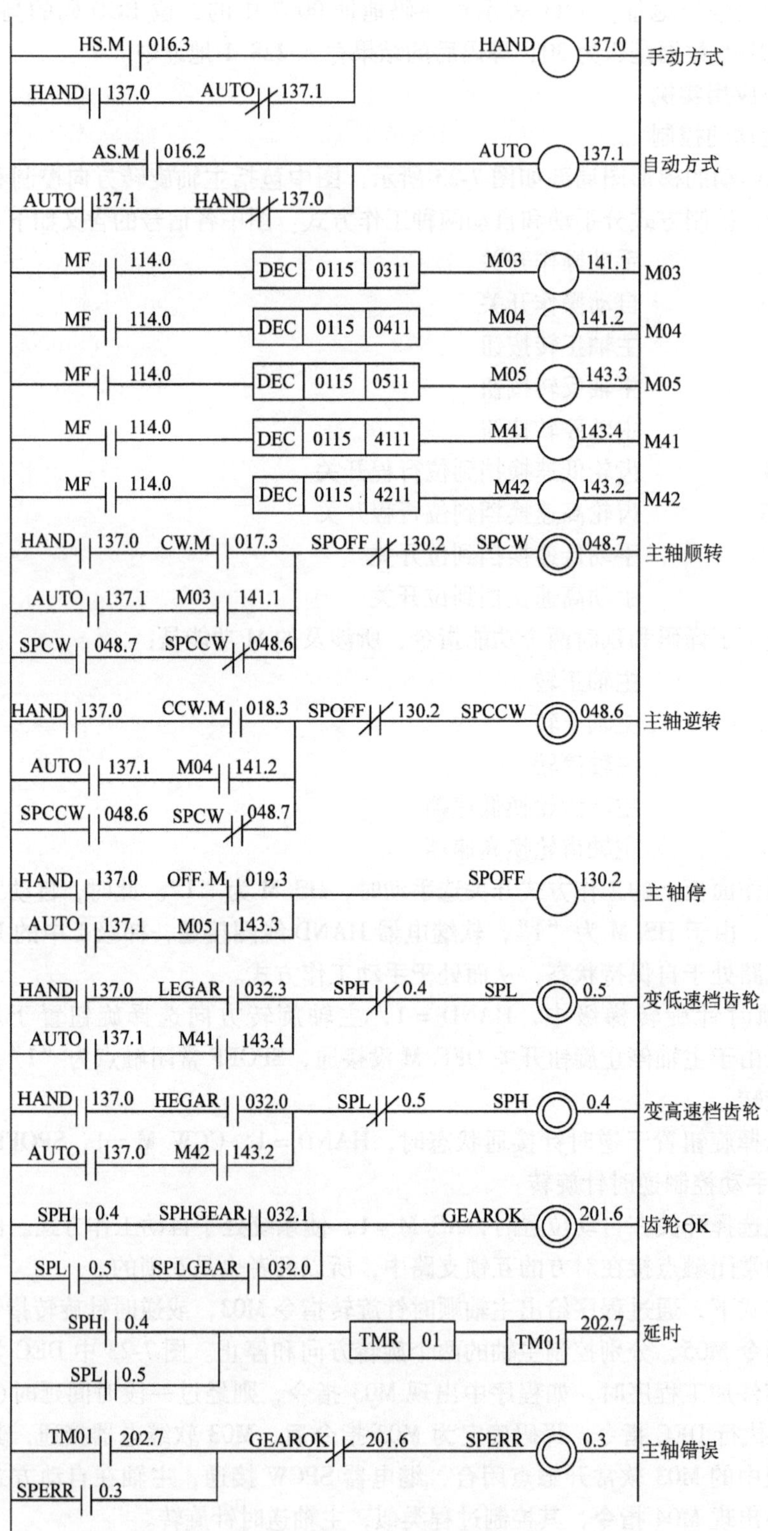

图 7-23 控制主轴运动的梯形图局部

动换挡的过程。

输入带有 M41 代码的程序段并开始执行后，经过延时，MF = 1，执行 DEC 译码，当译码与程序中的码一致时，M41 为“1”，使 M41 软继电器接通，其接在“变低速挡齿轮”梯级中的软常开触点 M41 闭合，从而使继电器 SPL 接通，齿轮箱齿轮换到低速挡。SPL 的常开触点接在延时梯级中，当其闭合时，定时器 TMR 开始工作。经过定时器设定的时间后，如果接收到换挡到位信号，即 SPLGEAR = 1，换挡成功。SPLGEAR 信号使换挡成功，软继电器 GEAROK 接通，GEAROK 的常闭软触点断开，使 SPERR 软继电器断开，即 SPERR = 0，表示主轴换挡成功。如果换挡过程不顺利或出现机械故障时，则接收不到换挡成功信号，延时后 SPLGEAR = 0，使 GEAROK = 0，经过 TMR 延时后，延时常开触点 TM01 闭合，接通了主轴错误继电器 SPERR，通过其常开触点的闭合自保，发出错误信号，表示主轴齿轮换挡出错。

处于手动工作方式时，也可以进行手动主轴齿轮换挡。此时，将机床操作面板上的选择开关 LEGAR 置“1”，即可完成手动将主轴齿轮换为低速挡。同样，也可由主轴出错显示来表明齿轮换挡是否成功。

执行 M42 指令进行主轴齿轮高速换挡过程与执行 M41 指令类似。

表 7-7 为梯形图 7-23 所对应的程序表。

表 7-7 梯形图 7-23 所对应的程序表

步 序	指 令	地址．位数	步 序	指 令	地址．位数
1	RD	016. 3	29	PRM	4211
2	RD. STK	137. 0	30	WRT	143. 2
3	AND. NOT	137. 1	31	RD	137. 0
4	OR. STK		32	AND	017. 3
5	WRT	137. 0	33	RD. STK	137. 1
6	RD	016. 2	34	AND	141. 1
7	RD. STK	137. 1	35	OR. STK	
8	AND. NOT	137. 0	36	RD. STK	048. 7
9	OR. STK		37	AND. NOT	048. 6
10	WRT	137. 1	38	OR. STK	
11	RD	114. 0	39	AND. NOT	130. 2
12	DEC	0115	40	WRT	048. 7
13	PRM	0311	41	RD	137. 0
14	WRT	141. 1	42	AND	018. 3
15	RD	114. 0	43	RD. STK	137. 1
16	DEC	0115	44	AND	141. 2
17	PRM	0411	45	OR. STK	
18	WRT	141. 2	46	RD. STK	048. 6
19	RD	114. 0	47	AND. NOT	048. 7
20	DEC	0115	48	OR. STK	
21	PRM	0511	49	AND. NOT	130. 2
22	WRT	143. 3	50	WRT	048. 6
23	RD	114. 0	51	RD	137. 0
24	DEC	0115	52	AND	019. 3
25	PRM	4111	53	RD. STK	137. 1
26	WRT	143. 4	54	AND	143. 3
27	RD	114. 0	55	OR . STK	
28	DEC	0115	56	WRT	130. 2

（续）

步　序	指　令	地址．位数	步　序	指　令	地址．位数
57	RD	137.0	71	RD	0.4
58	AND	032.3	72	AND	032.1
59	RD.STK	137.1	73	RD.STK	0.5
60	AND	143.4	74	AND	032.0
61	OR.STK		75	OR.STK	
62	AND.NOT	0.4	76	WRT	201.6
63	WRT	0.5	77	RD	0.4
64	RD	137.0	78	OR	0.5
65	AND	032.2	79	TMR	0.1
66	RD.STK	137.1	80	WRT	202.7
67	AND	143.2	81	RD	202.7
68	OR.STK		82	OR	0.3
69	AND.NOT	0.5	83	AND.NOT	201.6
70	WRT	0.4	84	WRT	0.3

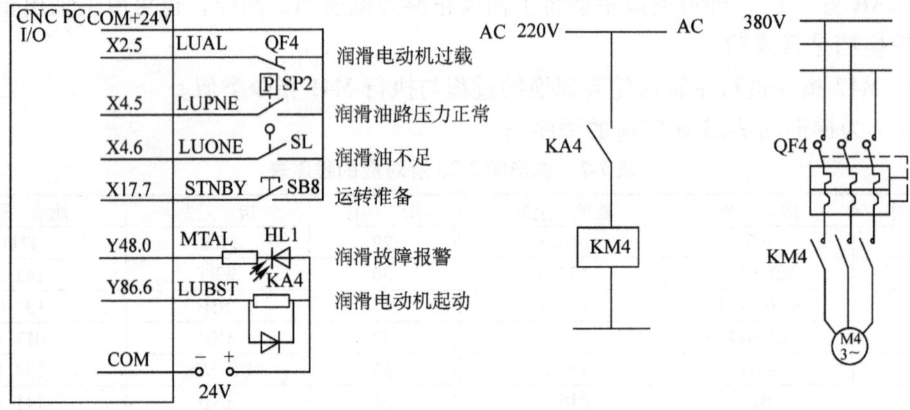

图 7-24　润滑系统电气控制原理

2. 润滑系统自动控制

某数控机床润滑系统的电气控制原理如图 7-24 所示。图 7-25 所示为该润滑系统控制系统流程图。图 7-26 所示为该润滑系统 PLC 控制梯形图。

（1）润滑系统正常工作控制过程　按下运转准备按钮 SB8，23N 行 X17.7 为“1”，输出信号 Y86.6 接通中间继电器 KA4 线圈，通过 KA4 触点又接通接触器 KM4，使润滑电动机 M4 起动，23P 行的 Y86.6 触点自锁。

当 Y86.6 为“1”时，24A 行 Y86.6 触点闭合，TM17 号定时器(R613.0)开始计时，设定时间为 15s(通过 MDI 面板设定)。到达 15s 后，TM17 为“1”，23P 行的 R613.0 触点断开，此时 Y86.6 为“0”，润滑电动机停止运行，同时也使 24D 行输出 R600.2 为“1”并自锁。

24F 行的 R600.2 为“1”，使 TM18 定时器开始计时，时间设定为 25min。当到达时间后，输出信号 R613.1 为“1”，使 24G 行的 R613.1 触点闭合，Y86.6

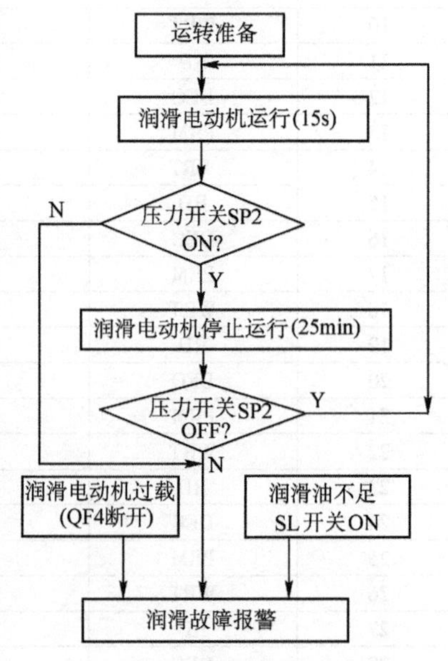

图 7-25　润滑系统控制流程图

输出并自锁，润滑电动机 M4 重新起动运行，重复上述控制过程。

（2）润滑系统故障监控

1）当润滑油路出现堵塞或压力开关 SP2 失灵的情况时，在 M4 已停止运行 25min 后压力开关 SP2 未关闭，则 24G 行的 X4.5 闭合，R600.4 输出为“1”，一方面使 24I 行的 R616.7 输出为“1”，使 23N 行的 R616.7 触点打开，润滑电动机断开；另一方面 24M 行 R616.7 触点闭合，使 Y48.0 输出为“1”，报警指示灯(HL1)亮，并通过 TM02、TM03 定时器控制，使信号警告灯闪烁。

2）当润滑油路出现堵塞或压力开关 SP2 失灵的情况时，M4 已运行 15s 但压力开关 SP2 未闭合，24B 行的 X4.5 触点未打开，R600.3 为“1”并自锁，同样使 24I 行的 R616.7 输出为“1”，结果与第一种情况相同，使润滑电动机不再起动，并报警指示。

3）润滑电动机 M4 过载，自动开关 QF4 断开 M4 的主电路，同时 QF4 的辅助触点闭合，使 24I 行的 X2.5 合上，同样使 R616.7 输出为“1”，断开 M4 的控制电路并报警。

4）润滑油不足，液位开关 SL 闭合，24J 行的 X4.6 闭合，同样使 R616.7 输出为“1”，断开 M4 并报警。

通过 24P、25A、25B、25C 行，将四种报警状态传输到 R652 地址中的高四位中，即 R652.4、R652.5、R652.6 和 R652.7。通过 CRT/MDI 检查诊断地址 DGN NO652 的对应状态，若哪一位为“1”，即为哪一项的故障，从而确认报警时的故障原因。

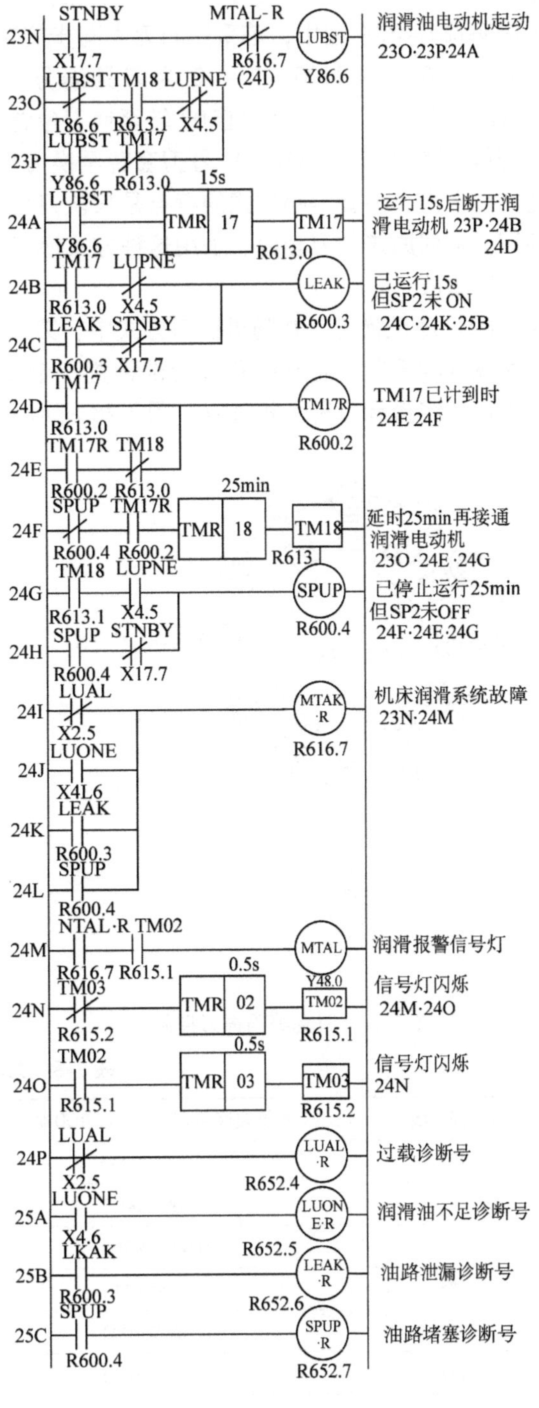

图 7-26　润滑系统的 PLC 控制梯形图

3. 自动换刀控制

在具有自动换刀功能的数控机床上，刀库选刀控制(T 指令)和刀具交换控制(M06 指令)是 PLC 控制的重要组成部分。目前，自动换刀一般有两种方式，一是刀套编码方式的固定选刀，二是随机选刀。

（1）刀套编码方式　刀套编码方式是通过对刀库中的刀套进行编码，并将与刀套编码相对应的刀具放入指定的刀套中，然后根据刀套的编码选取刀具的方式。图 7-27 所示为刀套编码选刀控制。图中，若采用与刀库同步旋转的绝对值编码器，则 01 ~ 12 刀套编号对应的 BCD 码为 0001 ~ 1100，1 ~ 12 为刀具编号，且刀具编号与刀套编号一一对应。当执行 M06T03 指令时，首先将刀套 07 转至换刀位置，由换刀装置将主轴中的 7 号刀具装入 07 号刀套内，随后刀库反转使 03 号刀套转至换刀位置，由换刀装置将 3 号刀具装入主轴内。由此可以看出，刀套编码方式的特点是只认刀套不认刀具，刀具在自动交换过程中必须将用过的刀具放回原来的刀套内。采用这种方式换刀，应防止把刀具放入与编码不相符的刀套内而引起的事故。

（2）随机换刀　在随机换刀方式中，刀库中的刀具能与主轴中的刀具任意地直接交换。要实现这种控制，需要在 PLC 内部设置一个模拟刀库的数据表，其长度和表内设置的数据与刀库的容量和刀具号相对应。图 7-28 所示为随机换刀方式的刀库，表 7-8 为刀具数据表。

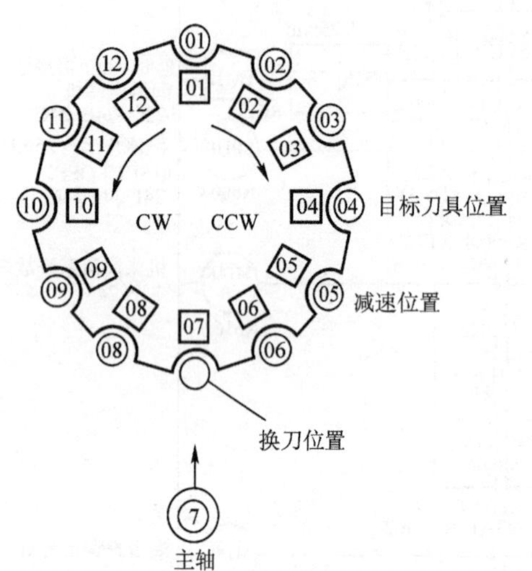

图 7-27　刀套编码选刀控制

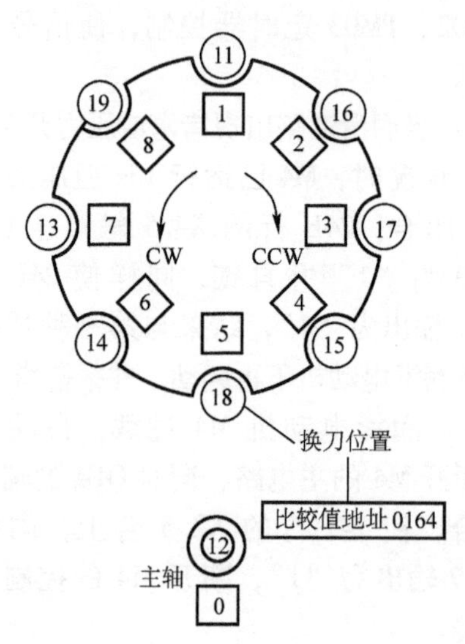

图 7-28　随机换刀刀库

表 7-8　刀具数据表

数据表地址	数据表序号（刀套号）（BCD 码）	刀具号（BCD 码）
172	0（00000000）	12（00010010）
173	1（00000001）	11（00010001）
174	2（00000010）	16（00010110）
175	3（00000011）	17（00010111）
176	4（00000100）	15（00010101）
177	5（00000101）	18（00011000）
178	6（00000110）	14（00010100）→检索数据地址 0117
179	7（00000111）	13（00010011）
180	8（00001000）	19（00011001）

检索结果输出地址 0151

数据表的表序号与刀库刀套编号相对应，这个表序号中的内容就是对应刀套中所放的刀具号，在图7-28中，0～8为刀套号，刀具数据表序号中0是将主轴作为刀库中的一个刀套，(11)～(19)为刀具号。由于刀具数据表实际上是刀库中存放刀具的一种映像，所以数据表与刀库中刀具的位置就始终保持一致，对刀具的识别实质上转变为对刀库位置的识别。当刀库旋转时，每一个刀套通过换刀位置(比较值地址)时，由外部检测装置产生一个脉冲输送到PLC，作为数据表序号指针，通过换刀位置时的计数值总是指示刀库的现在位置。

当PLC接到寻找新刀具的指令(T××)后，在模拟刀库的刀号数据表中进行数据检索，检索到T代码给定的刀具号，将该刀具号所在数据表中的表序号存放在一个地址单元中，这个表序号就是新刀具的刀库的目标位置。刀库旋转后，测得刀库的实际位置与刀库目标位置一致时，即识别了所要寻找的新刀具，刀库停转并定位，等待换刀。在执行M06指令时，机床主轴准停，机械手执行换刀动作，将主轴上用过的旧刀和刀库上选好的新刀进行交换，与此同时，修改现在位置地址中的数据，确定当前换刀位置的刀套号。

在FANUC PLC中，应用数据检索功能指令(DSCH)、符合检查功能指令(COIN)、旋转指令(ROT)和逻辑“与”后传输指令(MOVE)即可完成上述随机换刀控制。

现根据图7-28和表7-8，执行M06 T14换刀指令。换刀结果：刀库中的T14刀装入主轴，主轴中原T12刀插入刀库6号刀套内，其控制梯形图如图7-29所示。

在图7-29中，换刀位置(刀库现在位置)的地址为0164，在COIN功能指令中作为比较值地址，该地址内的数据为换刀位置的刀套号(数据表序号)，其值由外部计数装置根据刀库旋转方向进行加1或减1计数。图中所示的当前刀套号为5，该值以BCD码的形式(00000101)存入0164地址中。

在DSCH功能指令中，参数1为数据表容量，本例刀库共有9把刀，建立的刀号数据表有9个数，故本参数设定值为0009；参数2为数据表的头部地址，根据表7-8，本参数为0172；参数3为检索数据地址，其作用就是将T指令中的14号刀从数据表中检索出来，并将14号刀以2位BCD码的形式(00010100)存入0117地址单元中，故本参数为0117；参数4为检索结果输入地址，其作用是将14号刀所在数据表中的序号6以2位BCD码的形式(00000110)存入到0151地址单元中，故本参数为0151。

上电后，常闭触点A(128.1)断开，故DSCH功能指令按2位BCD码处理检索数据。当CNC读到T14指令代码信号时，将此信息送入PLC。TF(114.3)闭合，开始T代码检索，将14号刀号存入0117地址，数据表序号6存入0151，同时TEER(128.2)置“1”。

在COIN功能指令中，由控制条件可知，参数1和参数2分别为参考值地址0151和比较值地址0164，并按2位BCD形式进行处理，其中0151存放的是指令刀号14，而0164存放的是当前刀套数据表序号6。

当TERR由DSCH指令置“1”后，COIN指令即开始执行。因地址0151与0164内数据不一致，则输出TCOIN(128.3)为“0”，作为刀库旋转ROT功能指令的起动条件。

在ROT功能指令中，计算刀套的目标位置与现在位置之间相差的步数或位置号，并把它置入计算结果地址，可以实现最短路径将刀库旋转至预期位置，参数1为旋转检索数，即旋转定位点数，对本例，该参数为8；参数2为现在位置的地址，因当前刀套号5存在0164地址内，故参数2为0164；参数3为目标位置地址，库存指令要求T14号刀具的刀套号6存在0151地址内，故参数3为0151；参数4为计算结果输出地址，本例选定为0152。

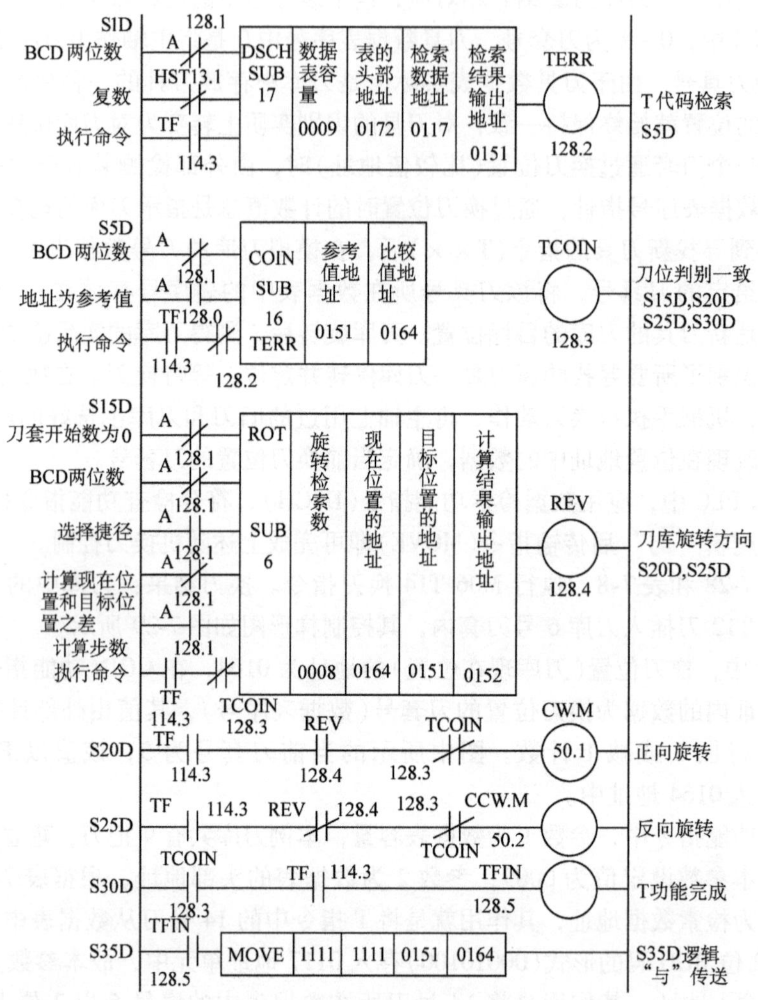

图 7-29 随机换刀控制梯形图

当刀具判别指令执行后，TCOIN(128.3)输出为"0"，其常闭触点闭合，TF(114.3)此时仍为"1"，故ROT指令开始执行。根据ROT控制条件的设定，计算出刀库现在位置与目标位置相差步数为"1"，将此数据存入0152地址，并选择出最短旋转路径，使REV(128.4)置"0"，正向旋转方向输出。通过CW.M正向旋转继电器，驱动刀库正向旋转一步，即找到了6号刀位。

在本梯形图中，MOVE功能指令的作用是修改换刀位置的刀套号。换刀前的刀套号5已由换刀后的刀套号6替代，故必须将地址0151内的数据照全样传输到0164地址中，因此MOVE指令中的参数1(高4位)、参数2(低4位)均采用全"1"，经与0151地址内数据6(BCD码00000110)相"与"后，其值不变，照原样传送到0164地址中。当刀库正转一步到位后，ROT指令执行完毕。此时T功能完成，信号TFIN(128.5)的常开触点使MOVE指令开始执行，完成数据传送任务。

下一扫描周期，COIN判别执行结果，当两者相等时，使TCOIN置"1"，切断ROT指令和CW.M控制，刀库不再旋转，同时给出TFIN信号，报告T功能已完成，可以执行M06

换刀指令。

当 M06 执行后，必须对刀号及数据表进行修改，即序号 0 的内容也为刀具号 14，序号 6 的内容改为刀具号 12。

4. 零件加工计数控制

零件加工计数控制梯形图如图 7-30 所示。

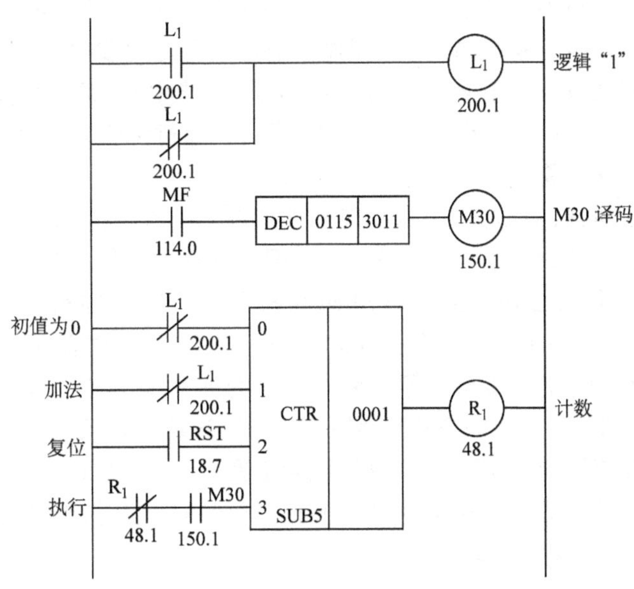

图 7-30　零件加工计数控制梯形图

该梯形图用到了两条功能指令，一条是译码指令 DEC；另一条是计数器指令 CTR。数控机床的 M 和 T 代码用译码指令来识别，译码指令 DEC 译 2 位 BCD 码，当 2 位数字的 BCD 码信号等于一个确定的指令数值时，输出为“1”；否则为“0”。在图 7-30 中，DEC 指令的参数 1 为译码地址 0115，参数 2 的译码指令 3011，软继电器 M30(150.1)即为译码输出。

在数控加工中，每当零件加工程序执行到结束时，程序中出现 M30 代码，经译码输出，M30 为“1”，以此作为 CTR 计数脉冲，即可实现零件加工计数。在 CTR 功能指令中，参数为计数器号，也就是一个 16 位的存储器地址单元，最大预置数为 9999。零件加工件数的预期值可通过手动数据输入(MDI)面板设置。控制条件 200.1 为常闭触点，表示计数器初始值为 0 及计数器作加法计数，为满足这一控制条件在梯形图顶部首先设置了 L_1 作为逻辑“1”电路。同时 M30 常开触点作为 CTR 的计数脉冲，当计数到预置值时，R_1 输出“1”，图中，R_1 常闭触点与 M30 常开触点串联，一旦计数到位，即可断开计数操作。

习　题

7-1　简述数控系统中 PLC 的结构与特点。

7-2　简述数控系统中 PLC 的工作过程。

7-3　数控系统中 PLC 的信息交换包括哪几部分?

7-4　举例说明数控系统中 PLC 的应用。

第八章　数控系统的连接

本章着重介绍三种典型数控系统——FANUC 0 系列、SIEMENS 840 系列、华中 HNC 系列数控系统的连接以及数控系统的抗干扰措施。通过学习专用型(FANUC、SIEMENS)数控系统的组成和各部分连接以及基于 PC 的开放式数控系统(华中)的组成及各部分连接，使学生对数控系统有更进一步的认识。根据各校的实训条件，通过讲练结合的实训方式获得典型数控系统连接的基本操作技能。

数控系统是数控机床的核心。根据功能和性能要求，数控机床可以配置相应的数控系统。世界上生产数控系统的厂家很多，其中对我国影响较大的有日本 FANUC(法那科)公司、德国的 SIEMENS(西门子)公司和美国的 Alien-Brandley(艾伦-布拉得利)公司。FANUC 公司的典型系统有 0M、15M、16M 和 18M，SIEMENS 公司的典型系统有 6T、6M、7T、7M、8T、8M、8MC、850T、850M 和 850/880 等，A-B 公司的典型系统有 7300 系列、8200 系列、8400 系列和 8600 系列等。目前国内的高档数控系统有珠峰数控公司的 CME988(中华Ⅰ型)系列，北京航天数控集团的 CASNUC911MC(航天Ⅰ型)，华中理工大学的 HNCI(华中Ⅰ型)及中科院沈阳计算所的 LT8520/30(蓝天Ⅰ型)等。国内目前应用较多的是日本 FANUC 公司和德国 SIEMENS 公司的数控系统。

第一节　FANUC 数控系统

一、FANUC 数控系统介绍

日本 FANUC 公司创建于 1956 年，是生产数控系统和工业机器人的著名厂家。该公司自 20 世纪 60 年代生产数控系统以来，已经成功开发出 40 种左右的系列产品。

20 世纪 60 年代，FANUC 公司开发了以硬件为主的开环数控系统。20 世纪 70 年代，它与德国 SIMENS 公司联合研制了数控系统 7，使其成为世界上最大的专业数控系统生产厂家。20 世纪 80 年代，FANUC 公司先后推出系列产品数控系统 10/11/12 系列和数控系统 0 系列。数控系统 0 系列在硬件上采用了最新型高速高集成度的微处理器，使其运算速度、控制能力都有了较大的提高。

FANUC 公司目前生产的数控系统装置有 F0、F10、F11、F12、F15、F16、F18 等系列。F00/F100/F110/F120/F150 系列是在 F0、F10、F11、F12、F15 的基础上增加了 MMC 功能，即 CNC、PMC(Programmable Machine Control,可编程机器控制器)、MMC(Man-Machine Controler，人机控制器)三位一体的数控系统。FANUC 数控系统以其高质量、低成本、高性能和较全的功能，适用于各种机床和生产机械等特点，在市场上的占有率远远超过其他数控系统。

二、FANUC 数控系统的特点

1）系统在设计上采用模块化结构。这种结构易拆装，各个控制板高度集成，便于维修和更换。

2）采用专用 LSI(大规模集成电路)技术，以此提高芯片集成度、系统的可靠性，减小体积和降低成本。

3）产品应用范围广。每一种 CNC 装置可配多种控制软件，适用于多种机床。

4）不断采用新工艺、新技术，如 SMT(高密度表面安装技术)、多层印制电路板、光导纤维电缆等。

5）CNC 装置体积减小，采用面板装配式、内装式 PMC 以及多种形式结构和尺寸规格的控制器，以适应机电一体化的需求。

6）在插补、进给加减速、补偿、自动编程、图形显示、通信、控制和诊断方面不断增加新的功能，主要如下：

① 插补功能：除了直线、圆弧、螺旋线插补外，还有假想轴插补、极坐标插补、圆锥面插补、指数函数插补、渐开线插补和样条插补等。

② 切削进给的自动加减速功能：除插补后直线加减速，还有插补前加减速。

③ 补偿功能：除了螺距误差补偿、丝杠反向间隙补偿之外，还有坡度补偿、线性度补偿以及各种新的刀具补偿功能。

④ 故障诊断功能：系统采用推理软件，具有人工智能，能以知识库为根据查找故障原因。

7）以用户特定宏程序、MMC 等功能来推进 CNC 装置面向用户开放的功能。

8）支持多种语言显示，如日语、英语、德语、汉语、意语、法语、丹麦语显示等。

9）备有多种外设，如 FANUC PPR(Printer/Punch/Reader,打印/穿孔/阅读机)、FANUC FA(Factory Automation,自动化工厂) CARD、FANUC FLOPPY CASSETE(卡式录音带)、FANUC PROGRAME FILE Mate 等。

10）推出 MAP(Manufactory Automation Protocol,制造自动化协议)接口，使 CNC 通过该接口实现与上一级计算机通信。

11）根据用户需要，不断地更新 CNC 产品的功能，现已形成多种版本。

三、FANUC 0 系列数控系统

1. 主要产品

F0 系列是结构紧凑、面板可装配式的 CNC 装置，易于组成机电一体化系统。FANUC 公司先后开发出 F0-MA/MB/MC 等系列，应用于数控机床。F0 系列有多个品种，它适应于各种中、小型机床，例如：

F0-MA/MB/MEA/MC 用于加工中心、镗床和铣床；

F0-MF 用于加工中心、镗床和铣床的对话式 CNC 装置；

F0-TA/TB/TEA/TC 用于车床；

F0-TF 用于车床的对话式 CNC 装置；

F0-TTA/TTB/TTC 用于单主轴双刀架或双主轴双刀架的 4 轴控制车床；

F0-GA/GB 用于磨床；

F0-PB 用于回转头压力机。

2. FANUC 0 系统的基本配置

FANUC 0 系统由数控单元本体、主轴和进给伺服单元以及相应的主轴电动机、进给电动机、CRT 显示器、系统操作面板、机床操作面板、附加的输入/输出接口板(B2)、电池盒和手摇脉冲发生器等组成。

（1）数控单元的基本配置 FANUC 0 系统的 CNC 单元由主印制电路板(MASTERPCB)、存储器板、图形显示板、可编程序机床控制器板(PMC-M)、伺服轴控制板、输入/输出接口板、子 CPU (中央处理器)板、扩展的轴控制板、数控单元电源和 PMC 控制板等组成。主板采用大板结构，其他为小板，插在主板上面，如图 8-1 所示。

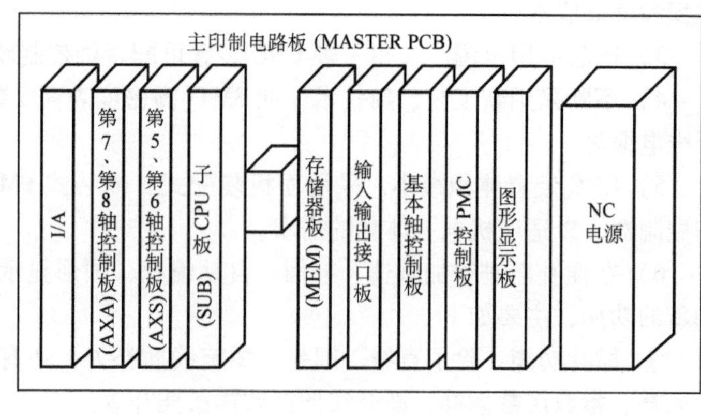

图 8-1　FANUC 0 系统数控单元结构

1）主印制电路板(MASTERPCB)。它用于连接各功能小板，进行故障报警。主 CPU 在该板上，用于系统主控。

2）数控单元的电源为各板提供的 +5V、±15V、±24V 直流电源，其中 24V 直流电源用于单元内继电器控制。

3）图形显示板提供图形显示功能，便于人机交互，并且还提供第 2、3 手摇脉冲发生器接口。

4）PC 板(PMC-M)。PMC-M 为内装型可编程序机床控制器，提供输入/输出板扩展接口。

5）基本轴控制板(AXE)。提供 X、Y、Z 和第 4 轴的进给指令，接收从 X、Y、Z 和第 4 轴位置编码器反馈的位置信号。

6）输入/输出接口通过插座 M1、M18 和 M20 提供输入点，通过插座 M2、M19 和 M20 提供输出点，为 PMC-M 提供输入/输出信号。

7）存储器板接收系统操作面板的键盘输入信号，提供串行数据传送接口、第 1 手摇脉冲发生器接口、主轴模拟量和位置编码器接口、存储系统参数、刀具参数和零件加工程序等。

8）子 CPU 板用于管理第 5 轴、第 6 轴、第 7 轴的数据分配，提供 RS-232C 和 RS-422 串行数据接口等。

9）扩展轴控制板(AXS)。它用于提供第 5 轴、第 6 轴的进给指令，接收从第 5 轴、第 6 轴位置编码器反馈的位置信号。

10）扩展轴控制板(AXA)。它用于提供第 7 轴、第 8 轴的进给指令，接收从第 7 轴、第 8 轴位置编码器反馈的位置信号。

11）扩展的输入/输出接口通过插座 M61、M78 和 M80 提供输入点，通过插座 M62、M78 和 M80 提供输出点，为 PMC-M 提供输入/输出信号。

12）通信板(DNC2)。提供数据通信接口。

（2）控制单元的连接　图 8-2 所示为 FANUC 0 系统连接图。正确的连接是机床正常工作的基本保证，如果在维修过程中插拔过上述电缆插头，应注意必须按图恢复原状。在电源单元中，CP14、CP15 为 DC24V 输出端，分别供 I/O 扩展单元、显示单元使用；CP1 为单相 220V 输入端；CP2 为 220V 输出端，可以接冷却风扇或其他需要 AC220V 的设备；CP3 接电源开关电路。基本轴控制板中的 M184 ~ M199 为轴控制板上的插座编号，其中 M184、M187、M194、M197 为控制器指令输出端；M185、M188、M195、M198 为内装型脉冲编码器输入端，在半闭环伺服系统中作为速度/位置反馈输入，在全闭环系统中作为速度反馈输入；M186、M189、M196、M199 只作为全闭环系统中的位置反馈输入；CPA9 在选用绝对编码器时接相应电池盒。

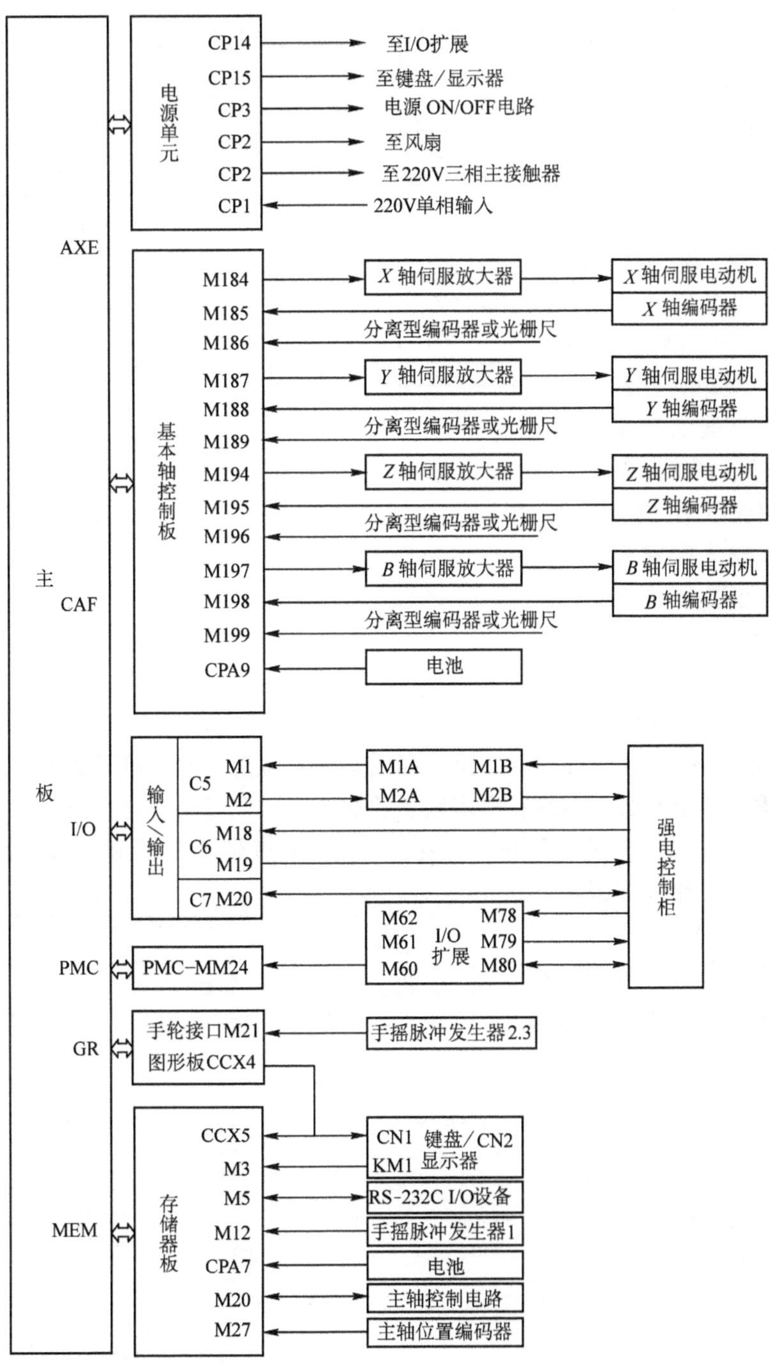

图 8-2　FANUC 0 系统连接图

3. S 系列进给伺服系统的基本配置

在 α 系列交流伺服电动机出台之前，FANUC 系统配用 S 系列交流伺服电动机。常用的 S 系列交流伺服放大器的电源电压为 200V/230V，分一轴型、二轴型和三轴型三种。AC200V/230V 电源由专用的伺服变压器供给，AC100V 制动电源由 NC 电源变压器供给。

图 8-3、图 8-4 和图 8-5 所示为上述三种伺服单元的基本配置和连接方法，图中电缆 K1 为 NC 到伺服单元的指令电缆，K2S 为脉冲编码器的位置反馈电缆，K3 为 AC230V/200V 电源输入线，K4 为伺服电动机的动力线电缆，K5 为伺服单元的 AC100V 制动电源电缆，K6 为伺服单元到放电单元和伺服变压器的温度接点电缆。图 8-3、图 8-4 和图 8-5 中的 QF 和 MCC 分别为伺服单元的电源输入断路器和主接触器，用于控制伺服单元电源的通和断。

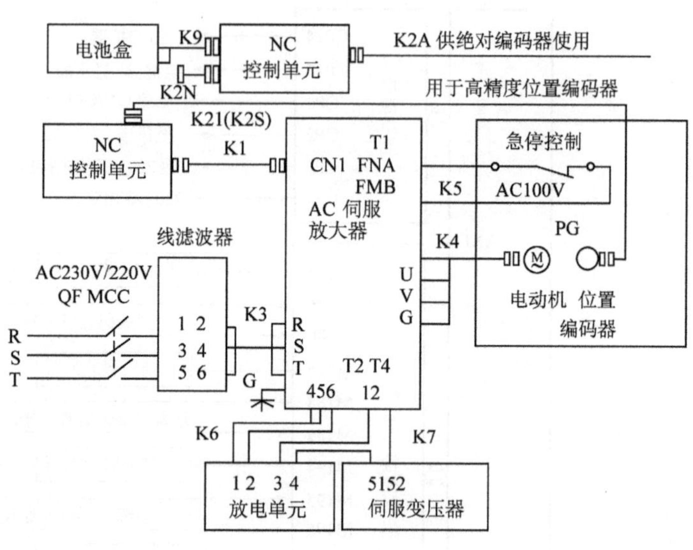

图 8-3 S 系列一轴型伺服系统连接方法

单元伺服的接线端 T2-4 和 T2-5 之间有一个短路片，如果使用外接型放电单元，则应将它取下，并将伺服单元印制电路板上的短路棒 S2 设置到 H 位置，反之则设置到 L 位置。伺服单元的连接端 T4-1 和 T4-2 为放电单元和伺服变压器的温度接点串联后的输入点，上述两个接点断开时将产生过热报警。如果使用这对接点，应将伺服单元印制电路板上的短路棒 S1 设置到 L 位置。

在二轴型或三轴型伺服单元中，插座 CN1L、CN1M、CN1N 可分别用电缆 K1 和数控系统的轴控制板上的指令信号插座相连，而伺服单元中的动力线端子 T1-5L、T1-6L、T1-7L 和 T1-5M、T1-6M、T1-7M 以及 T1-5N、T1-6N、T1-7N 则应分别接到相应的伺服电动机，从伺服电动机的脉冲编码器返回的电缆也应一一对应地接到数控系统的轴控制板上的反馈信号插座(即 L、M、N 分别表示同一个轴)。

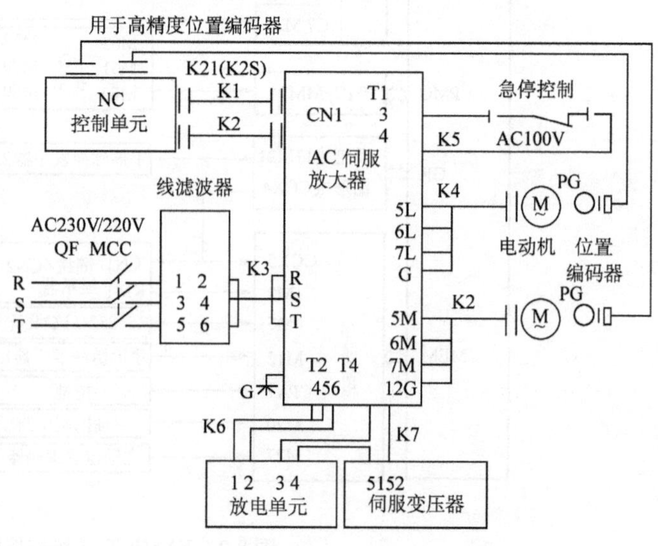

图 8-4 S 系列二轴型伺服系统连接方法

4. S 系列主轴伺服系统的基本配置

图 8-6 所示为 S 系列主轴伺服

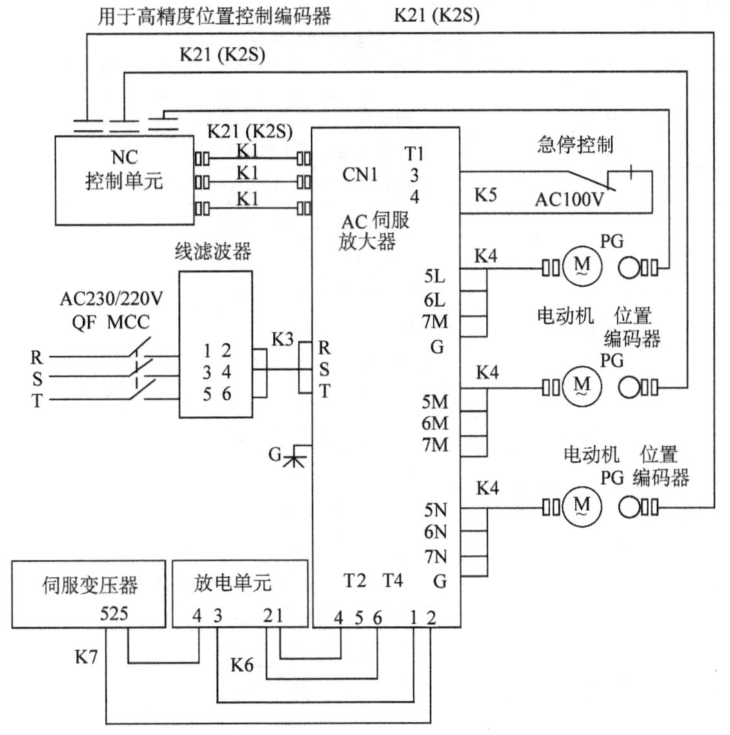

图 8-5 S 系列三轴型伺服系统连接方法

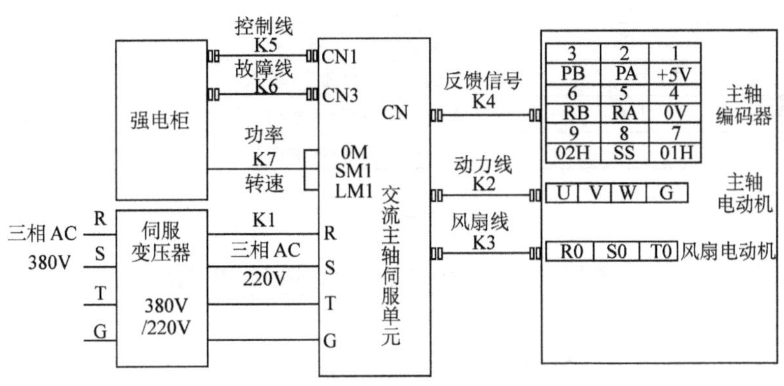

图 8-6 S 系列主轴伺服系统的连接方法

系统的连接方法，其中 K1 为从伺服变压器二次侧输出的 AC200V 三相电源电缆，应接到主轴伺服单元的 U、V、M 和 G 端输出到主轴电动机的动力线，应与接线盒盖内面的指示相符。K3 为从主轴伺服单元的端子 T1 上的 R0、S0 和 T0 输出到主轴风扇电动机的动力线，应使风扇向外排风。K4 为主轴电动机的编码器反馈电缆，其中 PA、PB、RA 和 RB 用做速度反馈信号，01H 和 02H 为电动机温度接点，SS 为屏蔽线。K5 为从 NC 和 PMC 输出到主轴伺服单元的控制信号电缆，接到主轴伺服单元的 50 芯插座 CN1，其中的信号含义见表 8-1。图中 K6 为从主轴伺服单元的 20 芯插座 CN3 输出的主轴故障识别信号，该组信号由 AL8、AL4、AL2 和 AL1 以及公共线 COM 组成，由它们产生的 16 种二进制状态表示相应的故障类型，这些信号进入 PMC

的输入点后，由相应的程序译码并显示在 CRT 上。

表 8-1　主轴控制信号

芯　号	信　　号	功　　能
1，2	SAR1，2	主轴速度到达信号(输出)
3，4	SST1，2	主轴零速度信号(输出)
5	TLML	主轴转矩限制信号(小转矩)(输入)
6	0T	TLML、TLMH 信号地线(0V)
7，8	MRDY1，2	主轴运行准备信号(输入)
9，10	TLM5，6	主轴转矩限制信号(输出)
11，12	ALM1，2	主轴故障(输出)
13	0R	主轴故障报警公共线
14	0S	主轴速度连续修调，正/反转信号地线(0V)
15，16	STD1，2	主轴速度检测信号(输出)
17	CTH	主轴高速挡信号(输入)
18	0M	主轴功率/转速表地线
19，20	ARST1，2	主轴报警复位信号(输入)
21	TLMH	主轴转矩限制信号(大转矩)(输入)
22，23	ORAR1，2	主轴定向完成信号(输出)
24	CTM	主轴中速挡信号(输入)
25，26	ORCM1，2	主轴定向命令信号(输入)
27，28	OVR1，2	主轴速度连续修调命令信号(输入)
29	+15V	
30，31	DA2，E	主轴速度命令(模拟电压)(输入)
45	SFR	主轴正转命令(输入)
46	SRV	主轴反转命令(输入)
47，48	EPS1，2	主轴紧急停机命令(输入)
49	LM1	主轴功率表信号(输出)
50	SM1	主轴转速表信号(输出)

第二节　SIEMENS 数控系统

SIEMENS 数控系统以较好的稳定性和较优的性能价格比，在我国数控机床行业被广泛应用。图 8-7 所示为 SIEMENS 数控系统的产品类型，主要包括 802、810、840 等系列。本节以 SINUMERK 840D 数控系统为例，介绍其组成及功能。

一、840D 系统的主要功能与特点

SINUMERK 840D 是 20 世纪 90 年代中期设计的全数字化数控系统，具有高度模块化及规范化的结构，它将 CNC 和驱动控制集成在一块板子上，将闭环控制的全部硬件和软件集成在 $1cm^2$ 的空间中，便于操作、编程和监控。

SINUMERK 840D 与西门子 611D 伺服驱动模块及西门子 S7-300PLC 模块构成的全数字化数控系统，能实现钻削、车削、铣削、磨削等数控功能，也能应用于剪切、冲压、激光加工等数控加工领域。840D 系统的主要功能及应用有以下几个方面。

1）控制类型采用 32 位微处理器实现 CNC 控制，可用于系列机床，如车床、钻床、铣

床和磨床，可完成 CNC 连续轨迹控制以及内部集成式 PLC 控制，具有全数字化的 SIMODRIVE611数字驱动模块，最多可控制 31 个进给轴和主轴，进给和快速进给的速度范围为 100 ~ 9999mm/min。其插补功能有样条插补、三阶多项式插补、控制值互联和曲线表插补，这些功能为加工各类曲线曲面类零件提供了便利条件。此外，它还具备进给轴和主轴同步操作的功能。

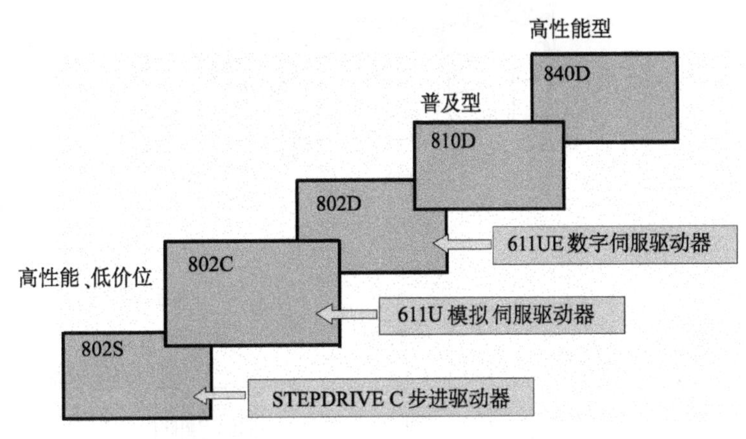

图 8-7　SIEMENS 数控系统的产品类型

2）操作方式主要有 AUTOMATIC（自动）、JOG（手动）、TEACH IN（交互式程序编制）、MDI（手动过程数据输入）。

3）补偿功能。840D 可根据用户程序进行轮廓的冲突检测、刀具半径补偿、刀具长度补偿、螺距误差补偿和测量系统误差补偿、反向间隙补偿、过象限误差补偿等。

4）安全保护功能。数控系统可通过预先设置软极限开关的方法进行工作区域的限制，当超程时可以触发程序进行减速，对主轴的运行还可以进行监控。

5）NC 编程。840D 系统具有高级语言编程特色的程序编辑器，可进行米制、英制尺寸或混合尺寸的编程，程序编制与加工可同时进行，系统具备 1.5MB 的用户内存，用于零件程序、刀具偏置、补偿的存储。

6）PLC 编程。840D 的集成式 PLC 完全以标准 SIMATIC S7 模块为基础，PLC 程序和数据内存可扩展到 288kB，I/O 模块可扩展到 2048 个输入/输出点，PLC 程序可以极高的采样速率监视数字输入，向数控机床发送运动、停止、起动等命令。

7）操作部分硬件。840D 提供有标准的 PC 软件、硬盘、奔腾处理器，用户可在 Windows98/2000 下开发自定义界面。此外，两个通用接口 RS-232 可使主机与外设进行通信，用户还可通过磁盘驱动器接口和打印机并行接口完成程序存储、读入及打印工作。

8）显示功能。840D 提供了多语种的显示功能，用户只需按一下按钮，即可将用户界面从一种语言转换为另一种语言。系统提供的语言有中文、英语、德语等。显示屏上可显示程序块、电动机轴位置、操作状态等信息。

9）数据通信。840D 系统配有 RS-232C/TTY 通用接口，加工过程中可同时通过通用接口进行数据输入/输出。此外，用 PCIN 软件可以进行串行数据通信，通过 RS-232 接口可方便地使 840D 与西门子编程器或普通的个人电脑连接起来，进行加工程序、PLC 程序、加工参数等各种信息的双向通信。用 SINDNC 软件可以通过标准网络进行数据传送，还可以用 CNC 高级编程语言进行程序的协调。

二、840D 系统的基本构成

SINUMERK 840D 数控系统的基本构成如图 8-8 所示，主要包括以下几部分：

1. NC 模块

NC 模块的接口端如图 8-9 所示，其中各接口端的意义如下：

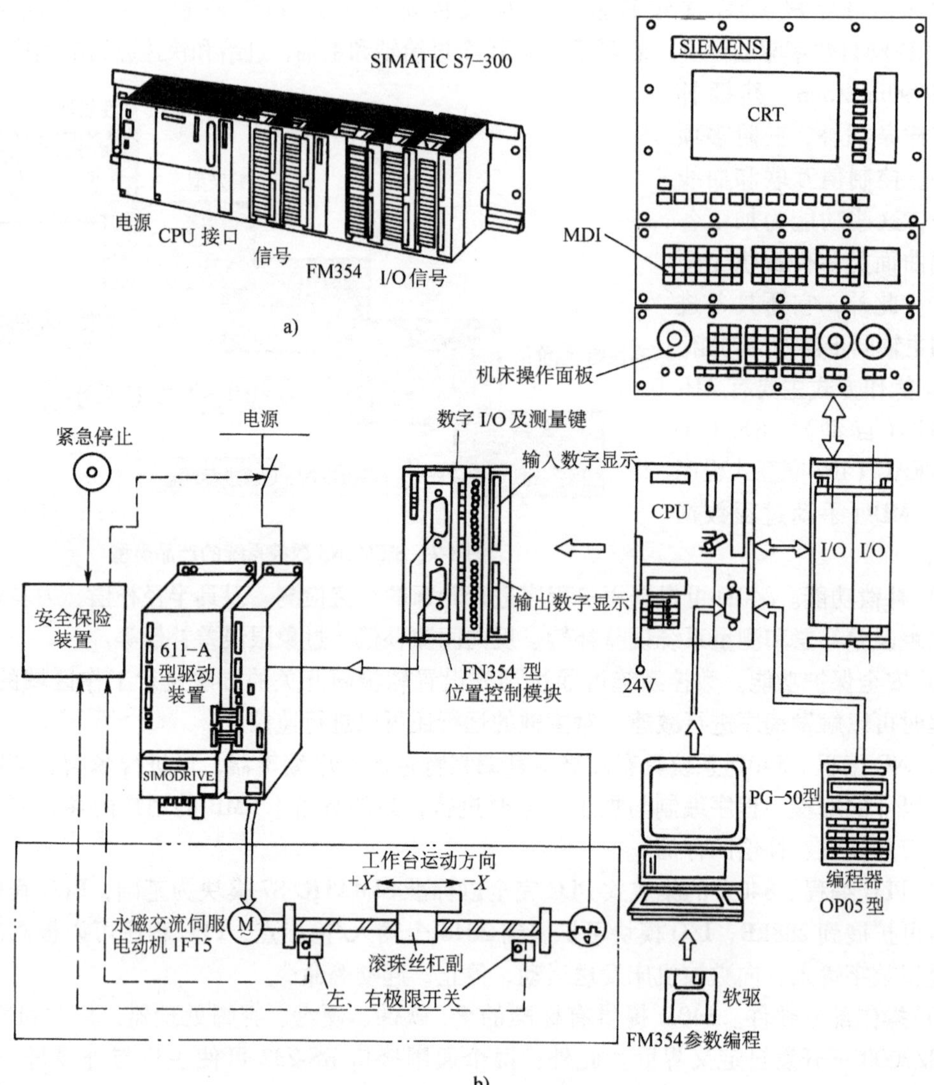

图 8-8 SINUMERK 840D 数控系统的基本构成

a）模块式组合 b）连接图

（1）X101 操作面板接口端，该端口通过电缆与 MMC（人机通信接口板）及机床操作面板连接。

（2）X102 RS-485 通信接口端，该端口主要是满足西门子 Profibus DP 通信的要求。

（3）X111 PLCS7-300 输入/输出接口端，该端口提供了与 PLC 连接的通道。

（4）X112 RS-232 通信接口端，实现与外部的通信，如要由数个数控机床构成 DNC 系统，实现系统的协调控制，则各个数控机床均要通过该端口与主控计算机通信。

（5）X121 多路输入/输出接口端，通过该端口，数控系统可与多种外设连接，如与控制进给运动的手轮、CNC 输入/输出的连接。

（6）X122 PLC 编程器 PG 接口端，通过该端口与西门子 PLC 编程器 PG 连接，以此传输 PG 中的 PLC 程序到 NC 模块，或从 NC 模块将 PLC 程序复制到 PG 中，另外还可在线实时监测 PLC 程序的运行状态。

（7）X130A、X130B　电动机驱动器 611D 的输入/输出扩展端口，通过扁平电缆将驱动总线与各个驱动模块连接起来，对各个伺服电动机进行控制。

（8）X172　数控系统数据控制总线端口，通过扁平电缆与各相关模块的系统数据控制总线联系起来。

（9）X173　数控系统控制程序储存卡插槽。

2. 电源模块

电源模块的接口端如图 8-10 所示，其中主要接口端的意义如下：

（1）X111　“准备好”信号，由电源模块输出至 PLC 的电源模块，表示电源正常。

（2）X121　使用信号，由 PLC 输出至电源模块、数控模块，表示外部电路硬件信号正常。

（3）X141　电源模块电源工作正常输出信号端口。

（4）X161　电源模块设定操作和标准操作选择端口。

（5）X171　线圈通电触点，控制电源模块内部线路预充电接触器(一般按出厂状态使用)。

（6）X172　起动禁止信号端(一般按出厂状态使用)。

（7）X181　供外部使用的供电电源端口，包括直流电源 600V 与三相交流电源 380V。

3. 伺服电动机驱动模块

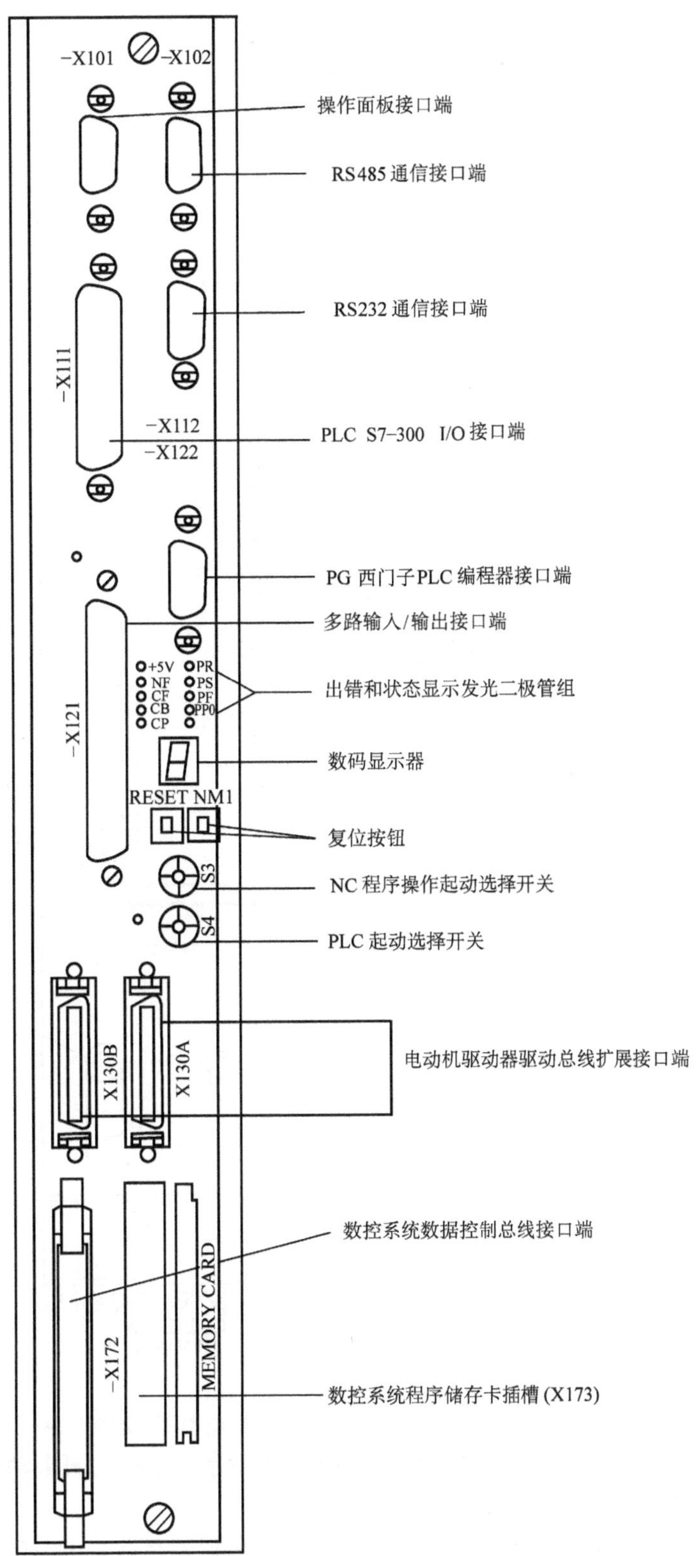

图 8-9　NC 模块的接口端

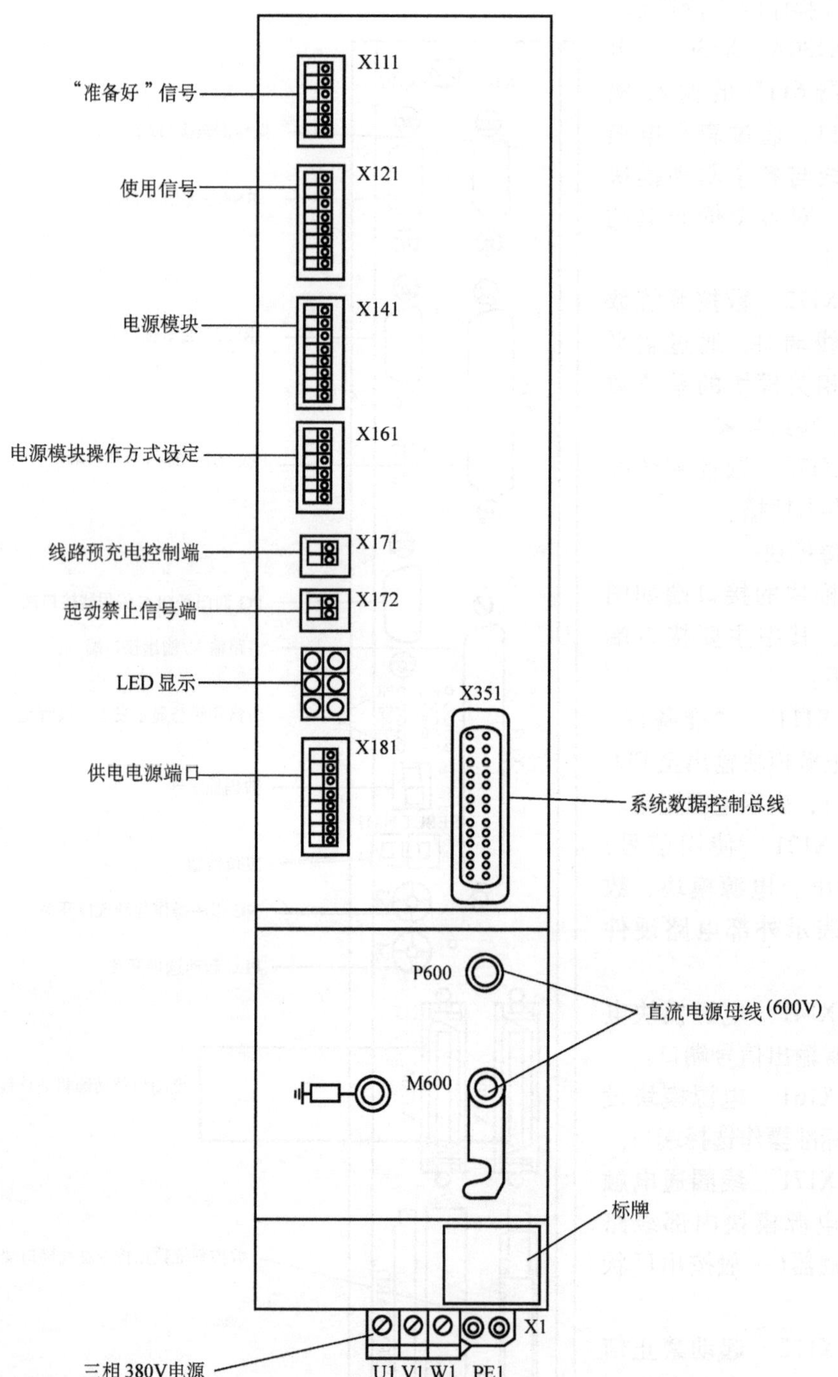

图 8-10　电源模块的接口端

单轴伺服电动机驱动模块如图 8-11 所示，双轴伺服电动机驱动模块如图 8-12 所示，其主要接口端的意义如下：

（1）X411、X412　电动机内置光电编码器反馈至该端口进行位置和速度反馈的处理。

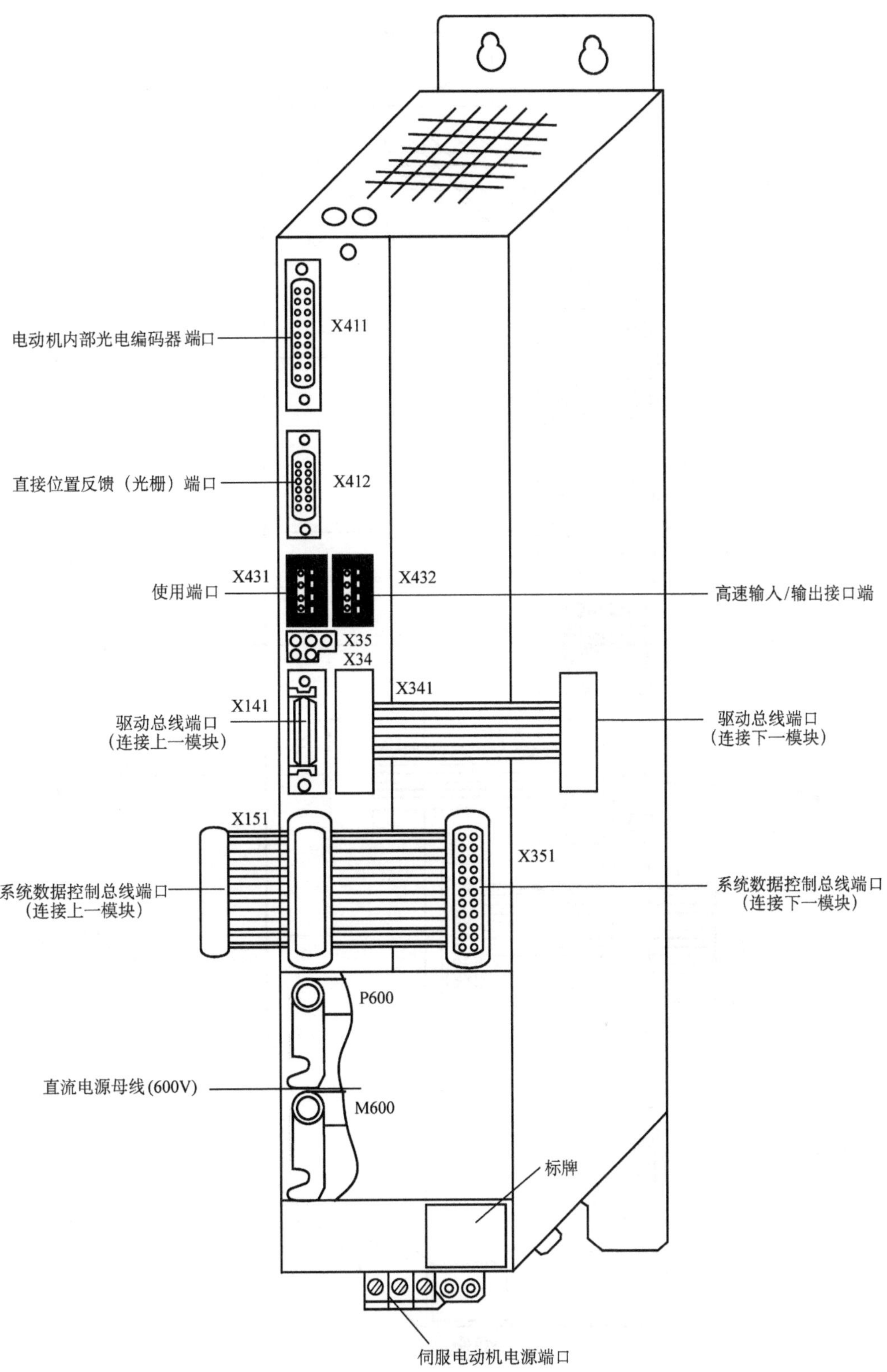

图 8-11　单轴伺服电动机驱动模块 611D

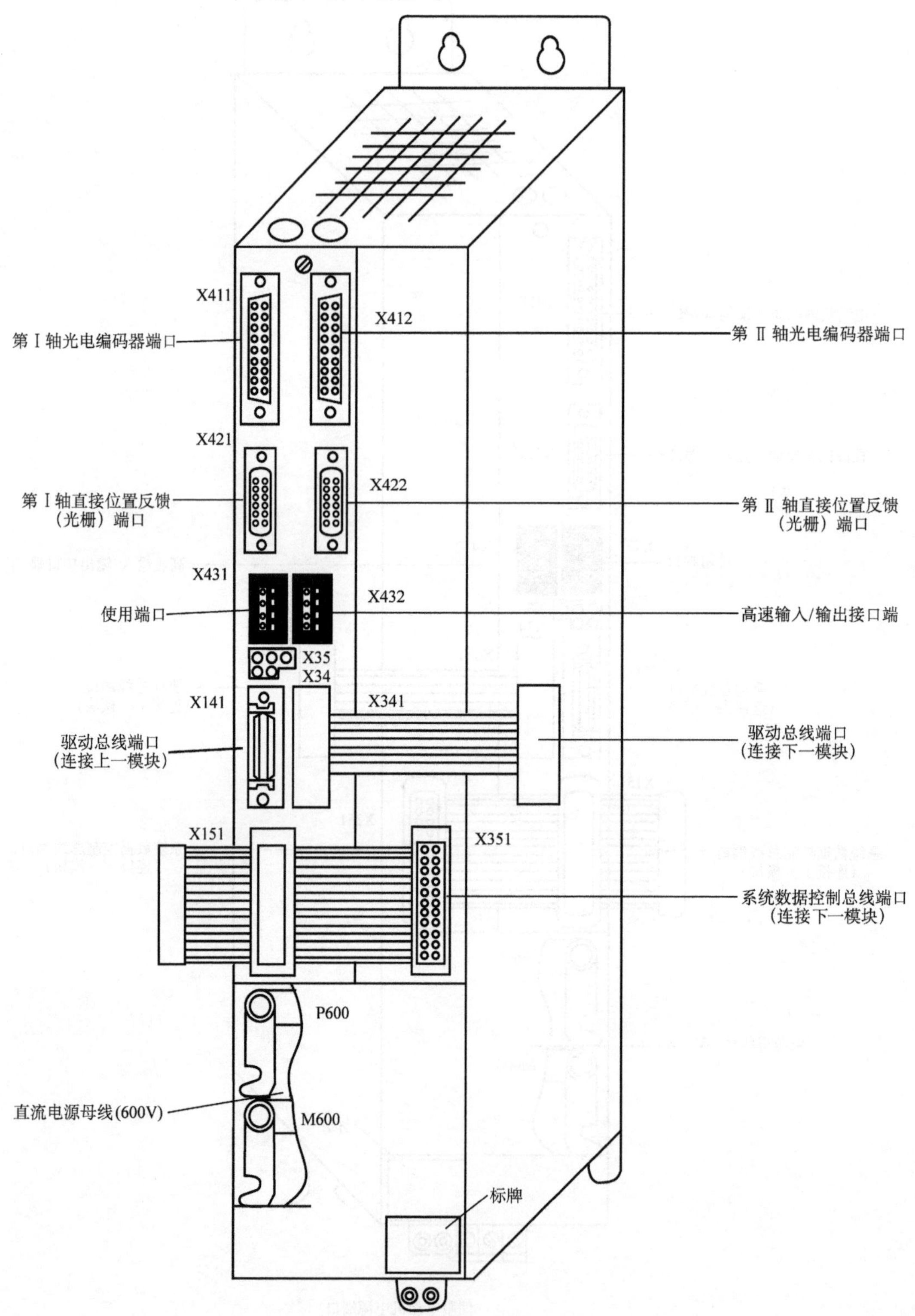

图 8-12　双轴伺服电动机驱动模块 611D

（2）X421、X422　机床拖板直接位置反馈(光栅)端口。

（3）X431　脉冲使用端口，使用信号一般由 PLC 给出。

（4）X432　高速输入/输出接口端。

（5）X34、X35　电压、电流检测孔，一般供模块维修检测使用，用户不得使用。

主轴电动机的驱动可使用上述进给电动机驱动模块驱动，另外还有专门的主轴电动机驱动模块，其模块的接口端与进给电动机驱动模块类似。

840D 数控系统的连接如图 8-13 所示。

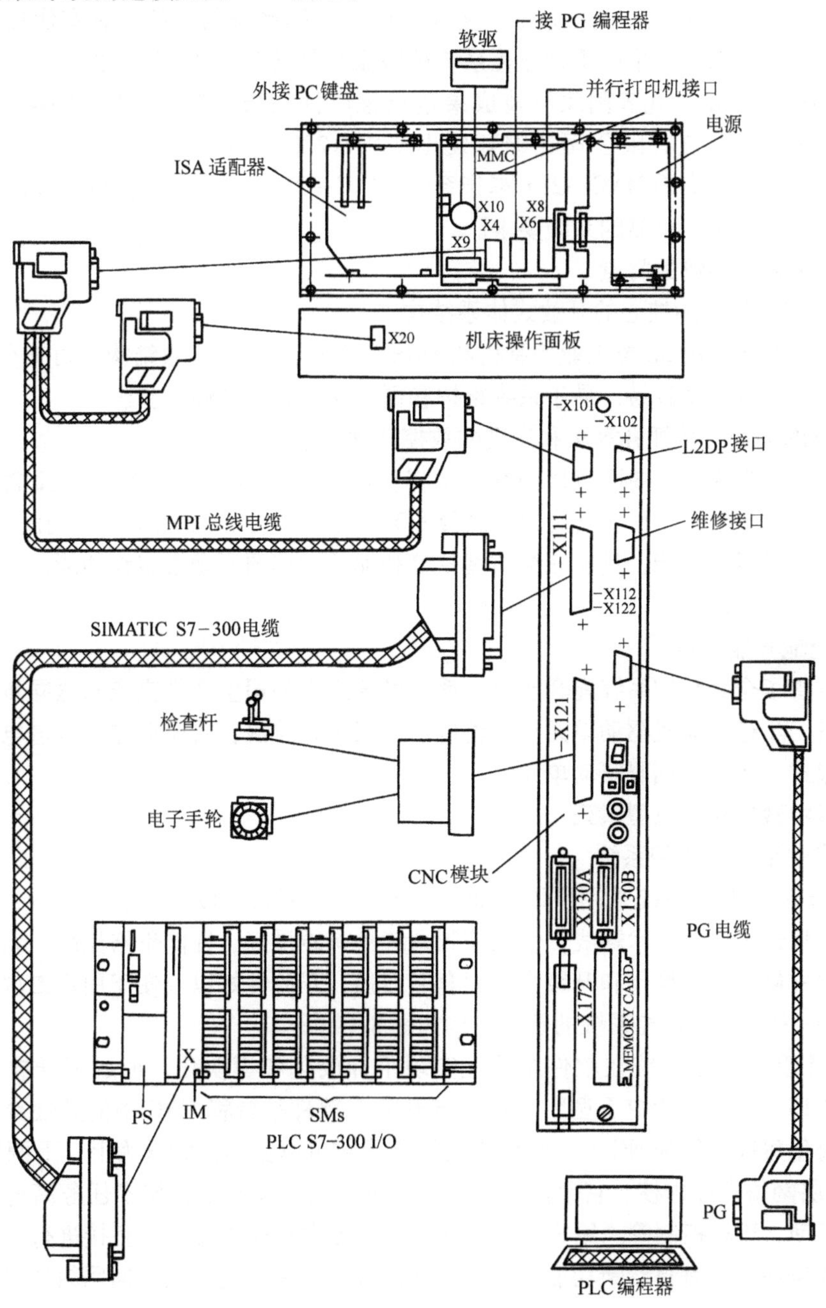

图 8-13　840D 数控系统典型接线图

第三节　华中数控系统

一、华中数控系统介绍

武汉华中数控系统有限公司成立于1994年，是一家从事数控系统研究、开发和经营的中外合资企业。

1997年，华中数控系统有限公司以工业PC机为硬件平台，以PC+软件完成全部的NC功能，开发出“华中Ⅰ型”数控系统，实现了国外高档系统的功能，具有优良的性能价格比，具有国际先进水平。华中Ⅰ型数控系统被国家科技部列入1997年度“国家新产品计划(742176163004)”和“九五国家科技成果重点推广计划指南项目(98020104A)”。近几年来，武汉华中数控系统有限公司相继开发出华中—2000型数控系统(HNC—2000)和华中“世纪星”系列数控系统(HNC—21T车床系统、HNC—21/22M铣床系统)，以满足用户对低价格、高性能、实用、可靠的系统要求。

二、华中数控系统的特点

1. 以通用工控机为核心的开放式体系结构

系统采用基于通用32位工业控制机和DOS平台的开放式体系结构，可充分利用PC的软硬件资源，二次开发容易，易于系统维护和更新换代，可靠性好。

2. 独创的曲面直接插补算法和先进的数控软件技术

处于国际领先水平的曲面直接插补技术将目前CNC上的简单直线、圆弧插补功能提高到曲面轮廓的直接控制，可实现高速、高效和高精度的复杂曲面加工。采用汉字用户界面，提供完善的在线帮助功能，具有三维仿真校验和加工过程图形动态跟踪功能，图形显示形象直观。

3. 系统配套能力强

公司具备了全套数控系统配套能力。系统可选配本公司生产的交流永磁同步伺服驱动与伺服电动机、步进电动机驱动单元与电动机、三相正弦波混合式驱动器与步进电动机和国内外各类模拟式、数字式伺服驱动单元。

三、华中数控系统典型系列

1. “华中Ⅰ型”数控系统

“华中Ⅰ型”数控系统采用了以工业PC机为硬件平台，以DOS、Windows及其丰富的支持软件为软件平台的技术路线，使主控制系统具有质量好、性能价格比高、新产品开发周期短、维护方便、更新换代和升级快、配套能力强、开放性好以及便于用户二次开发和集成等优点。“华中Ⅰ型”数控系统的硬件结构如图8-14所示。

“华中Ⅰ型”数控系统在软件系统上实现了开放化和模块化，形成了开放式的软件平台，如图8-15所示。“华中Ⅰ型”数控系统开放式软件平台将CNC中的共性部分进行了模块化和系统化集成，作为NC开发环境中的标准函数可以公用。它分为上、下两层：

1）低层网络数控内核。它包括数控系统中所有的共性问题，如多任务高速度、插补运算、设备驱动、PLC控制等。用户可以根据网络数控内核使用规范，直接进行二次开发。网络内核的各模块都具有自诊断功能，并与网络模块继承在一起，便于向网络环境传送数控系统的各种状态信息。

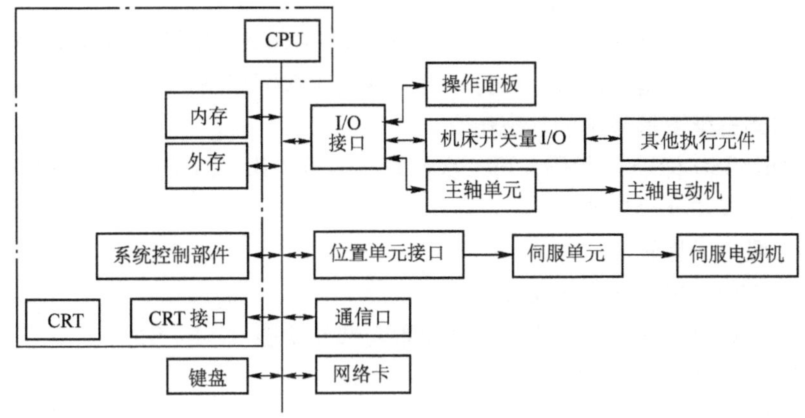

图 8-14 “华中Ⅰ型”数控系统的硬件结构

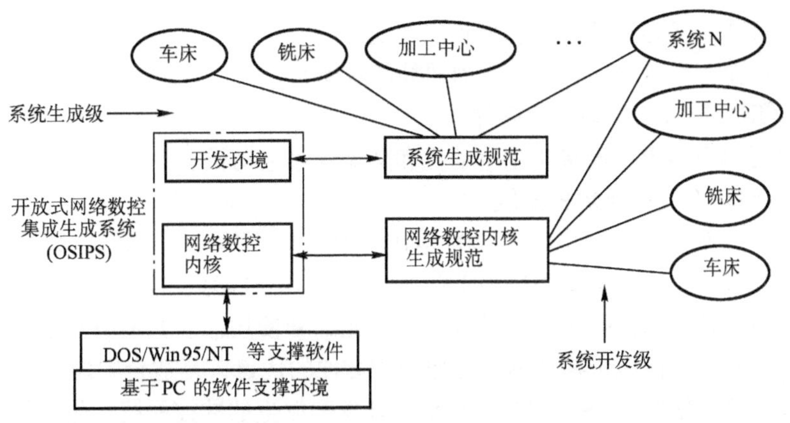

图 8-15 “华中Ⅰ型”数控系统的软件环境与结构

2）上层网络数控集成开发环境。它集成了数控系统的标准过程和特殊控制过程。用户可根据系统生成规范所提供的生成方法，方便地生成各类专用数控系统。

“华中Ⅰ型”数控系统有多个品种，适应各种类型的机床，主要如下：

HNC—1M 铣床、加工中心数控系统；

HNC—1T 车床数控系统；

HNC—1Y 齿轮加工数控系统；

HNC—1P 数字化仿形加工数控系统；

HNC—1L 激光加工数控系统；

HNC—1G 五轴联动工具磨床数控系统；

HNC—1P 锻压、冲压加工数控系统；

HNC—1MM 多功能小型铣床数控系统；

HNC—1MT 多功能小型车床数控系统；

HNC—1S 高速组缝机数控系统。

“华中Ⅰ型”数控系统的主要特色有：

1）基于 PC 的 CNC 数控系统。

2）以其独特的软件技术在单 CPU 下实现了多通道 16 轴控制和 9 轴联动控制。

3）在计算机内不需增加硬件，用打印机实现机床数字控制。

4）加工轨迹三维图形显示的动态仿真。

5）支持 DIN/ISO 标准 G 代码，可一次性直接运行 2GB 以下的大型模具程序(G 代码)。

6）双向螺距误差补偿功能。

7）内部二级电子齿轮。

8）具有加工断点保护和恢复功能。

9）具有参考点返回和多个工作坐标系设置与选择功能(G54 ~ G59)。

10）具有刀具长度和刀具半径补偿功能。

11）汉字操作界面和在线功能。

12）支持 NT、Novell、Internet 网络和软、硬盘数据交换。

13）具有 CAD/CAM/CNC 一体化集成化功能。

14）接触式或非接触式数字化仿形扩展功能。

15）运动控制开发工具包(C ++ 运动插补函数库)

16）提供 INTELCAM 自动编程软件。

17）可根据用户要求，配接步进电动机和交流伺服电动机。

2. 华中—2000 型高性能数控系统

华中—2000 型数控系统(HNC—2000)是在华中Ⅰ型(HNC—1)高性能数控系统的基础上开发的高档数控系统。该系统采用通用工业 PC 机和 TFT 真彩色液晶显示器，具有多轴多通道控制能力和内装式 PLC，可与多种伺服驱动单元配套使用。它具有开放性好、结构紧凑、集成度高、可靠性好、性能价格比高、操作维护方便的优点，是适合中国国情的新一代高性能、高档数控系统。华中—2000 型数控系统已开发和派生的数控系统产品如下：

HNC—2000M 铣床、加工中心数控系统；

HNC—2000T 车床数控系统；

HNC—2000Y 齿轮加工数控系统；

HNC—2000P 数字化仿形加工数控系统；

HNC—2000L 激光加工数控系统；

HNC—2000G 五轴联动工具磨床数控系统。

3. 华中“世纪星”系列数控系统

华中“世纪星”数控系统是在华中高性能数控系统的基础上，为满足用户对低价格、高性能、实用、可靠的系统要求而开发的数控系统，其结构坚固、造型美观、体积小巧，具有极高的性能价格比。华中“世纪星”系列数控系统已开发和派生的数控系统产品如下：

HNC—21T 车床系统；

HNC—21/22M 铣床系统。

（1）HNC—21/22 数控系统的功能　华中“世纪星”数控系统是在华中高性能数控系统的基础上开发的数控系统，强调了可靠性、实用性、经济型，具有以下特点：

1）可配 4 个进给轴，具有数字量和模拟量接口，可自由选配各种数字式、模拟式交流伺服单元或步进电动机驱动单元。其最大联动轴数为 4 轴。

2）内部已提供满足标准车、铣床控制的 PLC 程序，也可按要求自行编制 PLC 程序。

3）除标准机床控制面板外，配置 40 位输入和 32 位输出开关量接口、手摇脉冲发生器接口和模拟主轴接口，还可扩展 RS-485 远程输入/输出接口。

4）反向间隙和双向螺距误差补偿功能，螺距补偿数据最多可达 5000 点。

5）采用国际标准 G 代码编程，与各种流行的 CAD/CAM 自动编程系统兼容，具有直线、圆弧、螺旋线、固定循环、旋转、缩放、刀具补偿、宏程序等功能。

6）2MB Flash ROM（可扩至 72MB）程序断电存储，16MB RAM（可扩至 64MB）加工缓冲区。

7）可扩展数控仿形功能，实现仿形/加工一体化。

（2）技术规格　世纪星 HNC—21/22 数控单元技术规格见表 8-2。

表 8-2　世纪星 HNC—21/22 数控单元技术规格

输入电源：AC24V 100W + DC24V ≥50W	方波差分接收
光电隔离开关量输入接口（40 位）	手摇脉冲发生器输入接口，TTL 电平输入
光电隔离开关量输出接口（32 位）	进给轴脉冲输出接口（4 个）差分输出，包括进给脉冲和方向信号
输出电流范围 0～100mA	最高脉冲频率：2MHz
输出电压范围 DC24V	进给轴 D/A 输出接口（4 个） 电流：－20mA～＋20mA 电压：－10V～＋10V
主轴模拟量输出接口 分辨率：12 位 输出电压：DC ±10V 或 0～＋10V	进给轴码盘反馈输入接口（4 个），RS-422 差分输入
主轴编码器输出接口	HSV-11 伺服接口（4 个） RS-232 接口

（3）部件连接　HNC—21/22 数控单元外部接口如图 8-16 所示，数控设备之间的连接如图 8-17 所示。其中进给单元接口采用 XS30～XS33 和XS40～XS43 中的一组，也可以进行自由组合，同时控制不同类型的伺服单元或步进单元。

由于华中数控多年来一直坚持走 PC 数控的技术路线，在技术上已具有国内领先地位，在国际上也属起步较早企业。因此，华中 I 型数控系统成为既具有国际先进水平又有我国技术特色的数控产品。

（4）接口说明　HNC—21/22 数控单元的接口如图 8-18所示。

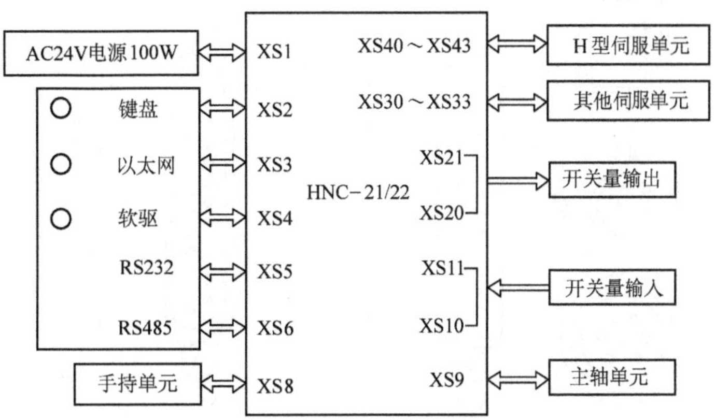

图 8-16　HNC—21/22 数控单元外部接口示意图

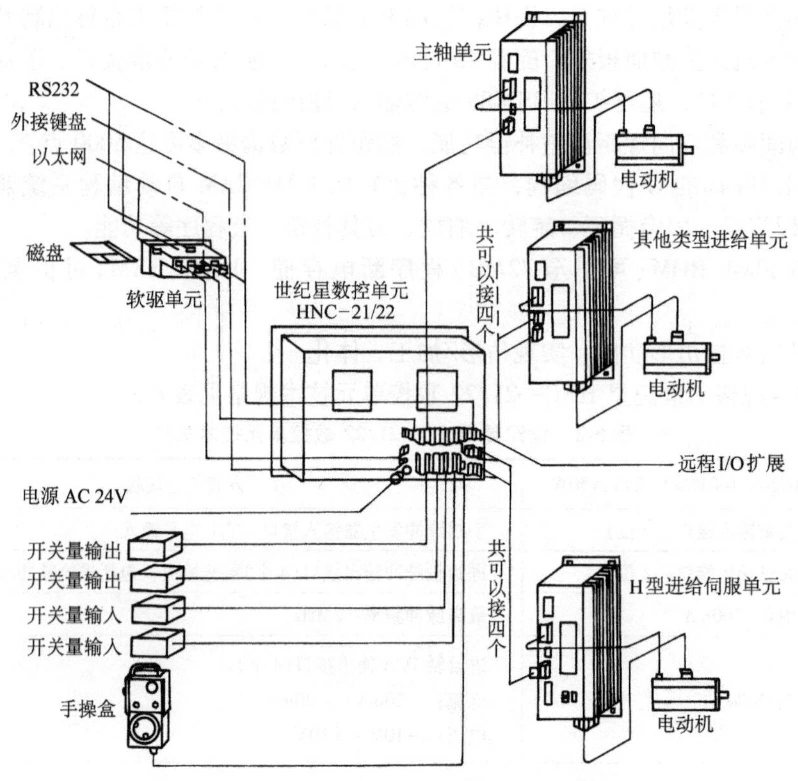

图 8-17　HNC—21/22 数控设备连接示意图

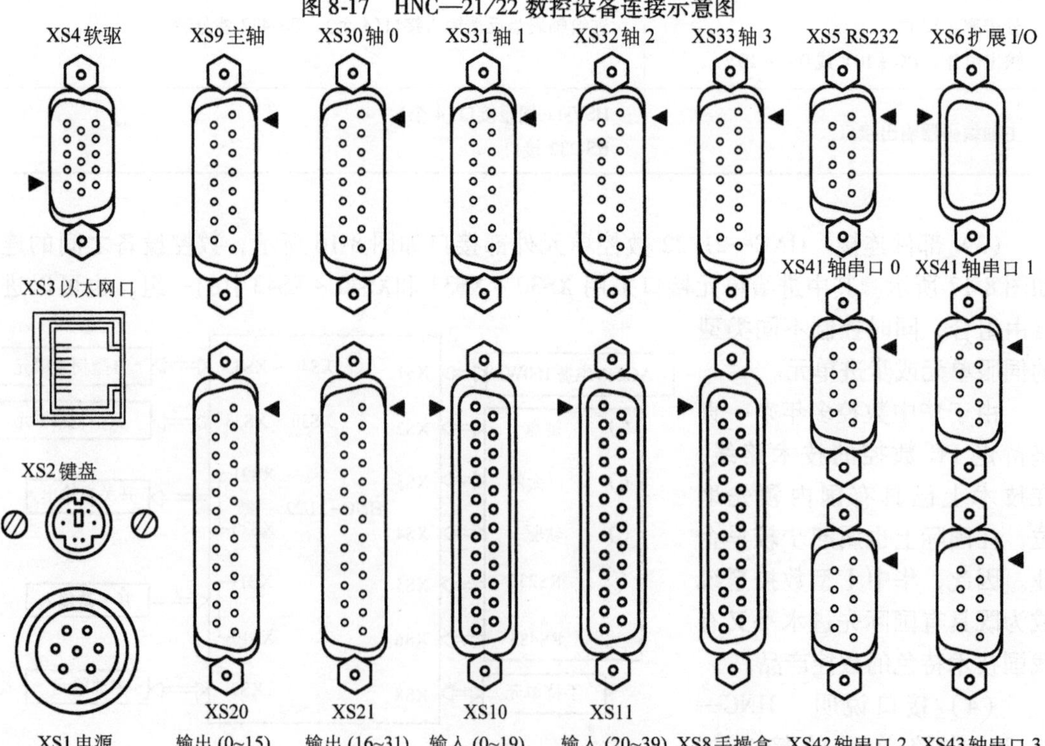

图 8-18　HNC—21/22 数控单元的接口

1）XS1：电源接口。

2）XS2：外接 PC 键盘接口。

3）XS3：以太网接口。

4）XS4：软驱接口。

5）XS5：RS-232 接口。

6）XS6：远程 I/O 板接口。

7）XS8：手持单元接口。

8）XS9：主轴控制接口。

9）XS10、XS11：输入开关量接口。

10）XS20、XS21：输出开关量接口。

11）XS30 ~ XS33：模拟式、脉冲式（含步进式）进给轴控制接口。

12）XS40 ~ XS43：串行式 HSV—11 型伺服轴控制接口。

第四节　数控系统的抗干扰

一、干扰的形式与来源

数控系统的干扰一般是指那些与信号无关的，在信号输入、传输和输出过程中出现的一些不确定的有害的电气瞬变现象。这些瞬变现象会使数控系统中的数据在传输过程中发生变化，增大误差，使局部装置或整个系统出现异常情况，引起故障。

数控系统的工作环境与办公室自动化系统相比有着很大的区别。在数控机床工作的环境中，存在着各种各样的干扰因素。

1）供电条件非常恶劣。工业电网电压中长时间的欠电压、过电压，上千伏的尖峰脉冲干扰以及电网中的浪涌现象。

2）严重的噪声环境。在数据采集或实时控制的过程中，由输入、输出通道串入的共模电压或差模电压以及各通道之间的相互干扰，都会使有用信号失真。

3）还有来自于空间的干扰，如周围电气设备发出的电干扰和磁干扰，天体、通信设备发出的电磁波，甚至气象条件、雷电都会使数控系统不能正常地工作。

4）工业环境的温度、湿度、灰尘、腐蚀性气体及其他损害，都会影响数控系统可靠性。

综上所述，改善数控机床的工作环境，解决数控系统的适应性，需要采取各种措施提高其抗干扰能力。这主要从电源、屏蔽、接地和各种抗干扰技术以及可靠性技术诸方面予以解决。

二、数控系统的抗干扰

1. 电源的抗干扰

来自于交流电源的干扰对数控系统的影响最严重。数控系统的故障，绝大多数来自于电源噪声和电源故障本身。因此，对系统的电源和微电子部分都要采取抵制电磁干扰的措施。

一般来说，我国电网的波动都在 15% 以上，严重的要超过 20%。数控系统对电网的波动要求为：

1）允许电网电压波动为 -15% ~ +10%。

2）允许电网频率波动为±2%。

3）允许电网电压动态恢复时间≤5ms（当负载在25%～100%范围内变化时）。当电网电压达不到这个要求时，应该为数控系统配置开关电源或不间断电源（UPS）。

数控装置的安置要远离中、高频的电气设备，最好采用独立的动力线供电，避免大功率起动、停止频繁的设备和电火花设备与数控机床位于同一供电干线上。

动力线与信号线要分离，信号线采用绞合线，以防止磁场耦合和电场耦合的干扰。

2. 屏蔽

抵制噪声干扰主要有两种方法，即屏蔽和接地。

屏蔽是将有关电路、元器件或装置等安装在铜、铝等低电阻材料或是磁性材料制成的屏蔽物内，从而有效地对电磁场进行隔离。屏蔽一般采取以下措施：

（1）远离技术　抵制干扰源最有效的措施是将干扰源远离被干扰的信号线，尽量避免平行走线和将强信号线与弱信号线远离。绝不允许将强信号线与弱信号线绑扎在一起。

（2）屏蔽干扰源　将干扰源的周围加上屏蔽体，并将屏蔽体一点接地，即可将电场形成的干扰源屏蔽掉。抑制磁场干扰源的辐射干扰有两种屏蔽接地方式，如图8-19所示，其中图a所示为两端接地方式，它对于频率大于5倍截频的干扰源有很好的抑制效果；而当频率低于5倍截频时，其屏蔽傅对磁场的辐射只有部分作用。如图8-19b所示为单端接地电路，由于干扰源电流 I_1 全部流过屏蔽体，与干扰电流 I_s 的磁场相抵消。

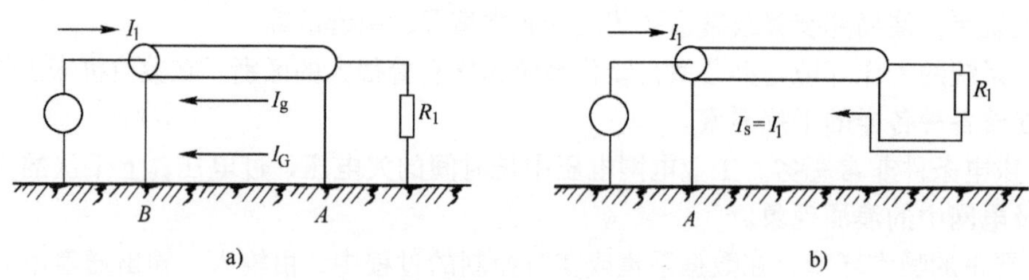

图8-19　抑制磁场辐射干扰的两种接地方式

a）两端接地　b）单端接地

（3）使用双绞线和电缆阻止耦合干扰的侵入　双绞线对磁场耦合干扰起抑制作用，同轴电缆对电场耦合和磁场耦合都有良好的抑制作用。

3. 接地

接地是抗干扰技术中行之有效的措施之一。一般电子系统和控制系统的“地”有两种：系统基准地和大地。系统基准地是指信号回路的基准导体，如直流电源的零线、高频装置的底板，为系统各部分提供一个基准电位，又称为虚地或系统地。大地指真正的地，亦即实地。常见的接地方式有三种：保护接地、系统接地和屏蔽接地。

（1）保护接地　在实际控制过程中，强电设备通过感应或强电击穿使壳体带上很高的交流电位。这种漏电，轻则使人手麻，重则会损坏机器甚至会造成人身伤亡。为了保证安全，将强电设备的机箱、机柜及其内部机壳、底板等金属构件与大地连接。

（2）系统接地　为系统各部分提供稳定的基准电位，要求接地回路的公共阻抗尽可能小。系统接地有三种方式：浮地方式、公共方式和电容接地方式。

1）浮地方式。各电子装置的系统地连接，但与大地绝缘，即悬浮方式。浮地方式对直接进入的传导干扰有抵制作用。

2）共地方式。系统地直接接大地，适用于大规模、高速度控制系统。

3）电容接地方式。系统地经过 2～10μF 的电容接地，同时并联一高阻值电阻，其中电容为高频分量提供回路，电阻为静电充电电荷提供放电回路。

（3）屏蔽接地　将电缆、变压器等屏蔽层与大地相连，以抑制电磁场干扰。电缆屏蔽层要保证连续性，静电屏蔽必须接地，电磁屏蔽最好也接地。

4. 抗干扰设计

（1）印制板的安排与布局　数控装置的结构分为两种：大板结构和小板模块结构。由于大板信号线平均布线长度较长，且总线为平面连接，结构松散，抗干扰能力差，系统工作相对不稳定。小板模块结构组合灵活，易于扩充，维护方便，抗电磁干扰的能力强。

（2）系统总线的抗干扰设计　CNC 数控装置采用功能分布式的面向总线技术，将整机按功能划分成不同的模板，每块模板功能特定，模板之间的信息交换通过公用总线完成。因此有效地缩短总线长度，对于提高整机的抗干扰能力影响很大。

（3）器件的优化　CNC 数控装置的功能模板应选用抗干扰能力强的逻辑器件。根据阈值电压和噪声容限的要求，TTL 器件功耗大，CMOS 器件功耗小。因此，在 CNC 数控装置中，尽可能采用 CMOS 器件。

5. 环境温度和湿度要求

普通型和经济型数控机床对室温没有具体要求，而精密型数控机床则只有中恒温的环境下才能保证机床精度和加工精度。根据实践经验表明，当室温过高时，数控系统的故障率会大大增加。因此，数控机床要避免阳光直射和热辐射。因此，近年来出现了配有恒温空调的高档数控机床。

空气的湿度也影响着数控系统的可靠性。数控系统所允许的相对湿度为 5%～95%，正常情况下，控制在 75% 以内，无腐蚀性气体，无凝露。在酸气较大的潮湿环境中，印制电路板的接插件会产生腐蚀，机床电气故障相应增加。因此，在湿度较大的地方，应对数控机床的工作环境进行除湿。

6. 系统上电自诊断

在系统冷起动时，首先进行 CPU、RAM 等自诊断。如果发现异常，则报告错误信息并等待修复，避免带病运行。

7. Watchdog 和电源掉电检测

Watchdog 俗称“看门狗”，是计算机控制系统中普遍采用的抗干扰和可靠性措施之一，主要应用于因干扰引起的系统“飞程序”等出错的检测和自动恢复运行。Watchdog 是利用可编程定时/计数器监视控制系统的工作过程，包括数据的采集、控制程序的数据处理、输出刷新以及对进程或任务进行调度。一旦因干扰原因使程序飞走，则由 Watchdog 产生中断，将程序飞走前的重要数据和计算机各主要寄存器状态取出，恢复现场，重新运行程序。

在控制系统工作过程中，掉电事件是恶性干扰。电源掉电检测电路用硬件监控交流电源，在电源电压迅速下降时，采用中断方式，将掉电时控制系统的重要数据保存起来，利用上电复位重入断点。

习　题

8-1　简述 FANUC 数控系统的功能与特点。

8-2　简述 FANUC 数控系统的基本配置。

8-3　简述 SIEMENS 数控系统的功能与特点。

8-4　简述 SIEMENS 数控系统的基本配置。

8-5　简述华中"世纪星"系列数控系统的特点。

8-6　数控系统常用的抗干扰措施有哪些?

附录　常用术语

1. NC(Numerical Control)	数字控制
2. NCS(Numerical Control System)	数控系统
3. CNC(Computer Numerical Control)	计算机数控系统
4. MDI(Manual Data Input)	手动数据输入
5. PLC(Programmable Logical Control)	可编程序控制器
6. MAP(Manufacturing Automation Protocol)	制造自动化协议
7. SIEMENS	西门子
8. FANUC	法那科
9. RISC(Reduced Instruction Set Computer)	精减指令计算机
10. AC(Adaptive Control)	自适应控制系统
11. DNC(Direct Numerical Control)	计算机直接数控
12. FMC(Flexible Manufacturing Cell)	柔性制造单元
13. FMS(Flexible Manufacturing System)	柔性制造系统
14. CIMS(Computer Integrated Manufacturing System)	计算机集成制造系统
15. DTE(Data Terminal Equipment)	数据终端设备
16. DCE(Data Communication Equipment)	数据通信设备
17. FPGA(Field Programming Gate Array)	现场可编程逻辑门阵列
18. DDA(Digital Differential Analyzer)	数字积分法
19. NGC(Next Generation Work-station/Machine Controller)	下一代工作站/机床控制器
20. OMAC(Open Modular Architecture Controller)	开放式调节结构控制器
21. OSACA(Open System Architecture for Control within Automation System)	自动化系统中开放式体系结构
22. OSEC(Open System Environment for Controller)	开放式环境系统控制器
23. SOSAS(Specification for an Open System Architecture Standard)	开放式系统体系结构标准规范

24. API(Application Program Interface) 应用程序界面
25. AO(Architecture Object) 应用模块
26. MMC(Man-Machine Control) 人机控制
27. MC(Motion Control) 运动控制
28. AC(Axis Control) 轴控制
29. PC(Process Control) 过程控制
30. PCU(Panel Control Unit) 面板控制单元
31. MCP(Machine Control Panel) 机床控制面板
32. PC(Personal Computer) 个人计算机
33. PMC(Programmable Machine Control) 可编程机器控制器
34. MMC(Man-Machine Controler) 人机控制器

参 考 文 献

[1] 郑晓峰. 数控技术及应用[M]. 北京：机械工业出版社，2003.

[2] 王爱玲. 现代数控原理及控制系统[M]. 北京：国防工业出版社，2002.

[3] 胡占齐，杨莉. 机床数控技术[M]. 北京：机械工业出版社，2002.

[4] 张柱银. 数控原理与数控机床[M]. 北京：化学工业出版社，2003.

[5] 罗学科，谢富春. 数控原理与数控机床[M]. 北京：化学工业出版社，2003.

[6] 王侃夫. 数控机床控制技术与系统[M]. 北京：机械工业出版社，2002.

[7] 王润孝，秦现生. 机床数控原理与系统[M]. 西安：西北工业大学出版社，1997.

[8] 廖效果，朱启逑. 数字控制机床[M]. 武汉：华中理工大学出版社，1992.

[9] 毕承恩. 现代数控机床：上册，下册[M]. 北京：机械工业出版社，1991.

[10] 关美华. 数控技术[M]. 成都：西南交通大学出版社，2003.

[11] 裴炳文. 数控系统[M]. 北京：机械工业出版社，2001.

[12] 吴文龙，王猛. 数控系统[M]. 北京：高等教育出版社，2001.

[13] 陈黎敏，高飞. 数控系统[M]. 北京：电子工业出版社，2001.

[14] 严爱珍. 机床数控原理与系统[M]. 北京：机械工业出版社，1999.

[15] 刘跃南. 机床计算机数控及其应用[M]. 北京：机械工业出版社，2002.

[16] 朱晓春. 数控技术[M]. 北京：机械工业出版社，2002.

[17] 卢小平. 数控机床加工与编程[M]. 西安：电子科技大学出版社，1999.

[18] 李佳. 数控机床及应用[M]. 北京：清华大学出版社，2001.

[19] 李善术. 数控机床及应用[M]. 北京：机械工业出版社，1996.